图书在版编目（CIP）数据

通信科技与未来交流 / 中国通信学会编著. —北京：中国科学技术出版社，2020.12
（2049 年中国科技与社会愿景）
ISBN 978-7-5046-8852-1

Ⅰ. ①通… Ⅱ. ①中… Ⅲ. ①通信技术—研究 Ⅳ. ①TN91

中国版本图书馆CIP数据核字（2020）第200130号

策划编辑 王晓义
责任编辑 罗德春
装帧设计 中文天地
责任校对 吕传新
责任印制 徐 飞

出　　版 中国科学技术出版社
发　　行 中国科学技术出版社有限公司发行部
地　　址 北京市海淀区中关村南大街16号
邮　　编 100081
发行电话 010-62173865
传　　真 010-62179148
网　　址 http://www.cspbooks.com.cn

开　　本 710mm×1000mm 1/16
字　　数 320千字
印　　张 20.75
版　　次 2020年12月第1版
印　　次 2020年12月第1次印刷
印　　刷 北京瑞禾彩色印刷有限公司
书　　号 ISBN 978-7-5046-8852-1 / TN·53
定　　价 98.00元

2049年中国科技与社会愿景

策划组

策　划　罗　晖　任福君　苏小军　陈　光

执　行　周大亚　赵立新　朱忠军　孙新平　齐志红
马晓琨　薛　静　徐　琳　张海波　侯米兰
马骁骁　赵　宇

2049年中国科技与社会愿景
通信科技与未来交流

总序

科技改变生活，科技创造未来。科技进步的根本特征就在于不断打破经济社会发展的既有均衡，给生产开拓无尽的空间，给生活带来无限便捷，并在这个基础上创造新的均衡。当今世界，新一轮科技革命和产业革命正在兴起，从后工业时代到智能时代的转变已经成为浩浩荡荡的世界潮流。以现代科技发展为基础的重大科学发现、技术发明及广泛应用，推动着世界范围内生产力、生产方式、生活方式和经济社会发生前所未有的变化。科学技术越来越深刻地给这个急剧变革的时代打上自己的烙印。

作为世界最大的发展中国家和世界第二大经济体，中国受科技革命的影响似乎更深刻、更广泛一些。科技创新的步伐越来越快，新技术的广泛应用不断创造新的奇迹，智能制造、互联网+、新材料、3D打印、大数据、云计算、物联网等新的科技产业形态令人目不暇接，让生产更有效率，让人们的生活更加便捷。

按照邓小平同志确定的我国经济社会发展三步走的战略目标，2049年中华人民共和国成立100周年时我国将进入世界中等发达国家行列，建成社会主义现代化强国。这将是我们全面建成小康社会之后在民族复兴之路上攀上的又一个新的高峰，也是习近平总书记提出的实现中华民族伟大复兴中国梦的关键节点。为了实现这一宏伟目标，党中央始终坚持科学技术是第一生产力的科学论断，把科技创新作为国家发展的根本动力，全面实施创新驱动发展战略。特别是在中共十八届五中全会上，以习近平同志为总书记的党中央提出了创新、协调、绿色、开放、共享五大发展理念，强调创新是引领发展的第一动力，人才是支撑发展的第一资源，要把创新摆在国家发展全局的核心位置，以此引领中国跨越“中等收入陷阱”，进入发展新境界。

那么，科学技术将如何支撑和引领未来经济社会发展的方向？又会以何种方式改变中国人的生产生活图景？我们未来的生产生活将会呈现出怎样的面貌？为回答这样一些问题，中国科协调研宣传部于 2011 年启动“2049 年的中国：科技与社会愿景展望”系列研究，旨在充分发挥学会、协会、研究会的组织优势、人才优势和专业优势，依靠专家智慧，科学、严谨地描绘出科技创造未来的生产生活全景，展望科技给未来生产生活带来的巨大变化，展现科技给未来中国带来的发展前景。

“2049 年的中国：科技与社会愿景展望”项目是由中国科学技术协会学会服务中心负责组织实施的，得到全国学会、协会、研究会的积极响应。中国机械工程学会、中国可再生能源学会、中国人工智能学会、中国药学会、中国城市科学研究会、中国可持续发展研究会率先参与，动员 260 余名专家，多次集中讨论，对报告反复修改，经过将近 3 年的艰苦努力，终于完成了《制造技术与未来工厂》《生物技术与未来农业》《可再生能源与低碳社会》《生物医药与人类健康》《城市科学与未来城市》5 部报告。这 5 部报告科学描绘了绿色制造、现代农业、新能源、生物医药、智慧城市以及智慧生活等领域科学技术发展的最新趋势，深刻分析了这些领域最具代表性、可能给人类生产生活带来根本性变化的重大科学技术突破，展望了这样一些科技新突破可能给人类经济社会生活带来的重大影响，并在此基础上提出了推动相关技术发展的政策建议。尽管这样一些预见未必准确，所描绘的图景也未必能够全部实现，我们还是希望通过专家们的理智分析和美好展望鼓励科技界不断奋发前行，为政府提供决策参考，引导培育理性中道的社会心态，让公众了解科技进展、理解科技活动、支持科技发展。

研究与预测未来科学技术的发展及其对人类生活的影响是一项兼具挑战性与争议性的工作，难度很大。在这个过程中，专家们既要从总体上前瞻本领域科技未来发展的基本脉络、主要特点和展示形式，又要对未来社会中科技应用的各种情景做出深入解读与对策分析，并尽可能运用情景分析法把科技发展可能带给人们的美好生活具象地显示出来，其复杂与艰难程度可想而知。尽管如此，站在过去与未来的历史交汇点，我们还是有责任对未来的科技发展及其社会经济影响做出前瞻性思考，并以此为基础科学回答经济建设和科技发展提出的新问题、新挑战。基于这种考虑，“2049 年的中国：科技与社会愿景展望”项目还将继续做下去，还将不断拓展预见研究的学科领域，陆续推出新的研究成果，以此进一步凝聚社会各界对科技、对未来生活的美好共识，促进社会对科技活动的理解和支持，把创新驱动发展战略更加深入具体地贯彻落实下去。

最后，衷心感谢各相关全国学会、协会、研究会对这项工作的高度重视和热烈响应，感谢参与课题的各位专家认真负责而又倾心的投入，感谢各有关方面工作人员的协同努力。由于这样那样的原因，这项工作不可避免地会存在诸多不足和瑕疵，真诚欢迎读者批评指正。

中国科协书记处书记 王春法

出版者注：鉴于一些熟知的原因，本研究暂未包括中国香港、澳门、台湾的内容，请读者谅解。

前言

信息通信业是构建国家信息通信基础设施、提供网络和信息服务，全面支撑经济社会发展的战略性、基础性和先导性行业。信息通信技术的发展推动了社会分工的细化和市场范围的扩大，使知识和信息成为社会发展的关键生产性要素。信息通信技术与传统产业的深度融合，必将推动人类进入更高级的社会形态。

信息通信发展战略的全局性、综合性和战略性地位日益突出，在引领相关产业快速发展、提升经济发展水平和质量、增强国际竞争力、融合创新等方面发挥着越来越重要的作用。美国、欧盟、英国、德国、日本、韩国等多个国家和地区都从自身优势出发，结合当前经济发展形势，发布了信息社会政府战略规划，描绘了信息通信技术未来发展宏图，制定了明确的战略目标，从打造国家信息基础设施到利用互联网和信息通信技术全面改变经济社会，多维度构建了优先行动计划体系。

“通信科技与未来交流”是中国科学技术协会“2049 年的中国：科技与社会愿景展望”系列的子课题之一，该课题由中国通信学会主持，联合中国信息通信研究院课题组共同完成。课题组通过调研法、案例分析法、文献资料分析等多种方法对研究内容进行了深度分析、研究和预判，希望通过本书，激发全社会对信息通信技术发展的关注和参与热情，激发广大公众，特别是青少年，对依靠科技实现未来美好生活的向往。

全书分为5章。第一章从通信与社会的关系入手，系统阐述国内外信息通信技术发展进程及其如何推动了社会进步。第二章从2049年经济和社会发展图景及其对信息通信技术的需求、未来信息通信技术发展趋势及特点等方面系统描述2049年信息社会愿景，并通过典型案例刻画信息通信技术对经济社会发展带来的潜在影响。第三章预测了2049年信息通信技术的应用场景，对数字孪生城市、未来城市管理、智能交通、智慧政务、智慧旅游、智慧能源、新型教育、智慧医疗、智慧社区、智慧家居、智慧环保、智慧安防和应急通信等领域的信息通信技术应用进行了畅想。第四章聚焦信息通信技术发展，以人工智能、量子通信、大数据、物联网、移动互联和云计算等为技术基础，畅想未来2049年信息通信技术和产业将进一步实现突破性发展，在与实体经济融合发展和推动消费需求升级方面取得更激动人心的成就。第五章基于上述愿景，建议在科研管理体制、知识产权保护、人才体系建设、信息安全保障体系等环节锐意进取、大胆改革创新。通过凝聚社会各界对科技、对未来生活的美好共识，促进社会对科技活动的理解与支持，为决策者应对未来发展提供咨询参考。

项目实施过程中，课题组得到了中国科学技术协会、中国信息通信研究院、清华大学、北京邮电大学、北京理工大学、广东工业大学等单位领导和专家的大力支持，这对项目能够顺利实施至关重要，在此一并表示由衷谢意。由于时间和水平所限，书中谬误在所难免，恳请读者批评指正。

目　录

第一章
信息通信技术现状分析及未来需求

通信就是通过某种行为或媒介实现信息在双方或多方之间的安全准确传递，信息通信技术则是信息准确、安全、高效传递的保障。随着人类文明的发展进步，信息通信技术获得了长足发展，且更迭速度越来越快。

本章力图从通信与社会的关系入手，通过回顾信息通信技术的发展历史，系统阐述信息通信技术与人类社会进步的互动关系。

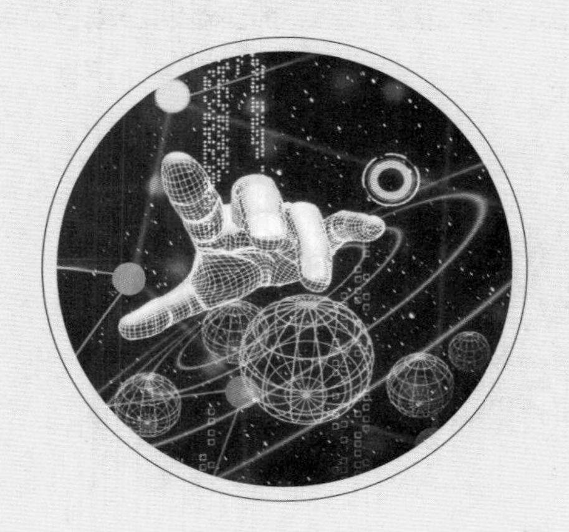

第一节 信息通信技术与人类社会

一、通信技术的发展与演变

1 古代通信：器物、声光和文字通信时代

自人类出现就有了通信行为。通信技术的发展贯穿人类社会发展的始终。从有文字记载的历史来看，古代通信的方式和传递信息的媒介多种多样。在文字发明之前，人类通过手势、表情、语言、壁画和器物（如把辣椒送人表示遇到了很大的麻烦，用手帕送人表示约会等）等来传递信息。此时，受到人的视距和听力范围的限制，信息传递速度慢、不精确，容易受到干扰。人类社会形成以后，出于政治和军事发展的需要，出现了借助声光通信的方式，中国古代流传至今的"烽火传军情""鸣鼓收金""旗语传信"等都是生动体现。这种通信方式简单快捷，像旗语仍在现代近距离通信中使用。文字出现以后，声光通信和专人送信演变成早期文字通信——邮驿通信。早在公元前，波斯就建立有信差传邮的邮政驿站；我国早在殷商时期就有了驿站，"快马传书"就是对邮驿通信的真实写照。文字通信的出现让信息传递距离可以更远，传递信息也更加准确，且留存时间更长，但受体力的限制，传递速度较慢。除此之外，还有长跑这种人力通信、风筝等器械传信、鸽子等动物传信，以及早期的编码通信——法国通信塔等多种通信方式。

2 近现代通信：电磁通信时代

19 世纪 30 年代以后，电、磁技术的发明、发现和使用将人类通信带入“电信”时代。此时，人类的信息传递以电、磁信号作为新的载体，近现代通信开启。这一时期的标志事件就是电报、传真和电话等的相继问世，以及电磁理论的提出和电磁波的发现。

电报和电话的发明开启了人类通信的新纪元，标志着利用金属导线实现信息交互的有线通信时代开始。电报是电磁技术的最早应用。1835 年，世界上第一台电磁式有线电报机由美国人塞缪乐·莫尔斯研制成功，原理是借助莫尔斯电码将需要发送的文字转换成长短音电信号，并通过电路传送至指定地点后再转化成文字信息。1844 年，莫尔斯在美国国会的财政支持下，修建了华盛顿至巴尔的摩的长途电报线路，并成功发送了人类历史上的第一份电报，开创了人类利用“电”进行信息交互的历史。这标志着电信时代开启，人类进入电报通信时代。1875 年，苏格兰人亚历山大·贝尔发明的电话机问世，并于 1876 年获得了发明专利，成为人类通信史上又一个重要里程碑。1877 年，贝尔电话公司成立，并在 1878 年开通波士顿和纽约之间的第一条 300 千米长的电话线路。此后一年，贝尔安装了 230 部电话，人类进入电话通信时代。电报和电话的相继发明，使人类通过金属线获得了远距离传送信息的能力。

电磁理论的提出、电

磁波的发现及一系列技术创新开辟出无线通信这一新领域。1864 年，英国物理学家麦克斯韦提出了麦克斯韦定理，创建了完整的电磁理论学说，论证了电磁波具有与光波相似的特性，成为世界上预言电磁波存在的第一人。1887 年，德国物理学家海因里斯·赫兹通过一系列的电波环实验证明了电磁波的存在，从而证实了麦克斯韦电磁理论学说的正确性。作为近代科学技术史上的一座丰碑，这个实验轰动了当时的科学界，引发了一系列无线电和电子技术领域里程碑式的技术革新，这是有线电通信向无线电通信的转折点。无线电技术成为 20 世纪的大热门。俄国人波波夫和意大利工程师马可尼各自发明了无线电报机，开启了人类无线电报通信时代。1901年，英国的无线电报已经可以发送到大西洋彼岸，不过当时是用风筝牵着的金属导线作为天线。1902 年，在英国与加拿大之间的越洋无线电报通信电路正式开通，使国际电报通信进入一个新的阶段。无线电通信不需要昂贵的地面通信线路和海底电缆，因而很快受到人们的重视。它首先被用于铺设线路困难的海上通信，并在海上救援中发挥了重要作用。无线电报发明以后，人们又开始开拓无线电通信的领域，研究用电磁波来传送声音，这就需要解决电信号放大的问题。1906 年，美国人弗雷斯特发明的真空三极管解决了这一问题，为无线电广播和无线电话通信的实现铺平了道路。同年，美国物理学家费森登发明无线电广播，并在纽约附近建立了世界上第一个广播站，开始了人类无线电广播的历史。1920 年，世界上第一家商业性质的无线电广播电台由美国无线电专家康拉德在匹兹堡建立，从此广播事业进入黄金发展阶段，收音机逐渐成为人们获取信息的最主要途径。

图像传输技术的发展和电视机的发明开启了多媒体通信时代。进入 20 世纪，图像传播技术也随着电磁波的发现而快速地发展起来。1925 年，美国无线电公司研制成功第一部实用的传真机，之后的传真技术突飞猛进地发展，并代替电报广泛应用。同年，被称为“电视机之父”的英国人贝尔德发明了机械扫描式电视机，英国广播公司于 1927 年试播了 30 行机械扫描式电视，从此开始了电视广播的历史。此后，美国人米尔·兹沃尔金发明了光电显像管，并研制出世界上第一台黑白电视机，英国广播公司又用电子扫描式电视取代了贝尔德的机械扫描式电视，开启了图像传输的新时代。随后，摄像机、彩色电视机、高灵敏度摄像管、家用电视机接收天线等相继问世和完善，电视机在全球范围内逐渐普及，多媒体通信逐步显露端倪。

3 当代通信：数字通信时代

信息论的提出及微电子技术、计算机技术的发展将人类通信带入数字通信时代。20世纪30年代以来，以香农信息论为代表的现代通信理论相继出现，以计算机、原子能、航空航天、遗传工程为代表的第三次工业革命爆发，标志着人类社会进入信息时代。此时电子计算机和通信技术紧密结合，人类通信逐渐进入数字通信时代。1948年香农提出"信息论"这种用统计方法来研究信息的度量、传递和变换规律的理论，给出了通信系统的线性示意模型（即信息源、发送者、信道、接收者、信息宿）、通信的数学模型及用数学方法定量描述信息的香农三大定理等。在此基础上，人们开始考虑用二进制数字信号对电磁波进行转换后再传输图像、文字、声音等信息的数字通信方式。在香农定理的指导下，信道纠错编码理论、信源压缩编码理论、多用户通信理论、信息失真理论、网络理论、扩谱理论、多天线理论、合作通信理论等现代通信理论蓬勃发展。香农建立的信息理论还刺激了计算机技术、微电子技术等信息时代所需要技术的发展。因此，香农被尊崇为现代通信理论及数字通信的奠基人，被认为是数字计算机理论和数字电路设计理论的创始人。从电子管到晶体管再到集成电路，微电子技术不断提升数字信号处理能力，为通信器件的进步创造了条件。英国人A. H. 里夫斯于1939年提出了脉码调制原理，以此为基础可将长期以来电话通信使用的模拟信号转换成数字信号，但由于当时使用的电子管成本过高，难以实现规模推广。1948年晶体管发明后，尤其是20世纪60年代以后大规模集成电路出现后，脉码调制方式在通信网中应用才变得简单易行。随着脉码调制设备的不断升级及存储程序控制电子交换机的研制成功，通信网具备了由模拟网发展为数字网的条件。微电子技术发展还极大地提升了电子计算机的信息处理能力，1946 年，美国宾夕法尼亚大学的埃克特和莫希里研制出世界上第一台电子计算机——电子数字积分计算机（ENIAC），高速计算能力成为现实。自 20 世纪 60 年代，电子计算机应用不断增多，在通信领域，人们以二进制数字信号为载体来传输信息，数字通信兴起，模拟通信逐渐向更高级别的通信机制——数字通信过渡。数字通信在抗干扰能力、通信距离、保密性等方面均具有突出优点，同时能够将电话、电报、图像、数据、传真等各种通信业务的信息转换为统一的数字信号进行传送。

这一时期，通信技术发展和演进进程加速，光纤通信、卫星通信、移动蜂窝通信等通信新技术不断涌现。①光纤通信。20 世纪 70 年代，光纤的研制成功标志着光通信研究领域获得重大实质性突破。自此以后，光纤制造、光器件制造和光通信系统均获得飞速发展。到了 90 年代，波分复用技术取得成功，光弧子通信、超长波长通信、相干光通信等方面取得巨大进展，光纤通信的传输容量倍增，适应了信息量成倍增长的需求，并得到快速应用。作为当代通信领域的支柱技术之一，光通信技术正以每 10 年增长 100 倍的速度发展，近年来，百兆、千兆光纤已进入寻常百姓家。②移动蜂窝通信。自 20 世纪 70 年代便携式蜂窝电话和蜂窝模拟移动通信系统

问世以来，个人移动通信技术获得高速发展，移动通信每10年出现新一代革命性技术，从1G的模拟调制发展到2G的数字调制下的全球移动通信系统（GSM）和码分多址（CDMA）通信技术、2.5G的高速电路交换数据业务（HSCSD）、无线应用通信协议（WAP）、增强数据速率GSM演进（EDGE）、蓝牙（Bluetooth）、基于同轴电缆的无源以太网络（EPOC）等技术，再到3G的CDMA2000、宽带码分多址（WCDMA）、时分同步的码多分址（TD-SCDMA）和全球微波互联接入（WiMAX）技术，4G的长期演进（LTE）技术及即将商用的5G技术，信息传输速率越来越快，连接的物体越来越多，传输内容越来越丰富，人类正在从移动互联进入万物互联时代。③卫星通信。自1965年世界第一颗商用同步通信卫星“晨鸟”发射升空，人类通信范围进一步扩大，国际通信和广播电视得到更快发展。卫星通信在20世纪70、80年代发展到鼎盛，但因其高昂的成本失去竞争力，逐步被边缘化，而地面光纤通信和移动蜂窝通信在90年代快速崛起。随着近年来高通量卫星通信技术的发展，卫星通信容量大幅提升且带宽成本大幅下降，可与地面网络的带宽成本相当。此时卫星通信重新找准定位，作为空中互联、拓展偏远地区互联网服务的有效手段，与地面通信系统相互竞争、互为补充。总体来看，这一时期，通信技术与信息技术深入融合，朝着数字化、融合化、宽带化、个人化、智能化方向发展，推动人类社会向泛在化、超带宽和万物互联时代迈进。

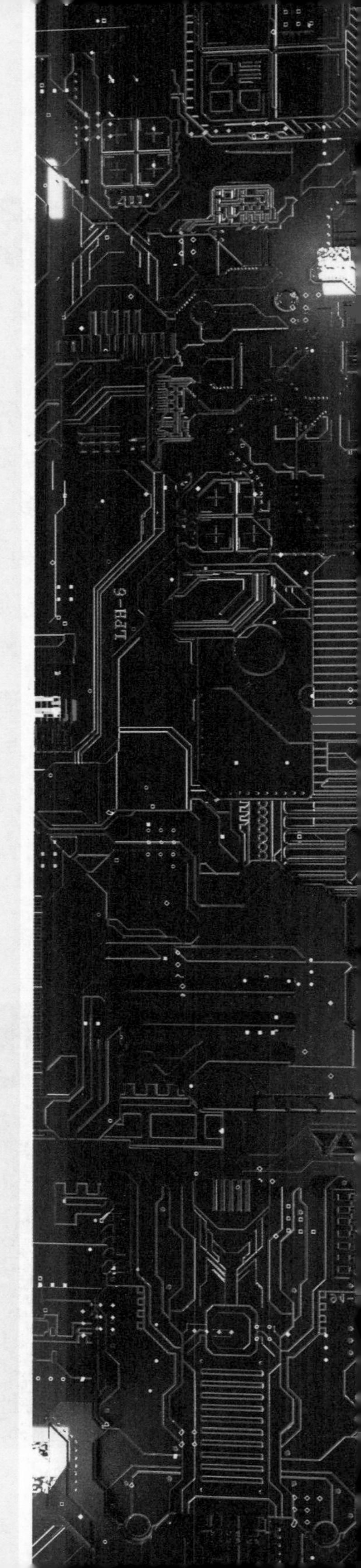

二、通信技术与信息技术逐渐融合

从通信技术发展演变的历史进程来看，以计算机、互联网技术为代表的信息技术与通信技术呈现融合发展趋势，成为当代通信技术演进的典型特征和经济社会发展的强大物质技术基础。正如八国集团在冲绳发表的《全球信息社会冲绳宪章》中所讲："信息通信技术是21世纪社会发展的最强有力动力之一，并将迅速成为世界经济增长的重要动力。"

1 形成"信息通信技术"新领域

当以计算机为代表的信息技术特别是互联网技术进入商业化以后，近现代通信技术才完成了向当代通信技术的转变，而两种技术的融合也成为不可阻挡的时代潮流。以往通信技术与信息技术各有侧重：通信技术着重于将信息传递到目的地，主要包括有线通信和无线通信两种；而信息技术着重于对信息进行处理（如信息编码和解码）及传输等。随着技术的发展，这两种技术逐渐密不可分，并形成了信息通信技术。这一新范畴，包含通信技术、计算机与智能技术、传感技术、微电子技术、软件技术和控制技术等所有采集、处理、存储、传输等管理和处理信息所采用的技术。随着二者相互融合的深入，"信息技术"已成为信息通信技术的统称。

如今以移动互联网、物联网为代表的新一代信息技术就是信息通信技术融合发展的产物，同时又进一步推动了信息通信技术更深层次的融合。移动互联网将移动通信和互联网结合为一体，并在 4G 时代实现多种接入技术的统一。4G 集 3G 与无线局域网（WLAN）技术于一体，能够提供峰值 100 兆比特每秒至 1 吉比特每秒的下载速率，传输的大容量音频、视频、图像，在清晰度和质量上可与电视媲美。物联网是传感技术、互联网技术和通信技术的融合，也是相应的网络延伸和应用拓展。它通过感知层、网络层和应用层三层架构，将感知识别、传输互联和计算处理功能有机整合，实现人与物、物与物信息交互和无缝链接。未来的 5G 更是互联网技术、物联网技术与多种新型、现有无线接入技术的集大成者，下载速率峰值至少可以达到 10 吉比特每秒，并具有低时延（毫秒级）、高可靠、低功耗的特点和千亿级的连接能力，可以支持移动互联网和物联网两大应用。

2 催生下一代通信网等新网络架构

下一代通信网（NGN）是指在一个统一的网络平台上以统一管理的方式提供包括语音、数据、视频和多媒体业务的、基于分组技术的综合开放网络架构。欧洲电信标准化协会（ETSI）将其定义为："一种规范和部署网络的概念，即通过采用分层、分布和开放业务接口的方式，为业务提供者和运营者提供一种能够通过逐步演进的策略，实现一个具有快速生成、提供、部署和管理新业务的平台。"

所谓"下一代"，是相对于传统的以电路交换为主的电话网（即公用交换电话网，PSTN）而言的。随着互联网的商用，以数据通信为主的分组交换通信网逐渐建立，并与传统 PSTN 等业务网相互独立，形成了面向用户分别提供服务的分散的业务网络架构。它们只在承载层互联，没有实现控制和业务层面的互通。随着信息通信技术不断演进及多元化通信需求的不断增长，这种为每种业务建设专用承载平台的架构方式，在可持续发展、网络维护和业务创新等多个方面已经不合时宜，基于 IP 技术实现语音、数据、多媒体统一通信的下一代通信网络应运而生。

但 NGN 并不是一蹴而就的。它是从以 PSTN 为主的传统通信网络向以 IP 为主的分组交换网逐步演进的过程，即通信网络逐步 IP 化的过程，并最终形成了以软交换为控制核心、以分组交换网络为传输平台、结合有线和无线等多种接入方式的网络体系，包括业务层、控制层、媒体传输层和接入层等功能不同的网络层次，实现了业务提供与呼叫控制的分离及呼叫控制与承载传输的分离。因此，NGN 被看作是传统电信技术发展和演进的一个重要里程碑，标志着新一代电信网络时代的到来。从基于电路交换的通信网络引入 IP 电话业务，到 GSM 网络引入 IP 分组数据业务——通用分组无线业务（GPRS），再到移动互联网时代全 IP 的分组网络，在一个统一的 IP 通信网络平台上传输话音、数据、视频、图像等成为现实。

3 助推固定移动融合、三网融合等新业务模式

固定移动融合(FMC)是指固定网与移动网的融合。国际电信联盟电信标准分局(ITU-T)将其定义为"在一个给定的网络架构中，向终端用户所提供的业务和应用的能力和机制独立于固定或移动的接入技术和用户的位置"。简言之，FMC就是通过固定和无线通信技术相结合的方式提供全业务、融合通信业务。从用户角度看，FMC使用户可以通过一种终端(手机、个人计算机或固定电话)自由接入固定或移动等不同网络。它是固网通信运营商在移动替代固定背景下采取的一种应对方式。同时，蓝牙、WiMAX和CDMA2000 1xEV-DO等宽带无线接入技术的演进及商业化部署、对FMC业务政策管制的放松等使这一融合成为可能。FMC业务包括两种类型。一种是将固话业务、宽带接入和移动业务等多种应用捆绑提供给用户，并通过统一认证、统一账单、统一计费、统一门户等的实现给用户带来资费的优惠与使用的便捷。目前通信运营商提供的家庭组合套餐多为这种类型，属于较为初级的FMC业务。另一种是业务深度融合，指在业务层提供访问控制多种网络的能力，实现移动业务或固网业务在对方网络的延伸，让用户能够享受到不受网络限制的通信服务。如中国联合网络通信集团有限公司(简称"中国联通")多年前将小灵通和固话捆绑的"灵通无绳"业务、英国电信推出的通过内置蓝牙实现固定和移动网络的无缝切换的"蓝牙电话(Bluephone)"、法国电信向商业客户推出的可通过统一接口接入无线网络(Wi-Fi)、非对称数字用户线(ADSL)、GPRS、PSTN和3G网络的融合上网服务等。

三重播放(triple-play)是指通过一个统一的网络平台提供语音、数据和视频业务。我国将其称为"三网融合"，即电信网、广播电视网、互联网在向宽带通信网、数字电视网、下一代互联网演进过程中，技术功能和业务范围趋于一致，相互渗透、互相兼容、互联互通，逐步整合成为统一的信息通信网络，为用户提供语音、数据、广播、图像、视频等多种信息通信服务。这种融合既是技术融合、物理网络融合，也是行业融合、终端融合、业务融合。手机电视、交互式网络电视(IPTV)等都是"三

网融合”下的主要业务形态。

三、信息通信技术推动人类社会的进步

纵观信息通信技术发展和演变的整个历史进程，信息通信技术发展与人类文明进步相互影响、相互促进。人类文明的发展促进了信息通信技术的不断演进，而信息通信技术的发展与应用又影响和改变了人类的生产、生活方式及思想观念，促进了人类文明的进步，推动人类社会的发展。

1 信息通信技术与社会生产

随着信息通信技术的不断变革和演进，信息通信的社会地位日趋重要。信息通信技术的发展推动了社会分工的细化和市场范围的扩大，使知识和信息成为社会发展的关键产性要素，并与传统产业深度融合，推动人类进入更高级的经济社会形态。

第一，信息通信技术的发展推动了社会分工的细化，扩大了市场范围，提高了

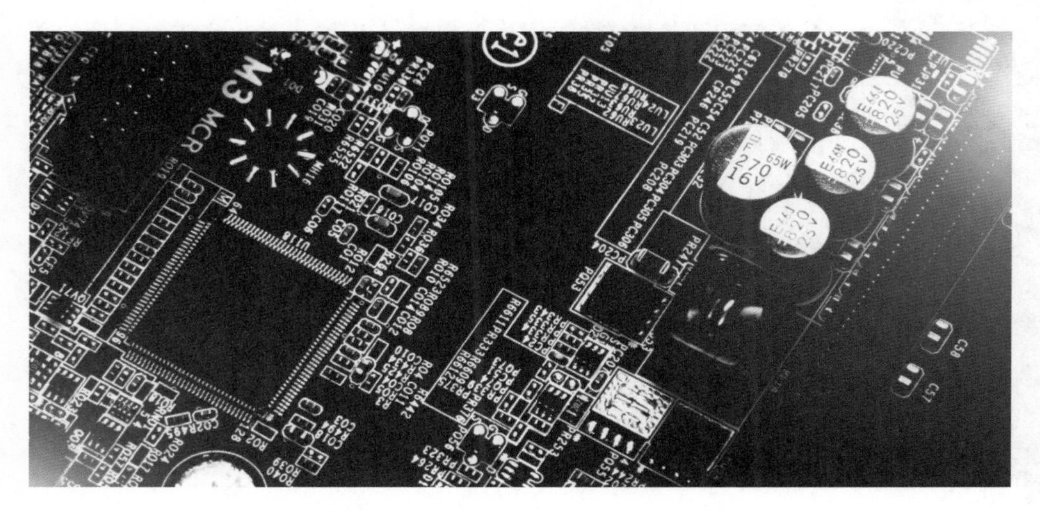

生产效率。马克思曾指出，通信是社会生产过程的“一般条件”。它把生产、分配、交换和消费四个环节有机地联系起来，通过缩短经济活动的时间与空间带来巨大的经济效益。信息通信技术的发展实现了即时性、远距离、大容量信息的传递，促进了商品、劳务、技术、资金在全球范围内的流动，推动了社会分工的进一步细化，以及更大范围的合作和协作，使跨国公司和国家间的贸易不再受地理空间和地区、国家市场的制约，并可以在全球范围内寻找低成本的优质资源，提高生产效率。

第二，信息通信技术的发展使知识和信息成为社会发展的新生产要素，推动人类社会进入数字经济时代。知识和信息成为生产要素是随着信息通信技术的发展实现的。当前，信息技术与通信技术融合发展，特别是以云计算、大数据、物联网、人工智能为代表的新一轮信息通信技术席卷全球，使人们获取和应用知识的能力大大提高，知识和信息正在以前所未有的广度和深度影响和改变着人们的生产、生活和消费方式，已成为重要的基础性战略资源，对其的充分挖掘和利用会影响一个国家的经济发展、社会和国家治理。正如《二十国集团数字经济发展与合作倡议》所指出的，“数字化的知识和信息作为关键生产要素”，推动人类社会进入全新的数字经济时代。数字经济是信息经济、信息化发展的高级阶段，是继农业经济、工业经济之后的更高级经济社会形态。此时，数字化的知识和信息成为关键生产要素，对经济发展的促进作用凸显。推动数字经济发展已成为全球发展共识。数字经济正在成为各国壮大新兴产业、提升传统产业、实现包容性增长和可持续增长的重要驱动力，欧美各国在金融危机后纷纷制定数字经济发展战略。在我国，数字经济也已成为经济增长的核心动力。我国 2019 年数字经济规模达到 35.8 万亿元，占国内生产总值（GDP）比重为 36.2%，对 GDP 增长的贡献率为 67.7%，显著高于三次产业对经济增长的贡献。

第三，信息通信技术的发展推动传统产业的转型升级，加速新供给模式的形成。目前，信息通信技术进入快速发展和跨界融合的迸发期，是新一轮科技革命和产业变革的主导力量。云计算、大数据、物联网等新一代信息通信技术向农业、工业和服务业等传统产业延伸，开展对传统产业的升级改造和深度融合，提升传统产业数字化、智能化水平，淘汰落后产能，促进经济发展结构优化。同时，传统线下消费逐渐向线上延伸，网络化程度不断深化，线上线下融合供给新模式加速构建。电子商务、交通出行、网络订餐、旅游住宿、教育医疗等领域的新型信息消费迅速兴起。我国电子商务交易额已连续多年占据全球电子商务市场首位，占全球电子商务交易额的比重过半。

2 信息通信技术与生活方式

信息通信技术的发展已经影响到社交、娱乐、购物、出行、支付等人们生活的各个层面。网购、支付宝、共享单车和高铁成为“一带一路”沿线 20 国青年评选出的中国“新四大发明”也是最好的印证。在购物方式上，网络购物已成为当前主流的购物模式，其中来自手机端的交易比例近 90%。2020 年，我国网民规模已超过 9 亿人，网络购物用户规模超过 7 亿人。2020 年 1—2 月，全国实物商品网上零售额占社会消费品零售总额的比重为 21.5%。[①] 在支付方式上，支付宝、微信等移

① 数据来源：中国互联网络信息中心（CNNIC）. 第45次中国互联网络发展状况统计报告［R/OL］.（2020-04-28）［2020-08-10］. http://www.cnnic.cn/hlwfzyj/hlwtjbg/202004/P020200428596599037028.pdf.

动支付快速发展，无现金支付渐成常态。在我国，移动支付已融入人们吃喝玩乐、旅游出行、缴费就医、政务办事等日常生活的方方面面。互联网支付和移动支付用户规模均接近8亿人，占网民和移动网民的比重均超过85%。[①] 根据腾讯研究院等机构2017年开展的联合调查，14%的受访用户日常出门不携带现金，40%的受访用户携带现金少于100元；同时，84%的受访用户对忘带现金出门表示“淡定”。在出行方式上，随着互联网和物联网技术的发展和应用，滴滴顺风车、共享单车、共享汽车等共享出行方式不断涌现，使交通出行方式更加多元化。目前，中国已经成为全球规模最大的共享出行市场。除此之外，在社交方式上，人们更多依赖微博、QQ、微信等社交媒体进行沟通和交流。数据显示，在全球十大主要互联网市场上，社交网络和博客活跃用户早在2020年已占整个活跃网民总数的75%。在娱乐方式上，移动视频、在线直播、网络游戏、流媒体音乐等互联网娱乐成为主流。据统计，2020年4月中国移动用户月人均使用时长为144.8小时。[②]

3 信息通信技术与人类观念

信息通信技术的发展在改变人类生产、生活方式的同时，也加深了人类对整个世界及人与世界关系的认识和看法，并形成了新的世界观。

自然观的改变。在信息时代，人们认识到“信息”为人类的生产活动和创造发明提供必要的资源，是构成客观世界的要素之一，使农业和工业时代以物质和能量二者为中心的自然观转变为以信息、物质和能量三者为中心的自然观。与先前大力鼓吹人类向自然开发、掘进、索取不同，信息时代的自然观更注重人与自然的和谐发展。因此，人对自然的能动性，不应该表现为对自然的无理智奴役和疯狂掠夺，

① 数据来源：中国互联网络信息中心（CNNIC）. 第45次中国互联网络发展状况统计报告［R/OL］.（2020-04-28）［2020-08-10］. http://www.cnnic.cn/hlwfzyj/hlwtjbg/202004/P020200428596599037028.pdf.
② 数据来源：北京贵士信息科技有限公司（Quest Mobile）. Quest Mobile2020移动互联网全景生态报告［R/OL］.（2020-06-03）［2020-08-10］. http://www.questmobile.com.cn/research/research/report-new/111.

而应该表现为对自然界的系统整体性的内在机制的科学理解，表现为在处理人与自然的关系时，对相互作用中双向积极性的把握和控制能力。

时空观的改变。信息通信技术的发展还带来了新一轮时空观念的变化，突出表现就是时空压缩和扩展的并存。时空压缩呈现出时间上的加速和空间范围的压缩。社会信息量以惊人速度增长，人类社会活动的节奏加快，过去那种直线增长、等距离变化的时间速率和时间观念，已不能准确地描述和解释社会的运动和变化，这就要求人们更加重视时间的效用和效益。时间观念超前化也是一个巨大变化。在农业社会，人们关注过去；在工业化时代，人们关注现在；在当今信息时代，人们更加关注未来。科学预测未来以适应瞬息万变的社会发展，是人们时间观念变化的一个重要特征。在空间维度上，一方面，人们可通过现代通信设备和互联网技术瞬时“到达”任何地点，即时获取全球事件和信息，空间距离被大大缩小，“地球村”出现；另一方面，人类的活动空间从存在于特定的时空、身体在场的“传统社会”扩展至超越时空限制的、身体不在场的“网络社会”，形成双层社会空间。这种时空压缩和扩展改变了人类认识世界的方式，拓展了人们的思想和活动范围，增强人们向更大范围开展活动的雄心和气魄，激励人们对新事业的开拓和进取精神。

价值观的改变。在数字经济时代，信息和知识、创新已成为人类社会发展的核心驱动力，在推动社会经济快速增长的同时，为个体带来了巨大的物质和精神财富。在这一背景下，尊重知识、尊重人才、尊重创造的价值观取代贬低知识、贬低人才、鄙视创新的落后观念成为人们的主流思想。习近平曾指出，“全社会都要关心知识分子、尊重知识分子，营造尊重知识、尊重知识分子的良好社会氛围”，这也是国家层面推崇尊重知识和人才这种主流价值观的印证。现在，在国家创新驱动发展战略的倡导下，人们的创新热情高涨，“大众创业、万众创新”已成为时代鲜明主题，创业创新已成为一种新的价值导向和生产生活方式。

第二节 信息通信技术发展现状

一、传统信息通信技术进入转型期

随着通信载体和接入方式的不断演进，涵盖接入层、承载层、核心交换层、信息管理系统等的通信网络架构和技术也在不断创新、不断自我革命。在从模拟通信发展到数字通信以后，通信网络逐步引入 IP 技术，完成了全网 IP 化改造，当前正向以软件定义网络 / 网络功能虚拟化（SDN/NFV）为代表的信息化方向转型。

虽然通信网络架构和技术在 IP 化过程中引进了先进的信息技术，但从根本上来说，通信技术和信息技术还是并行发展，而且通信技术产业和信息技术产业相互融合、交织的领域还不是很广。云计算、物联网、移动互联网的崛起已经使信息技术和通信技术密不可分，数据流量和用户需求爆炸式增长，已经超出了现有通信网的能力，“去电信化”或者说“信息化”的通信技术变革再次来临。总的来看，信息化转型是通信网络的“软件化”，具备敏捷性、开放性特征。简单来说，就是在通信网络里的通用硬件服务器上安装的一系列网络功能软件。届时，通过对这些网络功能软件的更新升级来实现通信网络的升级换代，而无须对整个通信硬件进行替换。SDN 和 NFV 是信息化的两大关键技术，核心是软件定义网络和软硬件解耦。SDN/NFV、云计算、虚拟化及开源技术推动通信网络由“硬网络”向“软网络”演进。一方面，可以大幅度降低现今通信网络运维升级的成本投入，助力电信运营企业的降本增效；另一方面，可以提高通信网络的灵活性、敏捷性，因为硬件设备开发周期往往需要 2 ~ 3 年，远高于软件的开发周期。通过“软网络”，基础电信企业可以对市场上出现的新需求、新技术、新业务快速响应。除此之外，相对于传统通信网络相对封闭性的特性，基于 SDN/NFV 进行信息化再造的通信网络提供通用的应用程序编程接口（API）带来了开放性特征，此时电信运营企业也不用再面对在网络功能和用户需求日益增多情况下变得越来越复杂的网络架构。

在通信领域，SDN/NFV 于 2014 年进入概念验证阶段，2015 年进入现场试验 / 试商用阶段，目前处在商用部署的关键时期。全球一些主流电信运营商、云数据中心、互联网公司都在进行研究和部署。如美国电信运营商——美国电话电报公司（AT&T）实施的 Domain2.0 战略，正在打造软件化的通信网络。如今 SDN/NFV 技术发展已经从“过度期望”整体步入务实发展阶段，但在互联互通、兼容性等方面仍存在问题，标准化进展较慢，技术和产品尚不成熟，未来规模化商用仍面临挑战。当然，由于产业链多方主体的共同实践和创新，SDN/NFV 未来前景依旧可期，基于 SDN/NFV 技术的网络架构将把人类带入一个更为安全可靠、性能超前的通信网络。

二、互联网技术创新活跃

互联网是全球技术创新最活跃的领域，并不断掀起微电子、通信网络、信息计算和处理、智能终端、虚拟仿真、人工智能等领域技术创新的浪潮。互联网在引领全球信息技术革命的同时，通过跨界融合推动全球科技不断突破，5G、物联网、车联网、工业互联网、云计算、大数据、量子计算机等新网络、新平台，智能手机、3D/4D 打印机、智能电视、可穿戴设备、共享单车、智能汽车、智能家居、智能机器人等新终端，电子商务、社交应用、移动支付、共享经济、用户生成内容、浮空通信平台、无人汽车、无人超市等新应用、新模式、新业态不断涌现。在《麻省理工科技评论》发布的 2017 全球十大突破技术中，强化学习、自动驾驶汽车、刷脸支付、实用型量子计算机、僵尸网络等互联网及其相关技术占据了半壁江山。从全球知名的高德纳（Gartner）咨询公司历年发布的技术成熟度曲线[①]来看，物联网平台、虚拟助手、智能家居、深度学习、机器学习、自动驾驶、纳米管电子元件、认知科学、区块链、商业无人机等互联网相关领域的新技术层出不穷，在备受人们关注的新技术中占到了绝大多数。

中国互联网快速发展，和美国并肩成为驱动全球互联网发展的双引擎。由波士顿咨询公司牵头撰写的《中国互联网经济白皮书：解读中国互联网特色》报告用“大而独特、快速发展、活跃多变”来描述中国互联网发展。①大而独特。从用户规模来看，中国网民数量在 2008 年（2.53 亿人）超过美国的 2.2 亿人，成为全球最大的互联网市场，2016 年中国的网民规模（7.1 亿人）已相当于印度和美国的总和，互联网消费规模（9570 亿美元）位居全球第二；从微观主体发展来看，中国互联网企业在全球的影响力越来越大，互联网巨头和独角兽企业在数量和规模上均跻身世界前

① 技术成熟度曲线（The Hype Cycle），又称为技术循环曲线、光环曲线、炒作周期，是高德纳咨询公司从1995年起每年都会发布的一份报告。它会根据各种分析来推测各种新科技的成熟程度及其走向成熟所需的时间。

列。中美两国互联网企业称霸全球前十大互联网公司市值榜单，全球独角兽企业里的中国企业占到近三成，市值则占41%。与美国相比，中国互联网发展具有明显差异，电子商务和互联网金融占比明显较高，互联网用户更年轻、更草根、更移动、更“喜新厌旧”。②快速发展。中国互联网用户规模和消费增长速度居全球第一。21世纪以来，中国网民规模保持20%以上的年均增长率；诸多新兴应用在全球市场快速崛起，如抖音及其海外版TikTok是当前全球下载量最高的非游戏类应用程序（App）。③活跃多变。中国互联网经济活跃度高，波动也较大。服务和应用变化节奏快，互联网行业风口现象更明显，高峰期企业数量更多，企业平均寿命更短，也更加容易造就一夜成名的企业。

三、信息化深入融合

“信息化”概念源于日本学者梅倬忠夫1963年发布的《信息产业论》。1967年，日本政府依照“工业化”概念提出“信息化”，即“向信息产业高度发达且在产业结

构中占优势地位的社会——信息社会前进的动态过程，它反映了由可触摸的物质产品起主导作用向难以捉摸的信息产品起主导作用的根本性转变”。20世纪90年代，我国政府将其定义为“培育、发展以智能化工具为代表的新的生产力并使之造福于社会的历史过程”。国家信息化就是在国家统一规划和组织下，在农业、工业、科学技术、国防及社会生活各个方面应用现代信息技术，深入开发、广泛利用信息资源，加速国家现代化进程。

目前，全球信息化进入全面渗透、跨界融合、加速创新、引领发展的新阶段。信息技术创新代际周期大幅缩短，创新活力、集聚效应和应用潜能裂变式释放，更快速度、更广范围、更深程度地引发新一轮科技革命和产业变革。物联网、云计算、大数据、人工智能、机器深度学习、区块链、生物基因工程等新技术驱动网络空间

从人人互联向万物互联演进，数字化、网络化、智能化服务将无处不在。[①] 作为新生产力和新发展方向代表的信息化，已成为经济发展和社会进步的新动能，对各国的经济增长、社会运行和人们生产生活方式产生了根本性、全局性影响，成为国际经济格局重构的重要力量。

在我国，“两化融合”“网络强国”“智能制造”“互联网 + 行动计划”“大数据战略”等一系列信息化深入融合战略被纳入我国国家顶层设计。信息化融合从零售、物流等领域逐步向服务业、工业和农业三大产业，以及社会治理、城市建设等国家治理多领域全面渗透。“互联网 +”蓬勃发展，信息消费大幅增长，逐步进入信息化发展的高级阶段——数字经济时代。“两化融合”进入快车道，智能制造、工业互联网等新模式快速兴起。新一代信息技术在工业企业研发、生产、经营、管理等环节的渗透不断加深。2020 年传统制造业重点领域企业数字化研发设计工具普及率超过 70%，关键工序数控化率超过 50%，推动制造业装备、工艺、管理、产品、服务向数字化、网络化、智能化方向发展，推动网络协同制造、个性化定制、服务型制造、共享制造等新模式，以及工业互联网、工业云、工业大数据、工业电子商务等新业态蓬勃发展。网络经济异军突起，基于互联网竞相涌现的电子商务、互联网金融、远程医疗、共享经济、在线教育等新业态已初具规模。中国电子商务和互联网金融交易额已全球领先。农业信息化正在起步，精准农业、农村电商、

① 国务院“十三五”国家信息化规划 [R/OL] .（2016-12-15）[2020-07-28] .http://www.gov.cn/zhengce/content/2016-12/27/content_5153411.htm.

精准扶贫等新模式方兴未艾。物联网、大数据、空间信息、移动互联网等信息技术在农业生产的在线监测、精准作业、数字化管理等方面得到不同程度的应用，精准农业获得发展。同时，农产品电子商务高速增长，2019 年我国农产品网络零售交易总额达 3975 亿元，同比增长 27%①，带动了贫困地区农村特色产业的发展，成为精准扶贫新方式。政府管理、城市建设等信息化应用进一步深化，在线政府、智慧城市等新治理模式深入推进。信息技术助力政府服务渠道多元化、服务方式个性化发展。在政务信息化网络互联、信息互通、业务协同稳步推进的基础上，依托支付宝、微信平台的在线政务服务渐成主流。我国包括支付宝 / 微信城市服务，政府微信公众号、网站、微博、手机端应用等在内的在线政务服务用户规模迅速扩大，2020 年已达 7 亿人。②

① 数据来源：商务部电子商务和信息化司. 中国电子商务报告 2019［R/OL］.（2020-07-02）［2020-08-10］. http://www.gov.cn/xinwen/2020-07/02/5523479/files/0a2c57d8ba6d4e26b83d96cdd764d6f0.pdf.

② 数据来源：中国互联网络信息中心（CNNIC）. 第 45 次中国互联网络发展状况统计报告［R/OL］.（2020-04-28）［2020-08-10］. http://www.cnnic.cn/hlwfzyj/hlwtjbg/202004/P020200428596599037028.pdf.

第二章
未来发展趋势和未来核心技术

未来30年，全球范围内新科技革命和产业变革还将深入，信息通信技术将立足基础科学理论取得一些重要的突破性进展，并在跨界融合和集成应用中继续引领数字浪潮，对提高全社会智能化水平、拓展人类活动空间、延展人体功能发挥重要作用。到21世纪中叶，我国将迎来建国100周年，将实现社会主义现代化，建成网络强国，进入信息社会的智能化阶段，生活方式、生产方式和社会管理方式都将高度智能化，人类将在太空移民、深海开荒活动中与地球家园实现高速联网，在地面及近地空间开通无人驾驶交通系统，在工农业生产、社会公共管理及居家生活中全面应用智能化信息产品，随时获得智慧式信息服务。

本章从未来经济和社会发展图景及其对信息通信技术的需求、未来信息通信技术发展趋势与特点等方面系统描述2049年的信息社会愿景。

第一节 未来信息通信技术发展趋势

一、一些领域有望取得突破性的重大进展

信息通信技术发展到今天，距离一些理论或应用方面难以逾越的“天花板”已经越来越近，如通信领域的香农定理、计算机领域的摩尔定律。未来几十年，在经济社会发展需求及相关科技研发不断进展的双重驱动下，某些领域有望突破这些“天花板”，在基础理论、应用技术和产业化技术等层面取得重大进展，对人类通信方式、信息处理方式乃至整个社会发挥深远影响。

1 通信技术有望突破香农极限

现代通信网络经常被人们比喻为“信息高速公路”。这条路上川流不息运送的不是人或货物，而是话音（如打电话所说的话）、图片（如在微博、微信分享的照片）和视频（如在视频类网站或手机应用程序中打开的电视剧）等各种形式的信息。这条路的基本建材也不是钢筋混凝土，而是信息的载体——光纤、无线电波等传输介质。伴随着技术进步，同时也为了满足人们日益增长的通信需求，这条“高速公路”的等级不断提升，比如，有线网络从下载速率 56 ~ 256 千比特每秒的窄带拨号上网、512 千比特每秒至 8 兆比特每秒的 ADSL 宽带直至目前 10 ~ 1000 兆比特每秒的光纤宽带，无线网络从下载速率 10 ~ 200 千比特每秒的 2G、2 ~ 100 兆比特

每秒的 3G，直至目前 100 兆比特每秒至 1 吉比特每秒的 4G。

未来 30 年内，我们的信息社会将进入万物互联和泛在计算的时代，终端连接数量、信息交互流量及应用场景复杂度都将大幅提高，这些都对未来基础通信网络的信息传输能力提出了巨大的升级需求。从终端连接数量来看，我国的固定电话和移动电话在过去 30 年内迅速普及，用户规模分别达到数亿户和十几亿户；同时移动物联网开始规模化运营，用户已经过亿；预计 30 年后联网设备的数量可能会达到百亿甚至千亿级别。从信息交互流量来看，30 年前网民月均流量 1 兆字节，目前手机用户月均流量已经攀升至 8 吉字节，预计 30 年后会超过 100 吉字节。从应用场景来看，终端的移动速度随着高铁的发展和民航通信的开禁而逐步提高，影响上网体验的下载速率随着视频内容和形式的发展不断飙升，各类联网设备更是提出了各种各样的新需求，如室内甚至是地下环境需要解决无线信号难以覆盖的问题，车联网、工业智能控制需要低时延、高可靠性，环境监测、农业智能种植需要低功耗大连接等，不一而足。

然而，信息传输速率存在着理论极限，并不是可以一直向上提升的，这一点早在 70 年前香农创立信息论的时候就已经明确。香农定理以数学公式的形式揭示了信道容量与信道带宽和信源噪声水平之间的普遍关系，在固定电话、光纤传输和移动通信系统的发展中都得到了广泛应用，成为此后通信工程技术研发的“指路明灯”，但它同时也证明了信道容量存在着极限值。根据信息论原理，“信息高速公路”升级可通过资源和技术两条途径：一是增加信道带宽，这是从资源投入方面想办法，要启用更多无线频谱，相当于高速公路增加车道、拓宽道路，就是“多修路”；二是提升信噪比，这是从技术创新方面想办法，相当于高速公路提高车速、优化车辆调度、提高车辆装载量等措施，就是充分利用已有的“路”。然而，“有线的带宽是无限的，无线的带宽是有限的”，作为常用信息载体的无线电波虽有各种不同频率，包括长波、中波、短波、微波等，但并不是取之不尽、用之不竭的。无线频谱作为有限的公共资源，由国家统一规划管理，用于移动通信的主要是微波（300 兆赫兹至 300 吉赫兹）。比如 3G 时代，由于无线频谱资源的稀缺性，欧洲各国纷纷通过拍卖方式分配无线频谱，英国的拍卖额高达 220 亿英镑，德国的高达 450 亿美元。因此，资源途径“多修路”的办法受制于无线电频谱资源的稀缺性，而技术途径提高利用率的办法则受制于香农极限，信道频率一经分配确定，其最高利用率也就确定了。

我们的“信息高速公路”历经多次升级，到了 4G、5G 时代，优质的较低频谱已经基本启用，对香农定理潜力的挖掘也已经非常深入，香农极限的“天花板”已触手可及，成为未来信息网络发展急需突破的技术瓶颈。

历史的巨轮隆隆向前，要满足未来信息社会的巨大需求，对香农极限的追求还将继续。大量新的技术和理论正在探索之中，竞相脱颖而出，正是“江山代有才人出，各领风骚数百年”。移动通信从 20 世纪 80 年代第一代的模拟系统开始，基本上每 10 年演进升级一代，目前 4G 已经普及，5G 商用已经启动，网络建设、手机终端出货、用户发展等很多方面取得了比较好的成绩。与此同时，6G、7G 也已开始展望，边缘计算、卫星通信、纳米天线、光通信等技术进入人们视野。例如，一种俗称“灯光上网”的可见光无线通信技术（Li-Fi），又称为光保真技术，相对于无线电波传输，具有频谱资源优势及绿色、安全的特性，有望在近距离无线通信场景取代目前的 Wi-Fi 技术，尤其适用于偏远地区和农村，将来只要家里有灯泡，开灯就能高速上网了。由于未来需求场景的多样性，空间通信与地面通信技术的互补性，融合多种技术的天地一体化网络成为研究热点。

对既有理论方法的彻底突破和超越，往往蕴含在新的理论体系之中。20 世纪物理学家为探索微观粒子世界而建立的量子力学理论，解决了许多经典理论不能解释的现象，也为人们探索新的通信方式奠定了理论基础。近年来，随着量子纠缠这种被爱因斯坦称为“幽灵般的远程效应”的神秘现象被实验证明确实存在，一种利

用量子纠缠等量子力学效应进行信息传递的新型通信方式被提出，并受到世界各国广泛关注，这就是量子通信。它具有保密性强、容量大、传输距离远等特点，与经典通信技术相比具有巨大的优越性，尤其是借助量子特性可以实现经严格数学证明的安全通信，因此被认为具有绝对安全的特性。

量子通信凭借极强的安全性及在远距离无线传输方面的巨大潜力，成为未来通信发展的重要方向。目前，量子密钥分发技术已经开始从实验室研究走向实际应用，量子通信产业化已经起步；量子隐形传态、量子安全直接通信技术方面也取得不少理论和实验进展。随着信息通信技术的广泛应用，未来网络安全威胁和信息泄露风险将更加突出。同时，分布式计算的成熟和量子计算技术的发展，将给传统通信密码体系的安全带来严峻挑战。理论上，任何有限长度的密码都可能被具备相当计算能力的计算机轻而易举地破译。因此，具备绝对安全特性的量子通信技术将有着广泛的应用前景和重大的应用价值。

2 计算机技术有望突破摩尔定律

摩尔定律是计算机行业公认的一条基本规律：当价格不变时，集成电路上可容纳的元器件的数目，每隔 18 ~ 24 个月便会增加 1 倍，芯片性能也将提升 1 倍。芯片是计算机的核心元器件，这也就意味着同样价格所能买到的计算机性能，每隔 18 ~ 24 个月翻一番。集成电路最初是应用于计算机，目前还广泛应用于通信系统设备、通信终端设备及电视机、音响等其他各种需要微电子控制的设备，可以说是整个信息产业的基础。摩尔定律揭示了信息技术进步的速度。基于摩尔定律，通信业也提出了一条著名的吉尔德定律：主干网带宽的增长速度至少是运算性能增长速度的 3 倍，即每隔 6 个月翻一番。

摩尔定律这种指数级的增长速度已经持续了将近 60 年，促成了个人计算机、互联网、智能手机的普及式发展，也促进了当前智能家居、可穿戴电子设备、智能机器人等新终端的发展。但与此同时，越来越多的硅电路集成在同样小的芯片空间里，产生的热量也越来越大，难以消除，目前只能采取限制电子运行速度、增加处理器数量的办法来解决。更为严峻的现实是，芯片的制程越来越接近半导体的物理极限，将难以再缩小下去。因此，业界关于摩尔定律失效的讨论越来越频繁。20世纪90年代以来，半导体行业每2年就会发布一份行业研发规划蓝图，协调成百上千家芯片制造商、供应商跟着摩尔定律走，使整个计算机行业能够统一协调发展。而2016年的国际半导体技术路线图，已不再以摩尔定律为目标。

以集成电路、计算机、光纤通信、移动通信为代表的信息技术引发的数字浪潮已经席卷全球，并对人类社会政治、经济和文化等各个领域带来深远影响。未来30年内，云计算、大数据、人工智能等新技术将把数字浪潮推向新的高度，智能制造、智慧城市、智慧生活的发展都将对集成电路等硬件设备产生巨大需求，带来巨大挑战。移动互联网时代培育了人们依赖于电子产品和移动终端的消费习惯，未来在人工智能等新技术的驱动下，还将产生大量换机需求，并且更新频率可能更快，对信息处理能力的要求还将更高。此外，人们还希望手中的电子产品更加轻薄和便携、电池续航时间更长。这些新的趋势都将对电子元器件的制造工艺和设备制造商的创新能力提出更高的要求，行业迫切需要突破技术瓶颈，发展出新摩尔定律的节奏，如寻求新的材料来替代硅片。2012 年 10 月，美国商业机器公司（IBM）研究所科学家宣称，最新研制的碳纳米晶体管芯片符合了“摩尔定律”周期。传统的晶体管是由硅制成，而碳纳米晶体管的电子比硅质设备运行得更快，而且晶体管的结构形式方面也具有优点，再结合新的芯片设计架构，未来有望“挽救”摩尔定律，使微型芯片的技术性能实现新的发展。

更为突破性的思路是发展全新的计算模式，如量子计算、神经形态计算、生物计算、光计算等。量子计算是一种遵循量子力学规律调控量子信息单元进行计算的新型计算模式，于 20 世纪 80 年代提出。量子计算被认为具有强大的并行处理能力，而且运算能力随量子处理器数目的增加呈指数增强，因此将为人类处理海量数据提供无比强大的运算工具。目前，某些已知的量子算法在处理问题时速度要快于传统的通用计算机。例如，科学家在 1995 年已经证明，运用量子并行算法可以轻而易举地攻破现在广泛使用的 RSA 公钥体系。随着量子计算理论取得突破性进展，对量子计算机的研究也开始起步，包括微电子、量子纠缠、离子阱、超导材料等技术路径，但目前的实验方案还是初步的，还有许多具有挑战性的问题需要解决。考虑到量子芯片在下一代计算机产业和国家安全等方面的重要性，美国已仿照当年“曼哈顿工程”制造原子弹的成功先例，投巨资启动了“微型曼哈顿计划”，在国家层面上组织各部门跨学科统筹攻关，以期占领未来量子计算技术的战略制高点。日本和欧共体在美国“微型曼哈顿”计划的刺激下也启动了类似计划。除量子计算机外，生物计算机和光计算机等也代表着未来计算机的发展方向。

二、跨界融合和集成应用成为大势所趋

在新一轮科技变革和产业革命浪潮中，不同领域技术的跨界融合、多种技术的集成应用已经成为大的发展趋势。习近平在中共十八届中央政治局第九次集体学习时的讲话中指出："当前，从全球范围看，科学技术越来越成为推动经济社会发展的主要力量，创新驱动是大势所趋。新一轮科技革命和产业变革正在孕育兴起，一些重要科学问题和关键核心技术已经呈现出革命性突破的先兆。物质构造、意识本质、宇宙演化等基础科学领域取得重大进展，信息、生物、能源、材料和海洋、空间等应用科学领域不断发展，带动了关键技术交叉融合、群体跃进，变革突破的能量正在不断积累。"信息通信不仅是这样一个创新活跃、发展迅猛的技术领域，而且也是国民经济的战略性、基础性和先导性行业，在支撑各领域各行业信息化的进程中表现出广泛的渗透性和强劲的带动效应，因此，跨界融合、集成应用的技术发展趋势在信息通行业表现得尤为明显。

1 人工智能拉开又一场融合创新的序幕

随着信息网络连接规模的扩大，摩尔定律虽然面临失效困境，梅特卡夫定律却不断得到验证。该定律提出：网络的价值与网络节点数或联网用户数的平方成正比。信息通信网络正在从人的互联向物的互联转变，从单一、浅层互联向全面、深度互联转变，未来连接规模和连接深度还有很大的发展空间，网络连接的价值超乎人们的想象，引发一波又一波的创新热潮和投资热潮。"互联网 +"在中国全社会掀起的创业创新运动还在如火如荼进行中，人工智能的再次兴起，拉开了又一场全社会广泛参与的融合创新大戏的序幕。

人工智能是研究、开发用于模拟、延伸和扩展人的智能的理论、方法、技术及应用系统的一门科学技术。作为计算机科学的一个分支，人工智能已有 60 年的发展历史。也可以说，人工智能是一门仿生学，只不过这次要模仿的不是别的生物，而是我们地球上唯一一种智慧生物，那就是人类自己。事物发展的普遍规律是螺旋式上升、波浪式前进，人工智能的发展在经历了几次起起落落之后，目前技术逐渐成熟、应用日趋广泛，迎来了一个大发展的黄金时期。在这一时期，从技术角度看，计算能力、核心算法和大数据这三个因素比较关键。以第一个击败人类职业围棋选手的人工智能阿尔法狗为例，它之所以能通过短期学习超越人类棋手十几年训练才能达到的成绩，靠的就是三点。一是人类无法比拟的强大计算能力；二是大数据，即数百万人类围棋专家的棋谱构成的训练数据；三是深度学习、强化学习等核心算法，新版的阿尔法狗元仅用 3 天训练时间就打败了旧版的阿尔法狗，一方面验证了新算法的有效性，另一方面也说明算法对人工智能极其重要。

这三个因素目前正在向好的方向发展，多学科、多技术交叉融合的趋势特点非常明显。①计算能力方面，几十年来计算机芯片的运算能力按摩尔定律呈指数级增长，使得今天一个只手可握的智能手机的运算水平比以前放满一个房间的计算机还强；量子芯片、生物芯片等新技术正在研究之中，未来还可能带来更为突破性的进展。②核心算法方面，从早期的专家系统到神经网络，再到目前的深度学习，

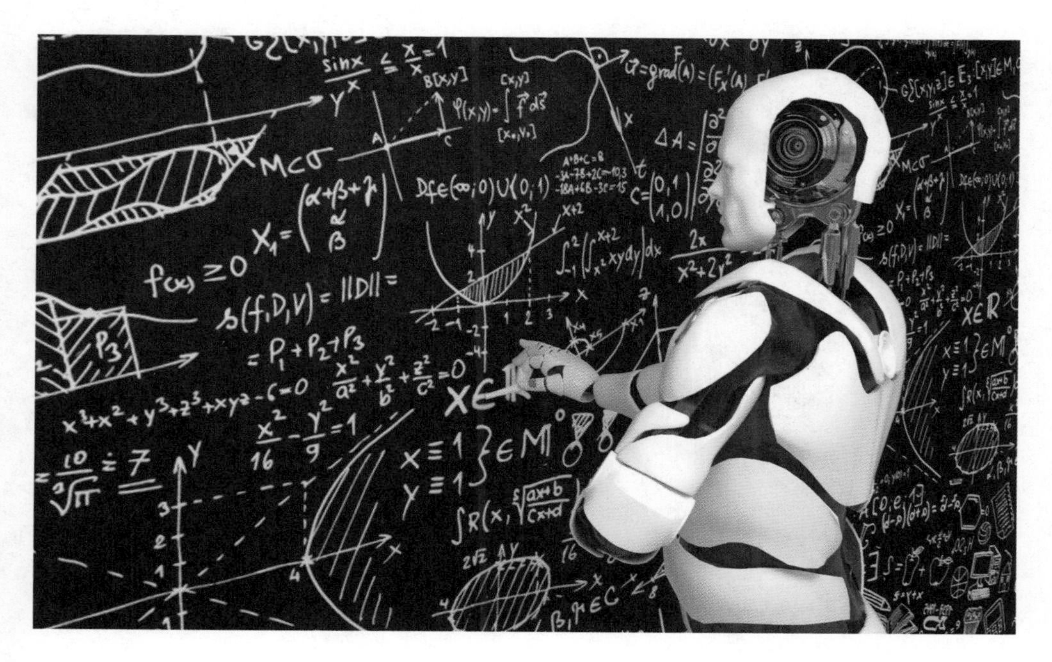

卷积神经网络（CNN）、长短期记忆网络（LSTMs）、注意力模型、神经图灵机等技术在语音识别、图像识别、自然语言处理等方面获得很多成功，如微软公司（简称“微软”）、谷歌公司（简称“谷歌”）、百度公司（简称“百度”）等企业的语音和图像识别错误率不断降低，已经低于人类5%的平均水平；并且目前世界各国都在开展脑科学研究，分子和细胞水平的神经科学、视觉机制等研究进展迅猛，未来在脑功能联结图谱研发方面的进展将进一步揭示人脑工作原理，对人类意识系统的开发也将深入开展。③数据资源方面，首先是量的积累，随着互联网、移动互联网等信息网络的普及，以及电子商务、电子政务等信息化应用的深入发展，数据资源作为深度学习的重要基础已得到大量积累，未来快速发展的物联网、可穿戴设备还将带来更多的关于政府、企业和个人的联网数据资源；其次是技术进步和成功案例的积累，大数据、云计算、雾计算等关于信息资源存储、管理与处理的技术迅速发展，在数据挖掘、云服务方面取得许多成功，未来在数据采集、清洗和融合方面的技术进展将进一步提高数据质量，深度神经网络、非结构化数据分析、网络数据挖掘等方面的技术进展将进一步增强大数据分析能力；最后是数据资源观等理念的积累，技术成本大幅下降，成功案例越来越多，使得数据的巨大价值逐渐被全社会认知，数据共享的观念得到越来越广泛的认可，也使人们逐渐认识到，从硬件资源到软件服务的各种信息资源都可以像水、电一样被方便快捷地获取。

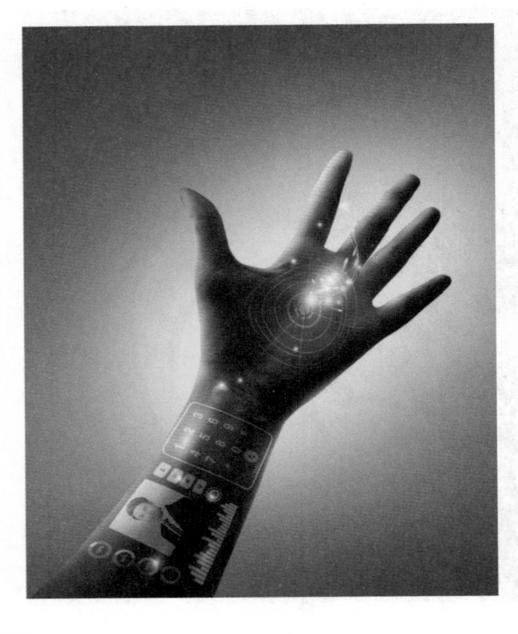

未来随着数学、物理学、医学、生物学和化学等基础科学的交叉、融合、渗透式发展，随着信息技术与生物技术、新能源技术、新材料技术等工程技术的交叉、

融合、渗透式发展，人工智能这一交叉学科领域将会有更加不可限量的发展空间。2016年美国白宫的一份报告《为人工智能的未来做好准备》指出："专家们预测面向特定领域的人工智能技术将继续快速发展。虽然在未来20年内，出现能够在众多领域达到或超过人类水平的通用人工智能可能性极低，但机器将在越来越多的领域达到或超过人类的水平。"

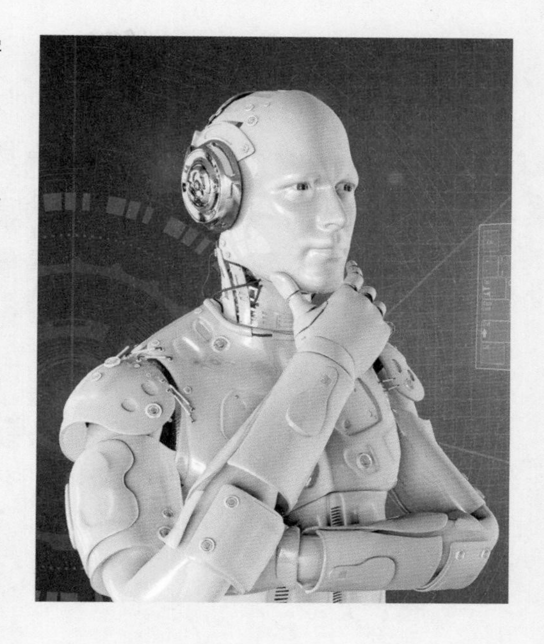

成功应用也是技术进步的巨大驱动力。人工智能的应用范围十分广泛，目前已经初现端倪，逐渐进入人们的日常生活，未来应用前景更令人期待。与此同时，不同领域的丰富应用场景也不断提出新的研究课题和技术挑战。在交通领域，智能网联汽车成为未来发展方向，无人驾驶汽车这一颠覆性技术已进入测试阶段，高度自动驾驶（L4级别无人驾驶）汽车几年之内就将投入使用；阿里巴巴网络技术有限公司（简称"阿里巴巴"）的"城市大脑"在浙江省杭州市的交通管理实践中利用数万个交通摄像头的监控数据显著提升了交通效率。这样的人工智能管理系统将成为城市的公共基础设施，在解决城市交通拥堵难题方面发挥重要作用。机器人方面，具有一定环境感知能力和自我行动规划能力的智能机器人，将成为工业机器人新的发展方向，以适应工业生产线从大规模向柔性化发展的需要；家用扫地机器人已经投放市场并不断更新升级，家庭智能陪护机器人将具备生理信号检测、语音交互、远程医疗、智能聊天、自主避障漫游、自动报警或通知亲人等功能，成为老龄化社会的重要解决方案；具有不同能力的智能服务机器人将广泛应用于清洁、护理、执勤、救援、娱乐、设备维护保养等场景。

人工智能不仅应用范围广泛，带来的改变和影响也十分显著，有些领域甚至是颠覆性和重塑性的改变。因此，对人工智能可能带来风险与挑战的讨论同样十分热烈，如就业替代、军用风险、失控风险、法律伦理问题等。一部分人还表示极端的担忧和反对，认为最终会出现具有自我意识的智能机器人，进而控制甚至毁灭人类，这些思想也体现在《终结者》《黑客帝国》《机械姬》等科幻电影之中。当然，科技发展趋势是不可阻挡的。关于人工智能的未来，大多数人还是抱着技术中立的态度，认为新技术能够造福人类，同时也需要理性发展和谨慎控制风险。多数专家的观点是，将来人工智能会像自来水、电力、天然气一样，成为一种基础公共服务，通过有线或无线的信息通信网络进行传输，人们在日常生活中、工农业生产中及社会管理中可以随时随地、有意或无意地获得人工智能服务。

2 深空深海通信助力人类活动空间拓展

浩瀚的太空、神秘的大海，寄托着人类探索世界的梦想。从1957年第一颗人造地球卫星“斯普特尼克1号”从苏联的拜科努尔发射场升空开始，人类开始涉足太空深处；从1964年美国“阿尔文”号载人潜水器潜入水下450米开始，人类逐渐走进大海底部。半个多世纪以来，人类从来没有停止过探索星辰和大海的步伐。在这个过程中，人类脱离了地球引力场，进入太阳系空间和宇宙空间的深空，到达了之前无法到达的超过千米的深海。对深空、深海两大纵深领域开展的探索，不仅为人类未来发展建立了技术上的战略储备，同时也为海洋、空间、通信、生物、纳米等相关产业的融合发展奠定了技术基础。

在深空探索中，通信技术在一定程度上决定了项目的成败。1971年5月28日，苏联发射的“火星5号”航空器搭载的着陆器成功抵达了火星的表面，却因着陆器的通信设备中断而导致任务失败。在距离地球数亿千米的深空探索活动中，从地球发出的所有指令信息、遥测遥控信息、跟踪导航信息、飞行姿态控制、轨道控制等信息及科学数据、图像、文件、声音等数据的传输，都要靠通信系统来完成和保障。从这个意义上讲，离开了深空通信系统，深空探索活动就无法进行。

深空通信一般是指地球上的通信实体与处于深空的飞行器 / 空间站之间的通信。深空通信包括三种形式的通信：一是地球站与航天飞行器 / 空间站之间的通信，二是飞行器 / 空间站之间的通信，三是通过飞行器 / 空间站的转发或反射来进行的与地球站间的通信。深空通信最突出的特点是信号传输的距离极其遥远。例如，探测木星的“旅行者 1 号”航天探测器，1977 年发射，1979 年才抵达木星，航天探测器要将采集到的信息发回地球，需要经过 37.8 分钟。因此，深空通信面临的技术难题是远距离通信，即点对点无中继远距离无线电通信。在这种通信中，电波传播的损耗与距离的平方成正比，容易出现信号弱、延时长、延时不稳定、数据量大等问题。为克服巨大的传播损耗，确保在有限发射功率的情况下的可靠通信，必须采用在低信噪比下也能可靠工作的通信方式。其中有许多关键技术有待进一步的研究，如 Ka 波段射频通信技术、光学通信技术、量子通信技术、天线组阵技术、高效调制解调技术、高效编码方式、信源压缩技术、深空通信协议等。这些技术的提出和解决，不仅为深空探索提供有力的保障，同时也将带动通信技术本身不断进步，引发新技术和新兴市场的出现。

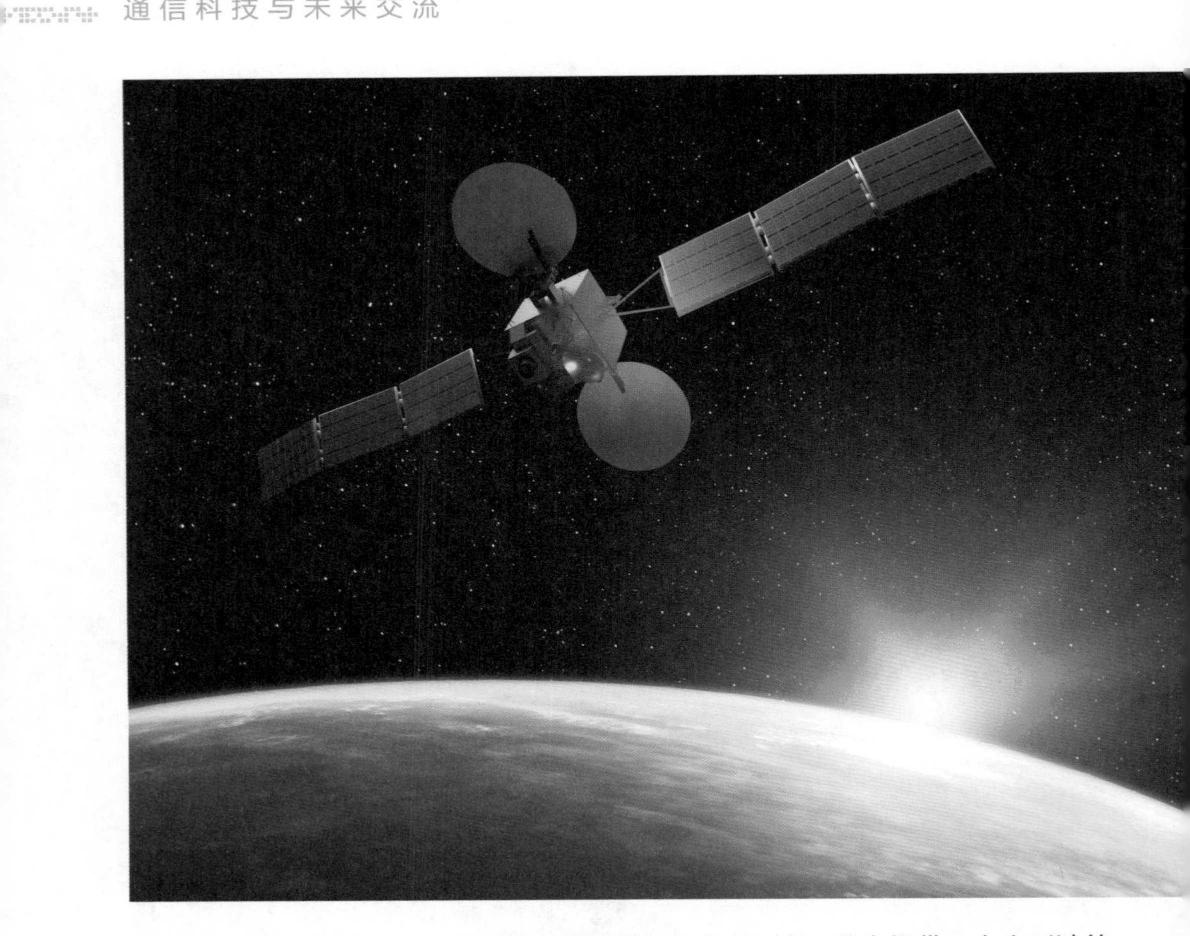

回想 30 年前，当我们刚开始为互联网而狂热的时候，随身携带一台小型计算机简直就是科幻小说中的一幕。但如今，互联网的发展已经超越了便携计算机、智能手机，涵盖了许多智能对象。展望 30 年后，随着光学通信、量子通信等新型通信技术与多学科技术在航空航天领域的交叉融合发展和集成应用，深空将成为人类新的聚集地，深空互联网将不断延伸，连接起地球、宇宙太空站及飞行器，航天员借助深空互联网与地球或其他飞行器、空间站之间通过语音、视频进行交流，信息在深空中快速传递，虽然距离遥远，却又像是近在咫尺。

通信信号“上天容易下海难”。人类已经可以在国际空间站进行通信，但深海的通信质量还相差甚远，潜伏在海底深处的核潜艇可谓是世界上最难接收到通信信号的地方。水是阻断无线电波的天然障碍，在地面通信中常用的微波只能深入水下

几米，完全不能满足深海通信的需要，因此现在各国普遍采用长波/超长波对潜通信系统。长波/超长波是一种位于低频段的无线电波，在海水中衰减较其他频段小，入水传播深度可达到100米，传播信道稳定，基本可以满足对潜通信的要求，但也有三个方面突出的问题：一是传输速率低，如美国海军的“紧缩”极低频（ELF）系统，与地面进行交流时传送一个三字符组的无线电信号需要15分钟；二是发射时需要庞大的发射天线或超高的发射功率，如ELF陆地的配套设施占地面积大，天线长度最短也要数十千米，这就使岸站目标太大，发射过程极有可能遭受敌方打击；三是潜艇隐蔽性差，在海底时只能单向接收外界发射的信号，要把情报发送出去时，必须把“触角”伸出海平面甚至浮出水面，这极易导致潜艇暴露位置，成为攻击目标。

深海通信技术在与军事领域的融合发展中不断取得新的突破。近年来，各国及其军工企业纷纷加大力度研发海底通信系统。例如，英国军火企业“深海”计划能使潜艇利用空中的蓝绿激光实现双向通信；美国军火企业“深海女妖”项目制造了消耗型的寻呼浮标，它们能把卫星信号转化成声学信号传递给海底的潜艇，但这种传递只能是单向的。另外，美军的高频主动极光研究项目尝试利用大气层作为天线的替代品，从阿拉斯加发射出的大功率高频电磁波束能激活地球的电离层，使它产生极端低频的波束。这种波束能穿过盐水折射到海底深处，被潜艇接收。美国国防部高级研究计划局、美国国家科学基金会支持研究的磁感应通信采用磁场为载体，兼具光通信和电磁波通信的优势，传输速率和安全性不断提升。俄罗斯海军研发中微子通信技术，希望成为不限制距离和深度的潜艇通信手段，但是技术实现难度较大，尚处于实验室研究和科学探索阶段。我国在研发“蛟龙号”潜艇时采用了声呐通信方式，应用的高速水声通信技术具有世界先进水平。当前这一技术还没有完全成熟，未来完全可以应用于潜艇的通信技术改进。2017年，我国成功进行的全球首个海水量子通信实验显示，水下量子通信可达数百米，能对水下百米量级的潜艇和传感网络节点等进行保密通信。这一开创性的成果为深海通信研究指明了一条极有前途的方向。未来20～30年，中国有望率先建立水下及空海一体量子通信网络，全面突破传统水下通信技术难以解决的深海通信难题。

未来30年，将是深空、深海重点突破，跨越发展的30年。值得期待的是，宇宙空间站、深海空间站将成为人类深空、深海活动的聚集点和信息转送点，在太空移民、深海开荒活动中与地球家园实现高速联网；通过深空、深海通信网络，人类既可以看到地球上各国的最新动态，也可以看到太空移民的实况视频，还可以看到深空开荒的实时影像，深空、深海将成为人类新的家园。

3 信息通信技术＋生物医学技术延展人体功能

虚拟现实（VR）诊断、器官打印、意念控制机械手臂、感测器药丸、精准投放药物的纳米机器人、基因重组等技术不断刷新人们的想象空间。作为现今和未来全球创新投入最集中、最活跃的两大领域，信息技术和生物医学的激烈碰撞正孕育一批对人类产生重大影响的颠覆性技术，人类的寿命将被延长，人体功能将获得增强，电影中的场景将在现实中再现。

未来，量子计算将带来计算机的指数式发展，大数据将人类社会数字化，人工智能将超越人类智力，物联网和5G将全球万物互联。爆发式发展的信息技术在基因工程、细胞图谱探索、医学诊断和治疗、生物合成、器官再生等领域深入渗透，使科学家有手段、有能力揭示深奥的人体密码，基于人工智能和大数据开展精准医疗。运用了微电子、计算机和生物学、工程学等多学科知识的分子诊断技术、遗传密码学、合成生物学、再生医学等新学科和前沿交叉领域不断拓展和进步，新诊断技术、

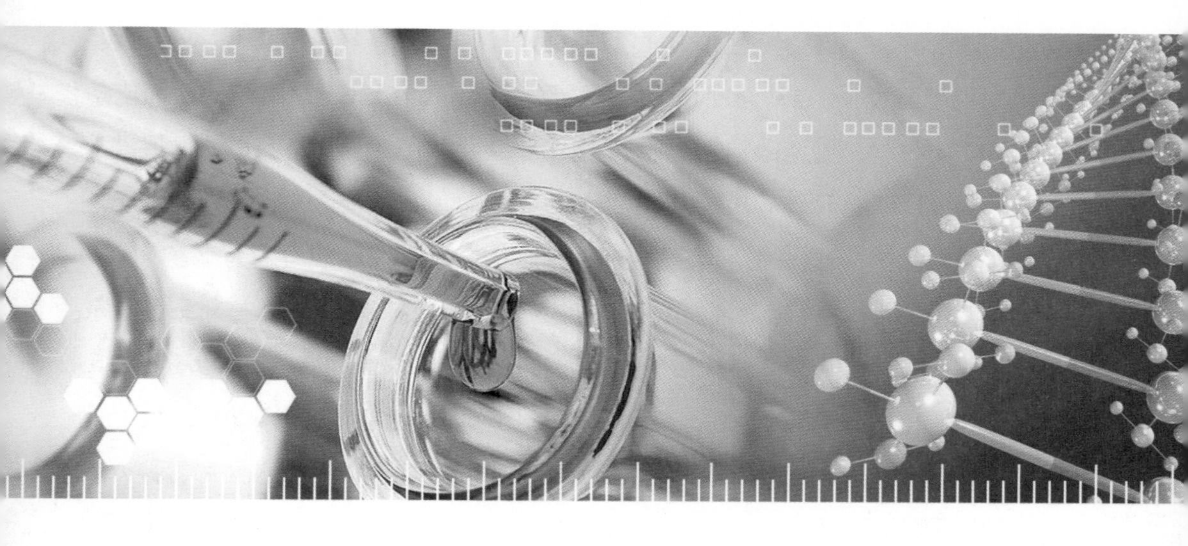

新药物和治疗方案、再生器官等将不断涌现和成熟，医生不但能够快速准确确定甚至提前预测致病信息，还将有效攻克癌症、心脑血管病、白血病等顽症，通过“编程细胞”（细胞疗法）延缓人体衰老，即使是衰竭的器官也能通过人工再生器官进行替换，人类寿命延长可以预期。目前，一些国家的人口平均寿命已突破 80 岁，中国也突破了 70 岁。科学家预言，在 2020—2030 年，可能出现人口平均寿命突破 100 岁的国家；到 2050 年，人类的平均寿命将达到 90 ~ 95 岁。这一预期目前也获得了实验验证，最新发布的细胞疗法研究证实可延长小白鼠 30% 的寿命，预计 10 年后细胞疗法将能应用于临床，人类平均寿命或将延长至 108 岁。

信息技术与生物科学、材料科学、机械科学等多领域科技发展和融合混搭，让人体功能增进技术迅速崛起。在高德纳咨询公司发布的《2017 年度技术成熟度曲线》报告中，脑机接口、人体功能增进技术已位列“超过 10 年成为主流”的新兴技术清单。不考虑伦理问题，仅从技术角度来看，未来人们将能通过视听增进、体力增进和脑力增进装置等外在手段修复和提升自身感官能力、体能和脑力水平，人体功能将得到延展和增强，电影中出现的机器战警、钢铁人、阿凡达这些人机合体将成为现实。从感官能力提升来看，人们可以通过在视听器官中植入物体的方式修复并提升原有的视听功能，可以通过智能眼镜等可穿戴设备扩展现有的视听能力。目前，人工视网膜、人工耳蜗植入方式已进入医学临床试验。未来，随着微型望远镜、夜视功能视网膜、可自动浮现地图的增强现实（AR）眼镜等新装置的成熟和成功植入，以及 VR/AR 智能眼镜、夜视隐形眼镜、头盔等可穿戴设备的成熟发展，“千里眼”“顺风耳”这种特异功能或将成为人们的一项基本技能。“钢铁侠”战衣将直观展现“体能增进”这一美好愿景，被世人称为“外骨骼”，可以理解为穿在身上的机器人，主要用于增强穿戴者的力量、速度及耐力等。随着人工智能等新一代信息技术的发展，应用场景已经从最初的医疗和军事应用（如帮助残疾人和受伤士兵恢复正常生活，提升士兵的作战能力）拓展到工作、生活等日常应用（如增加工人生产效率、帮助老年员工延长工作时间），从“钢铁侠”型的硬质外壳（如雷神公司研发的军用外骨骼系统 Sarcos XOS2 ①、日本生化人公司推出的混合辅助肢体②）发展到轻量柔软的软体外衣（如美国军方披露的软式动力装置“勇士织衣”、欧洲跨领域研究团队正在研发的像裤子一样用于帮助残疾人行走的软体仿生外骨骼 XoSoft ③）。随着能量源、人体动作模拟、人机互动等方面的不断改进，外骨骼将会作为一件衣服进入人们的日常生活；同时，通过人体植入实现脑机互联的外骨骼或将出现，并作为替代骨骼实现人体超能。除此之外，集合了信息采集 / 分析 / 编码技术、通信技术、智能计算、芯片技术、生物医学等多领域技术的脑力增强也十分让人期待。脑力增强主要是指通过神经性药物、电磁刺激、大脑植入、脑机结合等方式提高人的记忆力、观察力、思维力等认知能力。美国大片《谍影重重》中那个掌握

① Sarcos XOS2军用外骨骼系统由一系列结构、传感器、执行机构和控制器组成，主要利用高压液压驱动，可让使用者轻松举起90.72千克（200磅）的重物，单手劈开7.62厘米（3英寸）厚的木板，灵活配合使用者上下楼、踢足球、俯卧撑等各种动作且效率加倍。被看作是“钢铁侠”战衣的现实版。

② 日本生化人（Cyberdyne）公司推出的混合辅助肢体（HAL）用于帮助残疾人、老年人恢复行走，被日本政府批准为脊髓性肌萎缩和萎缩性侧索硬化等疾病的医疗设备。该设备福岛海啸事故处理和灾后重建的体能扩展中发挥了作用，如用于支撑福岛核电站事故清理工人在穿着沉重的辐射防护服的情况下开展连续工作。

③ “勇士织衣”、软体仿生外骨骼 XoSoft 等软体外衣是外骨骼系统又一次概念性的突破和发展方向。“勇士织衣”是美国军方披露的用于提升士兵作战能力的软式动力装置，使用者可以将其穿在衣服里面，提升人体负重能力和减少疲劳，增强人体功能。XoSoft 是由欧洲跨领域研究团队正在研发的像裤子一样用于帮助残疾人行走的软体仿生外骨骼。该团队由欧洲高等院校和研究所机器人技术、生物工程、环境智能和设计等领域的专家及在康复、老年医学和假肢应用等领域的临床医生共同组成，计划在 2019 年前研发出功能完善的产品原型。

多国语言、身手不凡、观察力敏锐但失去记忆的特工伯恩，就是通过神经性药物提升脑力的代表人物。现实中，神经生物学家埃里克·坎德尔已经找到记忆形成的分子机制，德国研究人员发现了有助于提高人类记忆的“快乐激素”——多巴胺。在大数据、人工智能等信息技术的协助下，人脑记忆密码将被逐步破译，增强脑力的药物将被发现。而未来通过对大脑进行电极刺激、植入芯片等电磁设备，不仅能恢复、改善和提升人的记忆，甚至能够像电影《黑镜》中的人物一样将记忆截取、复制和回放。如美国国防部高级研究计划局分别于 2013 年和 2015 年启动的“恢复主动记忆”和“恢复活动记忆与回放”项目就是实现上述脑力增强的研究。前者旨在研究恢复和提升大脑记忆的新技术，包括利用电极刺激、研发一种可植入无线装置以治疗因疾病或创伤性脑损伤造成的失忆患者；后者旨在研究“神经回放”在形成记忆和回忆过程中的作用，以帮助人脑更清晰地记住偶发事件，更高效地获得技能。2018 年，该项目研究取得重要进展，人类首次成功实现概念验证系统。该系统通过利用患者自己的神经编码促进记忆编码来恢复记忆。意念控制将脑力增强变得更为炫酷。在科幻电影《阿凡达》中，瘫痪的海军士兵通过可穿戴设备收集脑

电波信号，实现通过意念控制人造的阿凡达。这是基于脑机接口技术[①]实现的人脑对机器的直接控制。如德国慕尼黑工业大学成功实现的脑控飞行，飞行员戴着一个连着许多电线的帽子控制飞机的飞行和起落；美国匹兹堡大学研发成功的智慧义肢，通过在一位颈部以下瘫痪的女患者大脑运动皮质植入传感器，实现单凭意念即可操作机械手臂。目前，研究人员正尝试引入无线通信以去除连接脑部和机械臂之间的线路，从而让智慧义肢更为轻便。当前的研究还处于从脑到机的单向控制阶段，未来脑机接口双向控制或将实现。到时，智慧义肢还能将触碰到的物体信号反馈到大脑，让使用者感受到所触碰物体的冷与热、光滑与粗糙，从而更接近于人的真实手臂。当然，控制的范围也将从智慧义肢、飞机扩大至机器人、汽车、武器装备等更多设备。

① 脑机接口技术是一种研究如何将人或动物脑（或脑细胞的培养物）神经信号与外部设备直接交互的技术，通过采集大脑皮质神经系统活动产生的脑电信号，经过放大、滤波等方法，转化为可以被计算机识别的信号，从中辨别人的真实意图。脑机接口技术包括“从脑到机”和“从机到脑”两个信息传递方向；分为植入式和非植入式（头皮电极贴片）两大类，前者有创可探测精确度高，后者无创但探测精确度和范围有限。

第二节 未来信息社会发展愿景

一、生活方式智能化

随着技术的成熟，新一代信息技术和生物医学、工业制造等领域的融合创新将更多地造福人类。未来 30 年，人们将进入智能社会。智能服装、智能家居、无人驾驶车、VR/AR 等融合技术和产品将在通过智能化带给人们生活便利的同时，颠覆人们现有的衣食住行模式，给人们的娱乐、工作、学习带来全新的体验。

1 全面智能化的衣食住行

智能服装将使人们对自身了如指掌。智能服装将成为可穿戴设备的新潮流。时下，科技巨头和服装界大佬正不遗余力地将大数据、无线接入、全球卫星定位系统（GPS）定位、云计算等信息技术与服装联系到一起，具有“魔力”的智能服装即将在不久的将来大量进入人们的衣柜，并以现在无法想象的智能化方式改变人们的生活。现在已经出现可以测量肌肉活动数据的智能运动服、可以监测心率、呼吸和睡眠数据的智能背心、记录健身数据的智能 T 恤等智能运动服装。还有用来监测心力衰竭或子痫前期等病症先兆——腿脚水肿的智能袜子、监测宝宝的心率和血氧含量的智能婴儿袜、监控婴儿睡眠的婴儿连体衣、即将面世的一款通过追踪乳房温度、颜色和组织变化来检测乳腺癌的智能胸罩等智能健康服装。还有根据情绪变

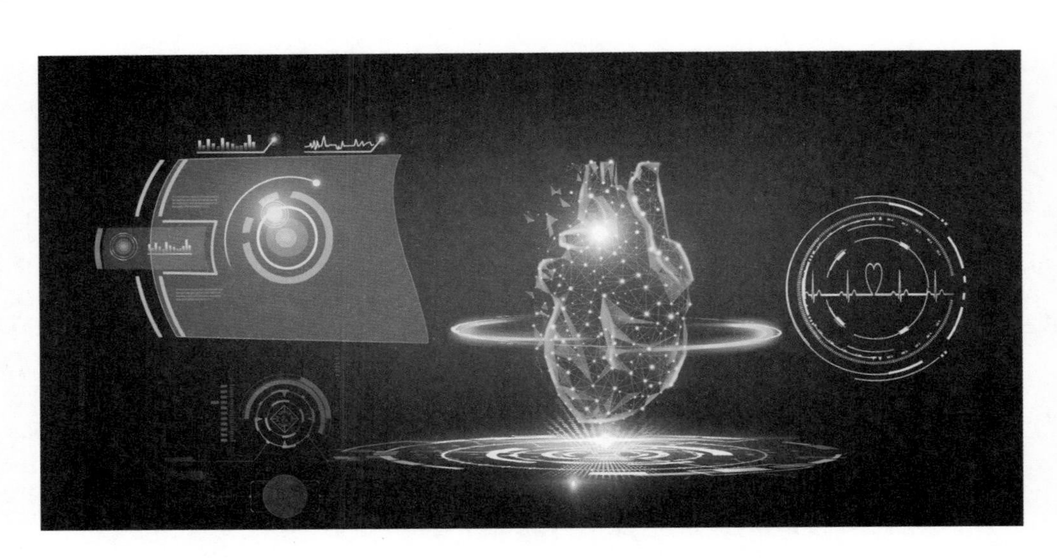

化改变颜色的飞利浦布贝尔服(Bubelle Dress),它拥有心率、呼吸频率、肌肉活动、卡路里消耗、情绪等人体生物数据收集、存储、同步和分析等功能,可以帮助人们进行运动和健康管理。人们通过智能服装实现对人体生物特征全面感知的想法将彻底实现。智能服装不但能够根据人体生物特征判断服装的主人,还能作为个人运动和健康管理助手,全时段跟踪人的日常生活和身体变化,提供血压、心脏活动、血糖、胆固醇指数等更全面、更复杂的生物数据,并结合人工智能的分析提供更为合理的运动、健康管理和医疗建议,甚至将人身体的信息反馈给医疗人员,完成注射、给药等初步治疗,实现对人体的深度感知和智能管理。

智能服装让人类实现对机器的控制。谷歌公司正在努力推进一个"提花织布机项目(Project Jacquard)",目标是研发出一种导电纤维,然后用这种导电纤维制成不同厚薄的布料,并与微控制器联机形成低功耗触摸板,实现对手机、照明设备等的控制。如穿上一件应用此面料的李维斯(Levi's)智能牛仔夹克,用户可以通过衣服上的按扣来控制手机,进行电话接听、音乐播放和导航信息获取等操作,从而避免了运动中掏手机带来的麻烦和危险。人们还可以通过智能服装提高对外界环境的适应能力。如内置电池、加热系统和热量循环系统、能够连续发热15个小时且还能充电、机洗的防水发热羽绒服；通过内置发光二极管（LED）灯和外置电源发光的夜跑服；更为神奇的是加拿大生物技术公司“超隐形”（Hyperstealth）研发的一种通过折射周围光线实现“完全隐形”的量子隐形面料，未来改良后可以用于制作隐形衣。目前，科学家正在全力研发以导电纤维为代表的新型高科技纤维——电子智能纤维，可随外界刺激而发生形态或体积变化的智能凝胶纤维，可在塑性形变后恢复初始形状的形状记忆纤维，具备保温和制冷双向温度调节功能的相变纤维，根据温度、光线等外界刺激自动改变颜色的智能变色纤维，具有信息感知和传输功能的光导纤维[①]等智能纤维和面料。这些新材料将随着传感器、芯片、电子屏幕和电池等智能元件的微型化、柔性化和续航能力的发展，给智能服装带来无限可能。它们能控制电子家居产品、汽车、外骨骼等人体增进装置，实现人对机器的灵活控制甚至让普通人变成超人。它们可以根据天气变化自动调节温度，按照心情变换颜色，根据体型改变形状，遇到突发情况隐形，通过太阳能和人体热量发电，实现与外界环境的完美互动，他们将成为人们贴心、贴身的管家和保镖。

智能家居插上物联网的“翅膀”实现人与屋的对话。活在当下，“智能家居”这个词汇并不新鲜。已被广泛使用的扫地机器人，能够辨认家庭成员并发送手机信息的智能监控摄像头，可以根据放入食材自动烹饪的智能烤箱，可以对食材进行管理的智能冰箱，可以通过衣物重量、肮脏程度来判断用水量和洗衣剂用量的智能洗衣机，能够根据天气变化自动调节室内温度的智能恒温器，能够通过语音对联网的家庭设备进行管控的智能家居平台等，这些快速涌现的智能家居产品不断提升人们对未来生活的预期。目前，全球互联网正从人人相联向万物互联迈进。根据预测，智能家居将可能成为物联网设备部署增长的主要驱动力，智能家居将作为一种刚性需求进入人们的生活，我们将生活在传感器和机器人包围的环境中。未来的智能监控系统不仅能通过指纹、人脸、心率等生物特征来识别家庭人员，自动开锁，还能根

① 沈雷，李仪，薛哲彬．智能服装现状研究及发展趋势［J］．丝绸，2017，54（7）：38-45.

据家庭成员喜好自动调节灯光、室内温度等。未来的智能厨房可以在监测到你起床后自动烹饪，智能冰箱、智能跑步机、智能床、智能马桶等能够监测你的饮食喜好、体征变化、睡眠质量、排泄情况等生活日常，从而对你的健康状况、饮食结构等提出建议。随着人工智能逐渐强大，类似谷歌家居这样的家庭智能系统可以实现对家庭设备的语音控制和交互，越来越先进的人形机器人将承担扫地、做饭、叠衣服等家务工作。因为能够预测人的情绪并进行互动，它们还承担了照顾和陪伴老人和小孩的工作，就像《超能陆战队》中那个忠心耿耿、温柔体贴、无微不至的“大白”。

无人驾驶车、共享出行和智能交通系统的结合实现“傻瓜”出行。无人驾驶将是未来交通运输和出行的重要组成部分已成为全球共识。无人驾驶所展现的美好前景及庞大的市场，吸引全球各大巨头进入，以谷歌、百度为代表的互联网科技公司，以特斯拉、福特、宝马为代表的传统汽车巨头，以滴滴、优步等为代表的汽车共享平台公司，均投入巨资，以便能在未来交通出行行业掌握话语权和主动权。目前，无人驾驶汽车、卡车、公交车均已开展路测，并表现出良好性能。无人驾驶技术和产业发展已超出市场预期，如特斯拉等公司的半自动驾驶汽车已经上路运行，百度机器人出租车（Robotaxi），即无人驾驶出租车已结束测试，开始正式运营。业内预计，随着5G的商用普及和智能化技术的成熟，全球无人驾驶汽车有望逐步进入商业化大规模量产阶段。

无人驾驶在带给汽车行业颠覆性变革的同时，对交通管理系统和人们出行的影响也是颠覆性的。首先，共享出行成为必然，以后人们只需要购买汽车使用权，而不需要再买汽车。汽车共享平台公司能够通过可预测的计算方法提前预计订单需求，并在最快的时间内将用户所需要的无人汽车派送到指定地点。同时，无人驾驶公交车也将开展运营，超级高铁也将成为现实。这对于老年人、孩子和无法驾驶的人来说更是福音。无人驾驶汽车可以用来接送孩子、老年人和视力障碍者，监护人通过车内监控器和类似亚历克莎（Alexa）这样的智能语音助手等智能设备实时获悉被监护人的情况。无人驾驶汽车的大规模使用还将推动更安全、更智慧、更简洁的

物理道路交通系统和完善的车联网的发展，现有的交通管理体系将产生变革。无人驾驶专用车道将会出现，无人驾驶卡车可以在晚上行驶；整个驾驶过程将通过车联网完成，路标、红绿灯这种道路上的交通指示标识都会变得不再必要；道路交通系统通过无人驾驶汽车自动上传的位置信息掌握路况，实时调整车道的行驶方向，发展为潮汐式车道。随着车内功能的不断完善，无人驾驶汽车将不断演进成不同功能的“无人驾驶车舱”。到时，人们不再需要学习驾驶技术和交通规范，只需要明确出发地、目的地及所需要的车舱就可以完成出行。

2 身临其境的沉浸式体验

VR/AR 带来身临其境的娱乐、学习和工作体验。展望人们未来的娱乐、学习和工作方式，就不得不提 VR 与 AR。二者所带来的沉浸式全新体验刺激了人们的感官，满足了人们的各种想象，也吸引了互联网巨头、内容制作商、硬件设备商等产业链主体争相进入。从技术发展成熟度来看，VR 技术已经从幻灭期走向复苏，AR 正在从幻灭的低谷向复苏爬升。根据高德纳咨询公司 2019 年的预测，二者将在 2 ~ 5 年走向成熟，被看作是继个人计算机、平板电脑、智能手机之后的下一个通用计算平台，而围绕 VR/AR 展开的各项努力终将重塑当前的行为方式。VR/AR 技术应用领域非常广泛，已从视频游戏、事件直播、视频娱乐扩张到医疗保健、房地产、零售、教育、工程和军事等多个领域。VR/AR 技术本身也在不断拓展，出现了合并真实和虚拟世界而产生新可视化环境的混合现实（MR）技术，如美国 AR 初创公司"神奇的飞跃"（Magic Leap）所制作的鲸鱼在体育馆中一跃而出的画面就属于 MR 技术的应用。

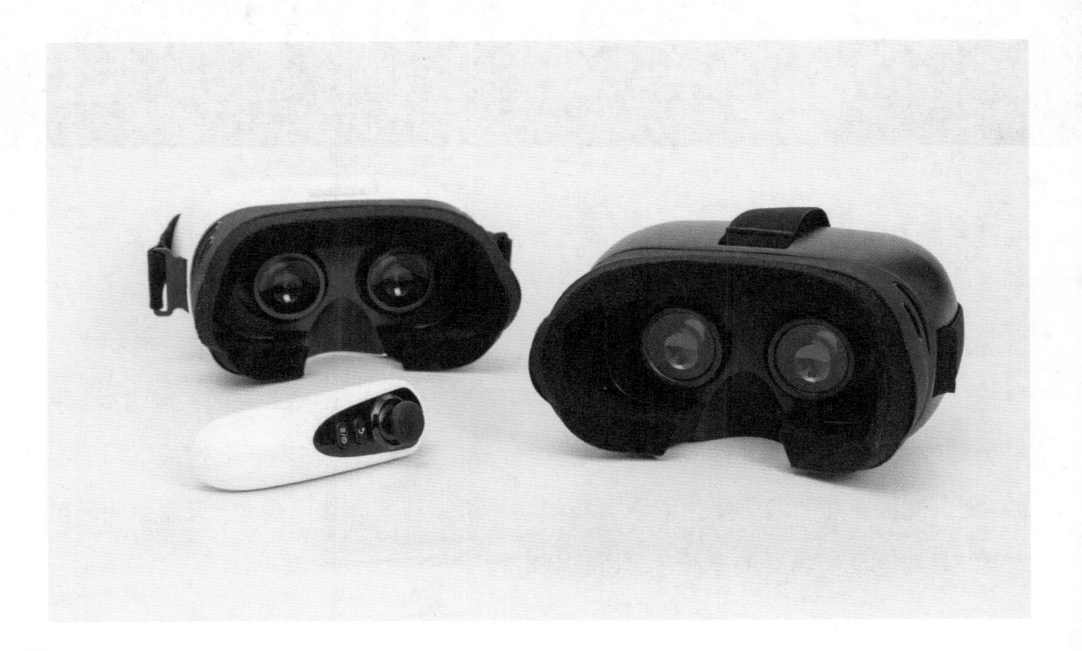

未来人们娱乐方式的革新主要体现在VR/AR技术在视频游戏、事件直播和视频娱乐中的应用。VR/AR视频游戏通过将使用者沉浸于虚拟世界极大提高游戏体验，一经发布就快速风靡全球的AR手机游戏《精灵宝可梦Go》就证明了这一点；VR/AR事件直播带来的现场感解决了现场座位数量有限的问题，如美国一家VR直播平台与三星集团合作，成功推出美国男子职业篮球联赛（NBA）、美国职业棒球大联盟（MLB）及F1赛车等体育赛事的AR直播，让更多人获得身临其境的感受；VR/AR视频娱乐也在创建一种全新的电影和电视形式，让用户完全沉浸在立体的电影情景之中。目前，微软的全息眼镜等VR/AR设备正在推进VR/AR内容制作。随着技术、硬件设备的成熟，以及更多游戏、电影等视频内容的呈现，我们不但可以坐在沙发上就能享受身临其境的体育赛事和音乐会，还能进入游戏和电影中的场景开展各种冒险，就如同电影《纳尼亚传奇》中的孩子们意外进入的“纳尼亚异世界”，或是亲历《少年派的奇幻漂流》中的海上漂流生活，感受暴风雨的冲击和鲸鱼跃出海面带来的喜悦。得益于Magic Leap新发布的“VR/AR内容可分享”专利，这种全新的体验也可以和多人分享。

未来人们工作方式的颠覆性变化主要体现在VR/AR技术在员工培训、设计、销售及交流等环节应用。如目前IBM应用3D虚拟世界大学对新员工开展入职培训；美国航空航天制作商洛克希德•马丁公司与加拿大一家3D交互式训练方案供应商合作，利用AR技术和嵌入式培训来指导F-35战斗机的组装，使工程师的工作效率提升了30%，准确率达到了96%；沃尔沃将微软全息眼镜用于汽车的设计、生产和销售环节，以激发设计师们的创意，提高研发和生产效率，让汽车展示更为生动。《钢铁侠》的主角对空中立体盔甲模型进行设计和修改的场景有望进入现实。除此之外，VR/AR技术对工作的影响还体现在沟通方式上，结合全息投影技术和互联网，我们可以在任何地点与任何人进行实时、面对面的沟通，而无须到办公场所。

VR/AR 技术在教育领域的应用更是打开了一个学习的新世界。通过对真实环境和虚拟物体的模拟、仿真和再现，VR/AR 技术能够将学习内容情景化、可视化、立体化、游戏化，带来现实沉浸感、时空操纵感、现实叠加感等一系列不同的感受和体验，从而吸引学习者的兴趣和注意力，让学习不再枯燥。目前，将书中天文地理、历史演进、人文建筑甚至是物理、化学构造等内容进行视频展现的 VR/AR 图书已经出现，纸质内容变得可触摸、可互动、可感知。如马来西亚的研究者运用 AR 技术制作的用于小学生数学知识学习的教科书，用情境化的故事和 AR 技术充分调动学生的积极性[①]；还有公司正在开发的 AR 故事书，通过手机 App 并用摄像头扫描书页，书中的动物和字符就从 2D 变成 3D 影像，孩子能够在游戏中学习语言、锻炼运动技能、为人物涂色。除此之外，将 AR 游戏、AR 建模应用于教学的方式也受到关注并开始探索。如谷歌公司开发的以蝴蝶种类教学为主题的教育游戏《蝶千寻》(Google butterfly)，涵盖了中国目前已知的 1805 种蝴蝶，使用者可与虚拟蝴蝶互动，从而激发其了解蝴蝶的兴趣，帮助其获取蝴蝶相关知识；适用于医学教学的 AR 版《4D 人体解剖》将人体骨骼和器官立体化，帮助学习者更直观地了解人体结构。可以想象在不久的将来，我们足不出户就能在人类千年文明历史中进行穿越，了解历史事件的背景，感受历史发展的真实情境，体会历史人物的辛酸与无奈；还能前往亚马逊热带雨林里去感受蝴蝶效应产生的微妙过程，进入云贵高原观察和了解喀斯特地貌特征和形成过程，站在太空观看天体运行，潜入深海观察海底火山喷发带来的影响等。当然，在学习的过程中我们还可以与身旁甚至是远在地球另一端的同伴和教师进行互动。学习将成为一件充满趣味和刺激的经历，而不再是一件枯燥、乏味的任务。

① 蔡苏，王沛文，杨阳，等. 增强现实（AR）技术的教育应用综述［J］. 远程教育杂志，2016，34（5）：27-40.

二、生产方式智能化

科学技术是第一生产力，科技变革必将带来生产关系的变革，物联网、人工智能、大数据、云计算、边缘计算、5G 等新一代信息技术驱动了又一波全球数字浪潮的产生，经济社会各领域都在向数字化、网络化和智能化转型。新一代信息技术与制造业深度融合，正在引发影响深远的产业变革，形成新的生产方式、产业形态、商业模式和经济增长点。由于新一轮科技浪潮对工业带来的深远影响，也有人将其称为第四次工业革命，与蒸汽机带来的机械化、内燃机带来的电气化、计算机带来的数字化这三次技术变革相提并论。关于第四次工业革命的总结判断还没有结束，目前来看可以简单归纳为物联网带来的智能化，未来的智能互联工厂将全面具备数字化感知、网络化协同与智能化管控的生产能力，以个性化制造代替标准化制造，与用户深度互动，为用户提供个性化的定制产品。

1 个性化定制大行其道

未来将涌现更多的个性化定制，替代原来的大规模标准化制造，用户也将参与到产品生产过程中来。技术与需求是社会生产的双重驱动力，二者之间也是互相关联的。个性化定制首先是一种巨大的潜在市场需求，在工业化社会被大规模标准化生产出来的千篇一律的产品压抑了许久，又因人工成本的高昂而成为一种奢侈的需求。前两轮工业革命使机械化、自动化成为可能，小作坊、手工劳动被大工厂、机器生产替代，伴随着生产效率的提高和成本的降低，大量物美价廉的工业产品被研制和生产出来，人类的物质需求得到极大满足，大规模标准化的生产方式成为主流，基于专业分工和科学设计的流水线被广泛采用。而信息通信技术驱使的后两轮工业革命则是在机械化、自动化的基础上，增加了数字化、网络化和智能化的生产设施和管控手段，与用户的深度高效沟通、对生产的精细化动态化控制成为可能，大规模柔性化的定制生产成为可能，从而使人类的个性化、多样化需求得以满足。

在互联网时代，去中心化的本质特征带来开放式、扁平化、平等性的人际关系变迁，已使个性化需求日益彰显、不容忽视，草根文化、公知、网红、自媒体等用户生成内容现象正是个性化、多元化需求崛起的突出表现。一个人、一小群人的需求虽然成不了规模，但成千上万的个性需求在互联网上一经汇聚便形成了一个长尾市场。随着互联网应用从社交、娱乐和生活消费逐步向生产领域渗透，对个性化定制产品的需求逐渐得到商家响应，并演变成一种时尚、一股潮流。2012 年国庆节期间，海尔在天猫聚划算平台就开展过“双节买彩电定制最划算”活动，8 天内吸引到 100 万网友对电视尺寸、边框、清晰度、能耗、色彩、接口六项定制点的投票，随后根据投票结果安排生产和定制预约。这个定制活动属于“团购”，带有明显的电商特点，也有人从电子商务角度将其总结为“消费者到企业”（C2B），实际上也是家电厂商与电商平台对个性化定制的一次成功尝试，尤为有意义的是使生产厂商看到了价格战之外大规模个性化定制这一片蓝海市场。

按照定制深度或个性化程度，个性化定制有几种不同的模式，包括聚定制、模块定制和深度定制。上述彩电定制活动就属于层次最浅的“聚定制”，只是聚合消费者对品牌商品的零散需求，形成预约订单后再组织厂商资源进行生产，定制行为处于销售环节，以电商平台或销售部门为主、厂商或生产部门为辅。模块定制则向生产环节更进了一步，可定制的模块越多，个性化的程度就越高。这就要求生产过程带有一定的柔性化、智能化特征。例如，海尔在沈阳市的冰箱厂将具有几百个零部件的冰箱产品整合为几十个模块，包括通用模块和个性模块，其中个性模块由用户根据自己的需求来选配。海尔将 100 多米的传统生产线改装成 4 条 18 米长的智能化生产线，1 条生产线可支持 500 多个型号的大规模选配定制。

深度定制的个性化程度最高，每个产品都是为一个特定客户量身打造的。当然，信息社会的深度定制并不是回到小作坊时代的手工制作，而是基于信息通信、生物工程、新能量、新材料等的进步，通过跨界融合创新的方式来实现的。创新的方式，不排除通过电子商务平台聚合手工业者的“淘宝村”模式，但更多的应该是通过智能互联系统实现的自动化、智能化的大规模定制生产模式。尚品宅配新居网不仅充分利用互联网的优势，让用户根据户型、风格偏好和价格预算等个性化需求进行方案定制，而且结合线下组装生产及展示、配送的优势，通过其设计系统、订单管理系统、条码应用系统、混合排产及生产过程系统，提供全方面的解决方案，帮助用户实现自己真正想要又不超预算的居家空间。3D 打印技术逐渐成熟，使我们离个性化定制更近了。这一常用于模具制造、工业设计的技术，目前在珠宝、鞋类、建筑、医学、汽车等各领域都有所应用。例如，阿迪达斯推出的 4D 跑鞋，借助 3D 打印技术实现复杂的鞋底缓冲结构，用户发送个人足部数据便可制作出符合自己需要的鞋子。虽然目前使用液体材料从无到有地将鞋底“打印”出来需要一个半小时，量产还比较有限，但未来“打印”时间有望缩短至 20 分钟，超越传统制造手段。不远的将来，家用版 3D 打印机可能会出现，品牌厂商除了出售成品鞋，还会出售 3D 打印设计软件或提供远程自制服务，人们在家里就可以随时制作合脚的鞋子。

围绕个性化定制，未来可能还会出现更多的技术突破和模式创新，也许来自互联网企业的跨界经营，也许来自传统制造企业转型后的智能互联工厂，也许来自某个小微初创企业。但有一点是共同的，他们都将以用户为中心，尊重用户的个性化需求，重视用户的互动性体验，让用户参与到产品的研发、设计、生产流程中来，最终获得自己称心如意和独一无二的定制产品。

2 智能互联成为工厂标配

未来将涌现更多的智能互联工厂，对产品研发、生产和物流全过程实现数字化感知、网络化协同与智能化管控。个性化、多元化虽好，但如果成本太高也无法普及。只有依靠工业互联网等新一代信息通信网络和技术，未来的智能互联工厂才能在做到个性化定制的同时还能降低成本、提高效率。

数字化感知是未来智能互联工厂必备的基础能力，有了这个基础能力才能实现更高层次的网络化协同与智能化管控。美国工业互联网的先行者——通用电气（GE）公司为了实施数字化转型，在生产线上部署射频识别（RFID）探头，在设备组件上安装标签，并开发工业数据分析专用的云操作系统 Predix，实时监控包括飞机引擎、涡轮、核磁共振仪在内的各类机器设备，同步捕捉它们在运行过程中产生的海量数据，通过对这些数据的分析和管理，实现对机器的实时监测、调整和优化，从而提升运营效率。对此，通用电气公司董事长伊梅尔特形容说："也许你昨晚入睡前还是一个工业企业，今天一觉醒来却成了软件和数据分析公司。" 30 年后是万物互联的时代，全社会联网设备的数量可能会达到百亿甚至千亿级别，工业传感器正是工业物联网的基石，在未来生产过程中将广泛应用，感知温度、空气相对湿度等生产环境，感知电流、压力等

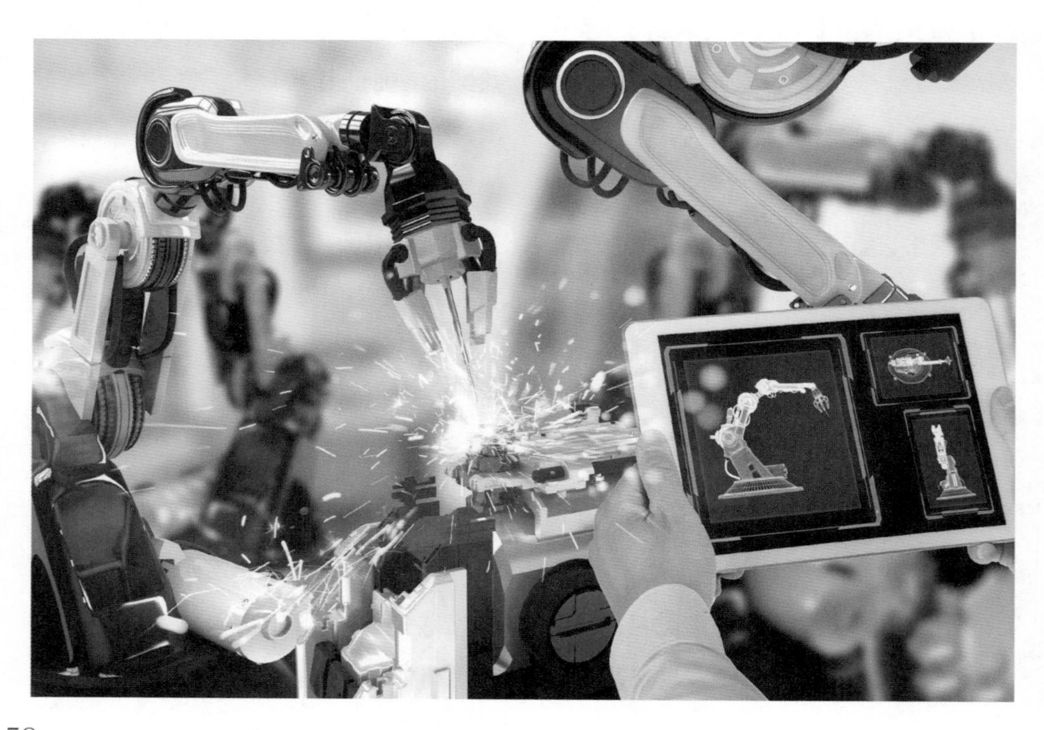

设备仪表参数，感知大小、重量等物料和产品状况等。

网络化协同与智能化管控则是未来智能互联工厂降本增效的利器。海尔冰箱工厂为了让用户能够参与到产品研发、设计、生产、配送的全过程中，整合工厂内外全流程资源，打造“智能交互制造平台”，实现用户、产品、机器、生产线之间的实时互联和自由交互，使改造后的柔性生产线能够根据用户定制信息进行自动控制，使定制产品的用户通过网络进行全流程实时的可视化跟踪，从而让用户体验到在家动动鼠标就能“造”出一台冰箱的互动式参与感。在此基础上，通过智能化的信息互联技术，在复杂需求场景下实现对生产流程的自动化控制，不断优化生产流程，提高生产效率，管控产品质量；通过智能化的虚拟互联技术，利用虚拟仿真系统获取 3D 模型、自动检测生产全流程，应用在生产环节、物流环节的虚拟仿真中，可以预测生产漏洞、降低出错率、规避生产风险。

基于智能互联还能实现设备远程管控或远程维护，为未来工厂带来额外的效益。三一重工也是较早探索智能制造的企业。为了实现设备远程管控，以提供高效服务和规避经验风险，三一重工对所有出厂设备都安装工业智能网关，同时为售后服务车辆和服务工程师配备智能终端或智能手机，将设备和服务资源“连接”起来。基于这样的智能互联，通过后台的管理平台就可以实现可视化监控和智能化调度，当客户的设备发生故障时，公司可以就近调遣工程师、配送配件，在提高服务质量并减少了客户停机损失的同时，还节省了大量现场服务人员和服务成本。例如，在 2011 年日本福岛地震救援中，三一重工就曾通过设在湖南省长沙市的控制中心，遥控福岛核电站的大型泵车实施注水降温作业。

对未来工厂来说，核心竞争力不再是大规模自动化生产线，而是把控用户个性化需求趋势及快速整合工厂内外资源的能力。随着信息网络的升级演进和信息技术的进步，未来工厂将全面具备和不断提高自身的数字化感知、网络化协同与智能化管控水平，并通过这种智能互联设施和技术来巩固自身的核心竞争能力。

三、社会运行方式智能化

科技发展必将造福人类社会，科技发展的趋势也势不可当。在未来的信息社会，得益于数字化、网络化、智能化的信息基础设施，人们的生产、生活方式都将实现全面智能化，发生颠覆性的改变。相应地，民生服务、政务服务、城市治理及军事和安全等社会管理方面也将与时俱进，适应这些变化趋势，综合运用新一代信息通信技术等科技成果实现智能化转变。

1 “城市大脑”的觉醒

近年来，电子商务、互联网金融、共享经济快速发展，已经给人们带来了许多的便捷服务，足不出户买遍全球，出门不用带钱包、手机支付处处通行，扫码骑车解决了城市“最后一公里”交通难题，等等。2017 年 5 月来自“一带一路”沿线的 20 国青年评选出了中国的“新四大发明”——高铁、支付宝、共享单车和网络购物，其中三项都与信息通信技术密切相关。未来 30 年，信息通信技术将为城市这个“巨人”打造“大脑中枢”，完善“神经系统”，不断提高城市的“智力水平”和“自控能力”，使其能提供更多方便快捷的公共服务，实现精确高效的智慧管理。

“城市大脑”具备超级智能，可开展智慧式的城市治理。城市治理是一个复杂的系统工程，可以说是世界性难题。我国城镇人口占比已经超过 50%，并且还将随着工业化进程的加深而进一步提高，城市治理非常重要，同时难度也不小。在同步推进“新四化”过程中，信息通

信技术将为治理交通拥堵、环境恶化等“城市病”提供智能化的解决方案。例如，浙江省杭州市利用人工智能技术，以解决城市交通拥堵“顽疾”为突破口，开出了“城市数据大脑”这一城市治理“药方”。阿里巴巴等13家企业的科技人员协作，汇集交通、公安等11个政府部门的大数据资源，建立了由超大规模计算平台、数据采集系统等5个系统构成的“城市数据大脑”。在实际应用中，该系统通过挖掘摄像头获取的交通信息，利用经过机器学习不断迭代优化的模型算法，进行全局性的智能决策，自动调整红绿灯来疏导交通，提醒使用导航系统的用户采取避让措施，从而有效提升道路通行效率。这样智能化的综合治理平台，相当于城市这个“巨人”的中枢系统，未来将成为城市普遍拥有的信息基础设施。它能够实时地汇聚和分析散落在城市各个角落的数据信息，在系统“思考”和“决策”后，自动调配公共资源，让城市的各个“器官”协同工作，使城市“巨人”成为一个能够自我调节、自主控制的有机体。既然是“大脑”，当然具备自我学习、不断进步的能力，各行各业的大数据都是它的学习资料，举一反三、融会贯通及不知疲倦是它的优势。另外，不同城市的大脑还能共享数据、互相学习、共同提高。“城市大脑”的潜能不可限量，在城市治理这样的复杂问题上大有用武之地，未来在能源、交通、公安、环保等城市运行管理，在道路、桥梁、建筑物等公用设施管理，以及民生、政务、商务等公共服务的各个领域都将发挥越来越大的作用。

“城市大脑”具备敏锐的感知能力，“末梢神经”立体式覆盖全城。随着物联网的规模化发展，摄像头、传感器、数字标示、读码器等设备遍布城市各个角落，且高速联网，形成日益完善的“末梢神经系统”，对城市的地面、地下、空中和水中实施立体交叉式深度覆盖，为“城市大脑”提供全方位的实时动态感知，并及时传达各项调节控制指令。航空摄影、无人机巡航将成为常态化工作，借助三维场景构建技术，生成城市地貌全景图库、掌控城市建设动态、发现异常状况及支撑应急救援。对地下管网、地下车库等地下设施和空间进行全面监控，不留任何死角。布设土壤状况监测、滨海沿江水文水质监测，为生态环保、灾害预警提供第一手数据。智能电表、智能水表，乃至水、电、气“多表合一”的远程集抄，不仅解决人工抄表效率低、成本高、易出错等问题，方便居民和企业缴费，还能提供能源、水资源消费大数据，支撑对能源、水资源的智慧式管控。指纹认证、人脸识别、静脉识别等远程身份验证方案日益精准快捷，不仅有助于提供不出门、不见面就能办事

的远程政务服务，还能为车站安检、视频监控等公共场所治安管理提供支撑。还有智慧路灯、智慧停车、智慧井盖、智慧车锁、道路监控、桥梁监测等各种设施，为节能环保、交通管理、风险防控等城市管理汇聚海量感知数据。

“城市大脑”正在觉醒，昼夜不停地“刻苦学习”；日益完善的“末梢神经系统”还将不断丰富联网信息资源，为其带来更多学习资料。可以预见，“城市大脑”的智能水平将与日俱增，再加上覆盖全城、反应敏捷的“末梢神经系统”，必将在未来的城市治理中大显身手。

2 不战而屈人之兵

信息通信技术的创新有相当一部分源自军事领域，如我们耳熟能详的美国全球卫星定位系统，最初就是为了给军方提供精确定位而构建的，后来它的商业价值被不断挖掘，从大地测量、交通导航、租车服务、求援定位到旅游服务，应用范围不断拓展，成为人们天天都在使用的不可或缺的信息通信技术，深刻地改变了人们的工作方式与生活方式。

军事领域是新技术应用最革命、最活跃的领域，其中信息通信技术的创新发展在推动军事变革方面起着举足轻重的作用。它的发展左右着军事变革的方向，深刻改变了战争形态。再以前面提到的全球卫星定位系统为例，从海湾战争、波黑战争、科索沃战争、伊拉克战争、利比亚战争到叙利亚内战，全球卫星定位系统在为车、船、飞机等机动工具提供导航定位信息、为精确制导武器进行精确制导、为野战或机动作战部队提供定位服务、为救援人员指引方向等方面发挥着非常重要的作用。中国开发的北斗卫星导航系统还增加了短报文通信能力，改变了单向的信息传递，实现了信息的交互。

在过去 500 年里，战争形态从冷兵器战争到热火器战争，从半机械化和机械化战争发展到半信息化和信息化战争，从现在到 21 世纪中叶，战场形态的演变将会继续沿着目前“制信权”的争夺走下去，信息通信技术的影响将会范围更广、程度更深，最终发展成全方位全感知的信息化战争体系，战场上将会出现信息武器、机器人武器，将会出现网络战士、仿生战士，战场空间将极大拓展，向着太空、深海和无限的网络空间延伸。

未来的战争形态将会变成什么样子？我们可以做个大胆的设想，几十年以后可能大国之间不会再有我们熟悉的真正交战了，因为在发动行动之前，他们已经预知了战争的结果！

延续了几千年的兵棋推演被誉为预知战争结果的“巫师”，推演者可充分运用统计学、概率论、博弈论等科学方法，对战争全过程进行仿真、模拟与推演，并按照事先指定的规则研究和掌控战争局势，因此兵棋推演的创新与发展历来为古今兵家所重视。兵棋推演依靠的是数据和规则。20世纪下半叶开始，计算机全面影响兵棋推演，一开始只是协助推演的进行，因为它可以比人更快地计算敌我双方的部队人员、武器弹药、后勤补给等数据变化。渐渐地，人们开始依赖计算机的能力，相信之前给计算机制定的固有规则，人脑决策让位给了电脑决策。但是专家很快发现，在当今国际环境日益复杂的时代，各种突发因素都有可能改变历史的进程，固有的封闭的决策系统难以胜任时代的要求，人在兵棋推演中的重要性再次凸显出来。

而未来信息通信技术的发展将使这种形势再次逆转。随着人工智能，传感器网络、人机集成的大发展，电脑取代人脑将在更高层次上得以实现。拥有先进信息通信技术的大国可依托不断发展的覆盖天空、陆地和海洋的超高速通信网络，结合嵌入各种设备、资源的先进传感器网络，组建成新的军事物联网和一体化军事网络，由此获得及时的侦察预警能力与准确的态势感知能力。不断发展的人工智能技术和新一代超级计算机超强的计算能力，使人们对外部信息的提取无论在广度、速度、深度上都得到前所未有的增强，人们可以适时分析来自各方面的信息，对敌我双方战争能力的理解将更为真实，对敌我力量的对比将更加清晰，这都有助于他们做出科学的决策。大国间的知己知彼将使《孙子兵法》中“不战而屈人之兵”的理念得以实现，因为双方都知己知彼，并预知战争的结果，在理性的支配下，大家都会做出理智的权衡和必要的让步。信息和技术的不对称也将使大国对小国的优势更加巩固，大国之间的实力对比透明化及大国对小国在信息技术上的霸权，将使传统战争消亡，国家间的争端回归理性。

当然，凡事也不绝对的。大国的网络越发达越智能，也会给弱国小国创造一招制敌的机会，那就是发现大国的“阿喀琉斯之踵”。小国通过掌握颠覆性的黑科技，利用跨代技术对大国进行网络攻击，也能改变战略态势，实现以弱胜强的战略目标。总之，谁掌握了先进的信息通信技术，谁就将成为未来战争的总导演。

3 道高一尺，魔高一丈

信息通信技术的发展打开了网络空间的大门，将一个崭新的网络虚拟世界展现在人们面前。这个世界是以计算机模拟环境为基础，以虚拟的人物化身在其中生活、交流的网络世界。同时虚拟世界又分为虚拟的幻想世界与虚拟的现实世界。前者只是一个预定主题的幻想世界，如拥有大量玩家的手机游戏《王者荣耀》，玩家扮演某一角色，组建自己的战队，在这个幻想世界中享受英雄主义的荣耀。后者是要人们自己来创造与扩展虚拟世界中的“现实”，而且虚拟世界的生活与现实世界的生活在政治、经济、文化、教育等方面又存在一定的关联性。有专家预测，到 2045 年或 2050 年，科学家将能把人类的大脑和计算机连接起来，能让他们相信自己生活在虚拟世界中。这个概念有点像特斯拉首席执行官埃隆·马斯克提出的一种无线脑机系统——“神经蕾丝”，它为我们的大脑添加智能的数字层，从而构建起连接网络世界的“智脑”。

人们对社会安全的感知也在不断扩展，不再局限于现实世界里，还存在于无限扩展的网络虚拟社会中。在真实世界里，人们主要面临的是社会治安、交通安全、生活安全和生产安全方面的事件。随着智慧社会的构建，智能感知网络在城市乡村的全面铺建将使城市乡村的管理者对所在区域的运行状态拥有动

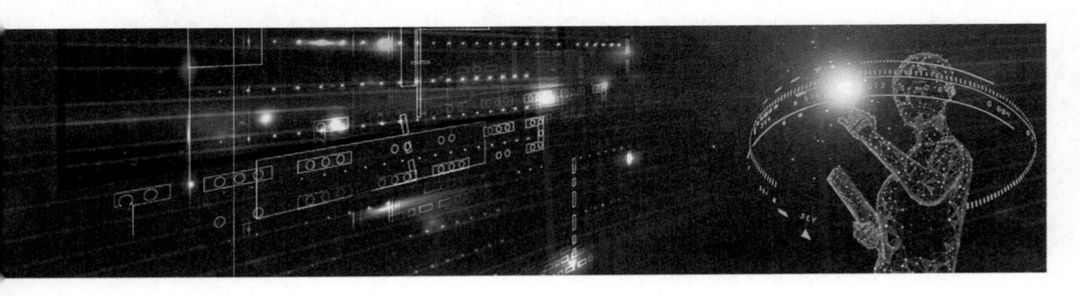

态感知的能力，管理者不但能实时了解街道社区、楼宇建筑、道路桥梁、河道大坝、机场码头、地下交通等的运行状态，还能运用固定、移动、卫星等高速通信网络及移动定位、大数据分析技术实时了解人员的流动、道路流量、车辆位置、公共设施安全和气象灾害等方面的信息，依靠高度集成的城市管理系统、环保监测系统、交通管理系统、治安管理系统、应急指挥系统等综合安全防控系统，对可能出现的各种安全隐患进行全方位的实时监控和整体预判，从而消除各种潜在的安全隐患，防患于未然。

在未来智能感知的世界里，到处都隐藏着“眼睛”和“耳朵”，你在哪里，在做什么事，说什么话，都有记录；你要去哪里，想做什么事，“智脑”也能提前判断出来并预先为你做必要的准备。可以说，在真实世界里，除了个人正常的隐私，人人都将无所遁形，人人都将暴露在阳光下。这将使传统的违法犯罪行为，如抢劫、偷盗、诈骗等行为，越来越难以掩盖，因为有关你的数据无处不在，而无法隐形就意味着你违法犯罪的证据链将被瞬间曝光；而且由于你的一切行动都趋于透明，所以你也无

法躲藏，违法必被抓将成为现实。在这种态势下，真实世界里传统的犯罪行为将逐渐消失。

但在网络虚拟社会里，又将是另一番景象。《黑客帝国》这部电影很多人都看过，人们在虚拟的网络世界里追杀打斗，而虚拟世界的行为又对真实世界产生重大影响，这正是目前网络犯罪的重要原因。数据统计也验证了这一判断，我国网络犯罪已占犯罪总数的 1/3，并以每年 30% 以上的速度增长。网络犯罪的主体往往是掌握了最新计算机技术和网络技术的专业人士，他们洞悉网络的缺陷与漏洞，他们借助四通八达的网络，对网络系统及各种电子数据、资料等信息发动进攻，进行破坏。网上犯罪作案时间短，手段复杂隐蔽，许多犯罪行为可在瞬间完成，而且往往不留痕迹，这给网上犯罪案件的侦破和审理带来了极大的困难。再加上网络虚拟社会正在发展之中，各种新技术不断出现，一旦某些颠覆性的技术被犯罪分子掌握，他们就有了主宰网络世界的能力，到那个时候，网络犯罪所破坏的目标将不仅仅是计算机和手机，黑客获取个人信息然后进行敲诈的模式也将升级。例如，你正乘坐自动驾驶汽车行驶在回家的路上，喇叭中可能会突然传出黑客的声音，要求你支付赎金，否则就让汽车失控。掌握了黑客技术的极端恐怖分子甚至会将他们的目标转向智能连接的各种基础设施，破坏整个运输网络、电网甚至金融系统，对真实世界造成严重的威胁和破坏。但“道高一尺，魔高一丈”，维持虚拟世界秩序的网络警察也在不断修炼，这些网络警察可能是躲在网络后面的真实人类，更可能是利用人工智能技术创建的一个智慧系统，他们利用量子通信加密技术、神经网络分析技术、人脑连接控制等新技术，构建固若金汤的安全防御体系和高速通达的分析搜寻机制。我们可以发现，网络黑客和网络警察都会把掌握最新信息通信技术放在首位。未来是矛尖还是盾厚，就要看谁发展得快，谁掌握了颠覆性的黑科技。但我们都坚信，技术的发展能对维护社会安全提供正向的帮助，到 2049 年的时候，无论在真实世界还是虚拟世界我们都能享受到技术发展带来的和谐与安全。

第三章

信息通信科技应用场景分析

信息通信技术的快速发展推动着人类社会生产与生活方式的不断演进，当这种不断累积的变化达到一定程度时，我们的生产与生活场景将发生革命性的变化。

本章基于对信息通信技术发展走向的判断，展望不同领域人类生产生活与社会管理应用场景的变迁。

第一节 数字孪生城市

一、数字孪生城市的内涵

数字孪生技术是一种物理空间与虚拟空间的虚实交融、智能操控的映射关系，通过在实体世界及数字虚拟空间中记录、仿真、预测对象全生命周期的运行轨迹，实现系统内信息资源、物质资源的最优化配置。该技术起源于航天飞行器维护与保障，广泛应用于工业领域仿真分析、产品设计、制造装配工艺、测量检验等模型构建等环节，未来将在城市空间广泛普及应用，成为新型智慧城市的赋能技术体系。

数字孪生城市是数字孪生技术在城市层面的广泛应用，通过构建城市物理世界、网络虚拟空间的一一对应、相互映射、协同交互的复杂巨系统，在网络空间再造一个与之匹配、对应的孪生城市，实现城市全要素数字化和虚拟化、城市全状态实时化和可视化、城市管理决策协同化和智能化。

数字孪生城市的本质是实体城市在虚拟空间的映射，也是支撑新型智慧城市建设的综合技术体系，更是物理维度上的实体城市和信息维度上的虚拟城市同生共存、虚实交融的城市发展形态。

数字孪生城市的目标是基于立体感知的动态监控、基于泛在网络的及时响应、基于软件模型的实时分析、基于城市智脑的科学决策，解决城市规划、设计、建设、管理、服务闭环过程中的复杂性和不确定性问题，全面提高城市物质资源、智力资源、信息资源的配置效率和运转状态，推动智慧城市建设进入新阶段。

二、数字孪生城市的特征

数字孪生城市有四大特点：精准映射、虚实交互、软件定义、智能干预。

精准映射。数字孪生城市通过空天、地面、地下、河道等各层面的传感器布设，实现对城市道路、桥梁、井盖、灯盖、建筑等基础设施的全面数字化建模，以及对城市运行状态的充分感知、动态监测，形成虚拟城市在信息维度上对实体城市的精准信息表达和映射。

虚实交互。城市基础设施、各类部件建设都有痕迹，城市居民、来访人员上网联系都有信息。未来的数字孪生城市中，在实体空间可观察各类痕迹，在虚拟空间可搜索各类信息。城市规划、建设及民众的各类活动，不仅存在于实体空间，而且在虚拟空间得到极大扩充。虚实融合、虚实协同将被定义为城市未来发展新模式。

软件定义。孪生城市针对物理城市建立相对应的虚拟模型，并以软件的方式模拟城市中的人、事、物在真实环境下的行为，通过云端和边缘计算，软性指引和操控城市的交通信号控制、电热能源调度、重大项目周期管理、基础设施选址建设。

智能干预。在数字孪生城市上规划设计、模拟仿真等，对城市可能产生的不良影响、矛盾冲突、潜在危险进行智能预警，并提供合理可行的对策建议，以未来视角智能干预城市原有发展轨迹和运行，进而指引和优化实体城市的规划、管理，改善市民服务供给，赋予城市生活“智慧”。

三、数字孪生城市的架构

数字孪生城市建设依托以云、网、端为主要构成的技术生态体系（图 3–1）。端侧形成城市全域感知，深度刻画城市运行体征状态；网侧形成泛在高速网络，提供毫秒级时延的双向数据传输，奠定智能交互基础；云侧形成普惠智能计算，以大范围、多尺度、长周期、智能化地实现城市的决策、操控。

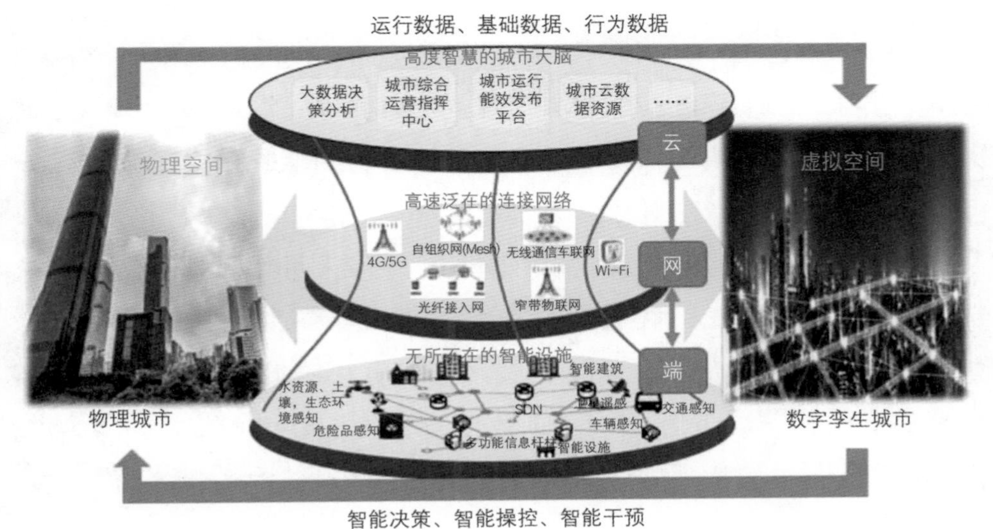

图3–1　数字孪生技术架构示意

1 端侧：群智感知、可视可控

城市感知终端“成群结队”，形成群智感知能力。感知设施将从单一的 RFID 标签、传感器节点向具有更强感知、通信、计算能力的智能硬件、智能杆柱、智能无人汽车等迅速发展。同时，个人持有的智能手机、智能终端将集成越来越多的精密传感器，拥有日益强大的感知、计算、存储和通信能力，成为感知城市周边环境的“强”节点，形成大范围、大规模、协同化普适计算的群智感知。

基于标识和感知体系全面提升传统基础设施智能化水平。通过建立基于智能标识和监测的城市综合管廊，实现管廊规划协同化、建设运行可视化、过程数据全留存。通过建立智能路网实现路网、围栏、桥梁等设施智能化的监测、养护和双向操控管理。全域部署多功能信息杆柱等新型智能设施，实现智能照明、信息交互、无线服务、机车充电、紧急呼叫、环境监测等智能化能力。

2 网侧：泛在高速、天地一体

提供泛在高速、多网协同的接入服务。全面推进4G、5G、WLAN、窄带物联网（NB-IoT）、增强机器类通信（eMTC）等多网协同部署，实现基于虚拟化、云化技术的立体无缝覆盖，提供无线感知、移动宽带和万物互联的接入服务，支撑新一代移动通信网络在垂直行业的融合应用。

形成天地一体综合信息网络，支撑云端服务。综合利用新型信息网络技术，充分发挥空、天、地信息技术的各自优势，通过空、天、地、海等多维信息的有效获取、协同、传输和汇聚，以及资源的统筹处理、任务的分发、动作的组织和管理，实现时空复杂网络的一体化综合处理和最有效利用，为各类用户提供实时、可靠、按需服务的泛在、机动、高效、智能、协作的信息基础设施和决策支持系统。

3 云侧：随需调度、普惠便民

边缘计算及量子计算设施提供高速信息处理能力。在城市的工厂、道路、交接箱等地，构建具备周边环境感应、随需分配和智能反馈回应的边缘计算节点。部署以原子、离子、超导电路和光量子等为基础的各类量子计算设施，为实现超大规模的数据检索、精准的天气预报、计算优化的交通指挥、人工智能科研探索等海量信息处理提供支撑。

人工智能及区块链设施支撑智能合约的执行。构建支持知识推理、概率统计、深度学习等人工智能的统一计算平台和设施，提升知识计算、认知推理、运动执行、人机交互的使能支撑能力。建立定制化强、可个性化部署的区块链服务设施，支撑各类应用的身份验证、电子证据保全、供应链管理、产品追溯等商业智能合约的自动化执行。

部署云计算及大数据设施。建立虚拟一体化云计算服务平台和大数据分析中心，基于 SDN 技术实现跨地域服务器、网络、存储资源的调度能力，满足智慧政务办公和公共服务、综合治理、产业发展等各类业务的存储和计算需求。

四、数字孪生城市的场景

1 智能规划与科学评估场景

在城市规划方面，通过在数字孪生城市执行快速的“假设”分析和虚拟规划，摸清城市的家底，把握城市运行脉搏，使城市规划有的放矢，提前布局。在规划前期和建设早期了解城市特性，评估规划影响，避免在不切实际的规划设计上浪费时间，防止在验证阶段重新进行设计，以更少的成本和更快的速度推动创新技术支撑的智慧城市的顶层设计落地。

在智慧城市效益评估方面，基于数字孪生城市体系及可视化系统，以定量与定性方式，建模分析城市交通路况、人流聚集分布、空气质量、水质等各项指标数据，决策者和评估者可快速直观了解智慧化对城市环境、城市运行等状态的提升效果，评估智慧项目的建设效益，实现对城市数据的挖掘分析，在今后信息化、智慧化建设中辅助政府科学决策，避免走弯路和重复建设、低效益建设。

2 城市管理和社会治理场景

在基础设施建设方面，通过部署端侧标识与各类传感器、监控设备，利用二维码、RFID、5G 等通信技术和标识技术，对城市地下管网、多功能信息杆柱、充电桩、智能井盖、智能垃圾桶、无人机、摄像头等城市设施实现全域感知、全网共享、全时建模、全程可控，提升城市水利、能源、交通、气象、生态、环境等关键要素监测水平和维护控制能力。

对城市交通调度、社会管理、应急指挥等重点场景，均通过基于数据孪生系统的大数据模型仿真、精细化数据挖掘和科学决策、指挥调度指令出台及公共决策监测，全面实现动态、科学、高效、安全的城市管理。任何社会事件、城市部件、基础设施的运行将在数字孪生系统实时、多维度呈现。针对重大公共安全事件、火灾、洪涝等紧急事件，依托数字孪生系统，以秒级时间完成问题发现和指挥决策下达，实现“一点触发、多方联动、有序调度、合理分工、闭环反馈”。

3 人机互动的公共服务场景

城市居民既是新型智慧城市服务的核心，也是城市规划、建设需要考虑的关键因素。数字孪生城市将以“人”为核心，对城乡居民每日的出行轨迹、收入水准、家庭结构、日常消费等实施动态监测，纳入模型，协同计算。同时可以预测人口结构和迁徙轨迹，推演未来的设施布局，评估商业项目的影响等，以智能人机交互、网络主页提醒、智能服务推送等形式，实现城市居民政务服务、教育文化、诊疗健康、交通出行等服务的快速响应和个性化，形成具有巨大影响力和重塑力的数字孪生服务体系。

4 城市全生命周期协同管控场景

通过构建基于数字孪生技术的可感知、可判断、快速反应的智能赋能系统，实现对城市土地勘察、空间规划、项目建设、运营维护等全生命周期的协同创新。在勘察阶段，基于数值模拟、空间分析和可视化表达，构建工程勘察信息数据库，实现工程勘察信息的有效传递和共享。在规划阶段，对接城市时空信息智慧服务平台，通过对相关方案及结果进行模拟分析及可视化展示，全面实现“多规合一”。在设计阶段，应用建筑信息模型等技术对设计方案进行性能和功能模拟、优化、审查和数字化成果交付，开展集成协同设计，提升质量和效率。在建设阶段，基于信息模型，对进度管理、投资管理、劳务管理等进行有效监管，实现动态、集成和可视化施工管理。在维护阶段，依托标识体系、感知体系和各类智能设施，实现城市总体运行的实时监测、统一呈现、快速响应和预测维护，提升运行维护水平。

第二节
未来城市管理

随着物联网、人工智能等技术不断成熟，国家数字化战略深入实施，到2049年，城市基础设施全面数字化，城市基本实现万物互联，公民数字化素养全面提升。城市的数字化转型、智慧化升级走向成熟，高度成熟的信息通信技术与城市管理的数据采集、问题发现、问题审核、问题处置、监督监管等全过程环节深入融合，推动城市管理从当前网格化精细管理模式逐步向高度智能化自治模式转变。

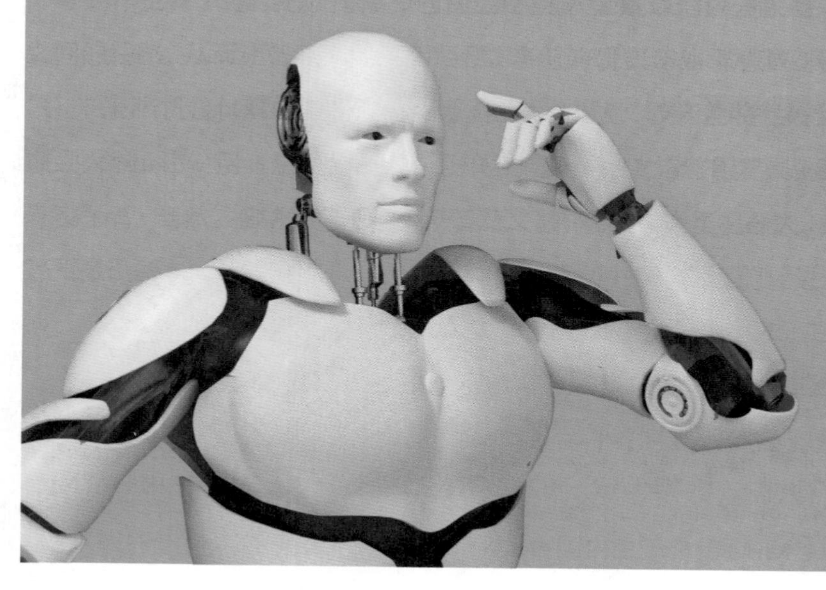

一、未来城市管理典型特点

在先进技术和机制、体制改革的双重力量驱动下，在构建服务型政府和推动政府管理市场化变革的推动下，未来城市管理高度依赖新一代信息通信技术，并全面突破制度藩篱，将呈现“六化”发展趋势，即城市设施数字化、监测体系立体化、后台决策自治化、治理主体全民化、网格划分虚拟化和管理范畴融合化（图 3-2）。

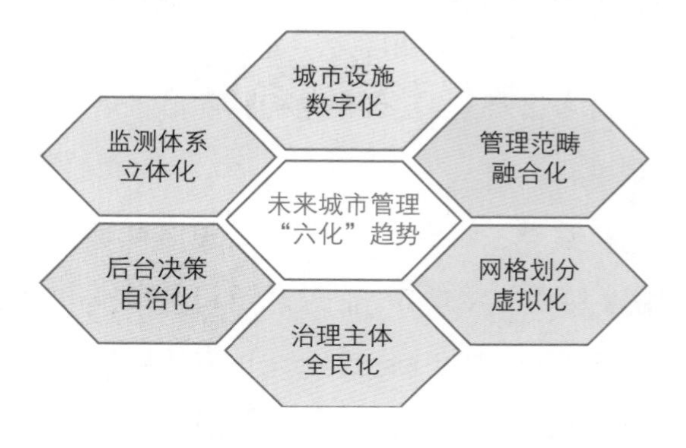

图 3-2 未来城市管理“六化”趋势

城市设施数字化。运用物联网、地理信息系统、二维码、RFID 等技术，给城市公用设施、交通设施、园林旅游设施、特种设备等所有实体部件进行唯一化身份标识，如井盖、路灯、垃圾箱、地下管线、停车场、信号灯、桥梁、楼宇、公交车站、电梯、树木等全部设施配以唯一的数字身份证，城市管理者可通过设施的数字身份证掌握该设施的全息数据，如设施基本信息、特征属性信息、运行状态信息等。数字化城市设施为城市精准化管理、便捷化服务奠定信息基础。

监测体系立体化。城市地下部署各类监测传感器，全面监控路面、桥梁、水域、地下管线（水、电、气等）等各类城市设施的实时运行状态并实现主动问题预警；城市地上部署全天候全覆盖的“城市眼”视频监控体系、各领域智能传感监测网络体系，基于视频智能分析和统一物联网汇聚平台实现地面信息全维度监测；还有空中无人机航拍巡查，天上北斗卫星进行定位监控，水下传感器智能监测等，基本形成“空天地海”全域覆盖的、全要素感知监测体系。

后台决策自治化。语音、图像、文本等模式识别技术，以及深度学习、机器学习、数据挖掘等计算技术不断成熟，这些技术的优势叠加和相互作用促使智慧城市管理一体化平台更加智能化，如自动发现城市问题和自动识别上报问题，自动甄别和审查上报问题，自动派发问题处置单，以及实时与城市管理网格员进行人机互动等。依托高性能计算和人工智能，可基本实现城市管理后台决策的高度自治化，最终实现自动运行和自我治理模式。

治理主体全民化。随着公民信息素养（包括文化素养、信息意识和信息技能三个层面）不断提升，城市无线网络不断高速化、泛在化，城市管理平台不断对公众开放，社会机构或市民将成为城市问题的发现者、处理者和监督者。市民可通过移动智能终端向城市管理中心上传文字、图片、位置等信息来反映城市问题，并可实时跟踪问题解决进度，形成互动监督局面。此外，社交平台、生活服务平台等信息发布类互联网平台可作为城市问题的数据源，基于用户评论、信息发布等大量数据关联分析，实现主动发现问题和精准治理。

网格划分虚拟化。基于高性能计算和高速信息网络，数字化城市管理平台可实时显示城市问题事件分布情况，平台派单将基于后台大数据分析计算择优处置，实现最优路径、最短时间处置问题。由于互联网广覆盖和低时延特性，城市管理网格员管辖边界将逐渐趋于模糊化、虚拟化，即每个网格员管辖的区域可相互重叠，有效解决时间密度分布不均问题，全面实行市场化治理体系。此外，数字化城市管理平台可实时优化调整城市管理网格员分布策略，实现精准高效管理。

管理范畴融合化。紧跟国家深入实施大部制改革步伐，城市管理虚拟网格应用范畴将不断扩展外延，从传统市政

管理向治安、环保、环卫、工商、消防、社区等领域广泛渗透、延伸、融合。城市构建统一网格化平台，每个网格员职责更加多元，形成"一岗多责、一员多能"治理模式。此外，由于城市管理网格化具备精细化治理特性，更贴近市民、贴近一线，推动城市管理将向服务化转型，服务向基层延伸，为居民提供代办帮办等服务事项，打通服务群众"最后一公里"。

二、典型应用场景

从未来城市管理应用场景来看，在城市管理问题发现方面，将面临全面泛在化感知监测、智能视频发现、大数据精准预测三大类发展方向与五小类典型场景；在城市管理问题处置方面，将面临人工智能广泛渗透、城市管理全民化参与、执法过程人机互动化三大发展方向与六类典型应用场景；在城市管理运行决策方面，将面临城市全面自我运行管理状态，即城市智能运行指挥中心，也可称为"城市大脑"（图 3-3）。

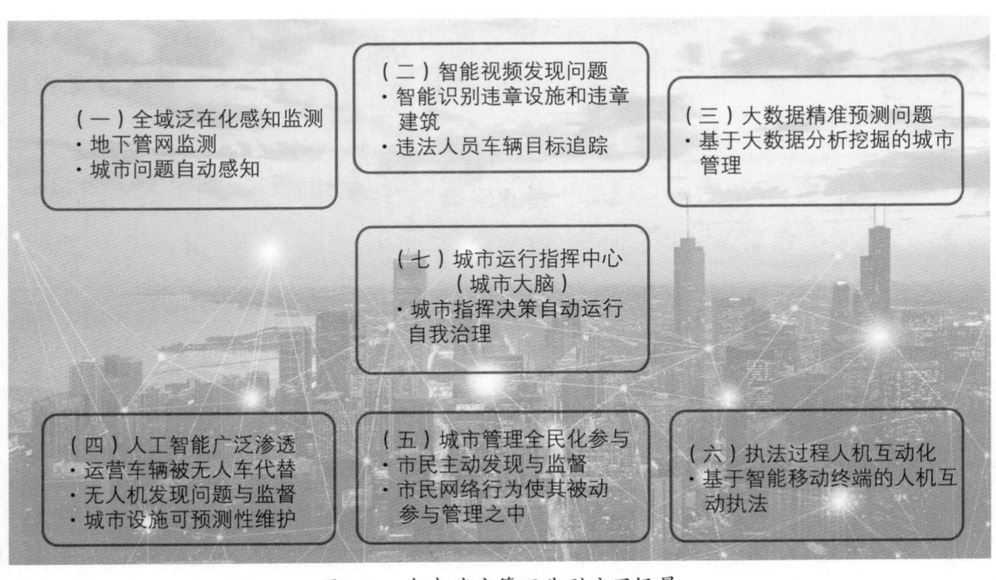

图3-3 未来城市管理典型应用场景

1 全域泛在化感知监测

利用物联网技术，将城市的所有设施数字化并连接起来，将各类监测数据、运行数据实时汇集到城市智能运行指挥中心——“城市大脑”，帮助城市管理者实现远程管理、可视化管理和主动发现问题。

典型应用场景：地下管网监测。利用低流量传感器监测供水管渗漏，利用气体传感器监测气体泄漏，利用压力传感器感知管网压力以监测堵漏等。一旦发现以上地下管网问题，“城市大脑”主动报警并快速定位问题，向相关管理人员推送信息。

典型应用场景：城市问题自动感知。基于城市全域部署的环境监测传感器自动发现环境污染问题，智能垃圾桶自动传送垃圾满溢情况以便及时清理，车辆震动传感器自动发现路面坑洼问题，位移、压力等传感器自动监测超重、变形等桥梁异常压力情况，并实时推送相关人员。

2 智能视频分析发现问题

计算机视觉技术不断成熟，人脸识别、物体识别、行为识别、入侵检测、自动跟踪等基于视频分析的应用将不断涌现，为智慧城市管理应用创新提供新动力和新模式。

典型应用场景：智能识别违章设施和违章建筑。利用物体识别技术，城市全域覆盖的摄像头可自动识别非法停车、违章建筑、非法入侵、破坏公共设施等违法行为，并实时向“城市大脑”报警和传输违法信息。

典型应用场景：违法人员目标追踪。基于人脸、车辆等识别特征属性，在城市视频库内快速实时搜索，快速定位目标，基于时空信息绘制目标轨迹，指挥相关人员精准执法，提升工作效率。

3 大数据分析精准预测问题

未来城市智能设施全面普及，必将产生大量的城市运行数据，如交通数据、环境数据、气象数据、智能设施运行数据等，可通过数据归纳、整理、建模等工作，利用大数据挖掘技术预测未来城市变化，快速发现管理问题。

典型应用场景：基于大数据的城市管理。基于大数据挖掘分析，全面开展“大数据+”应用创新，如“大数据+城市管理”“大数据+交通”“大数据+环保”等模式。基于车流量、人流量的历史数据提前预测城市拥堵情况，并在后端发挥人工智能的优势，实时向司机发布最优行进路线，极大提升公众出行效率和出行体验。

4 人工智能技术广泛渗透城市管理领域

随着人工智能技术的成熟，人工智能将在城市问题处置治理环节发挥重要作用，无人车、无人机、机器人等人工智能产品广泛渗透于城市管理全过程。

典型应用场景：城市运营车辆全面被无人驾驶车辆替代。随着车联网技术成熟，城市运营车辆将全面被无人驾驶车辆替代，如城市垃圾清运车、城市物流配送车、公共交通车等，城市运营无人驾驶车辆可基于“城市大脑”指令实现低碳高效运行。

典型应用场景：无人机发现城市问题和验证处置结果。无人机通过摄像头在城市上空巡查，一旦发现违规问题，实时向城市后台传输数据，城市管理网格员收到指令及时处置问题；无人机还可用于处置后的监督和审核，实现闭环管理。

典型应用场景：基于人工智能的城市设施可预测性维护。在城市基础设施全面数字化的情况下，基于海量数据的人工智能预测模型，对设施的状态监测、故障诊断、状态预测和维修决策等各环节进行评估，实现设施的提前维修更换，缩短故障反应时间。

5 城市管理过程全民化参与

不断提升的市民数字化素养促进市民积极主动参与城市治理全过程。未来，市民将高度依赖互联网平台，其在网络空间和网络平台产生的行为数据将成为城市管理的重要数据源头，形成被动参与城市治理模式。

典型应用场景：市民主动发现问题和监督处置过程。市民可通过手机应用程序，以拍照上传的形式随时向城市管理中心反映城市问题，并实时监督跟踪问题处置过程，从而极大地提升管理效率，降低城市管理压力。

典型应用场景：市民通过网络平台被动参与城市管理。将市民在社交平台、生活服务平台等互联网平台的吐槽评论、综合评价、消息发布等数据作为城市治理数据的重要源头，采用大数据分析和模式识别技术进行处理，可及时发现城市管理问题，有助于精准治理。

6 执法过程人机实时互动化

随着移动互联网的高速发展和移动智能终端技术的成熟和普及，城市管理网格员全移动化，与“城市大脑”实现实时互联化。

典型应用场景：基于智能移动终端的人机互动执法。城市管理网格员全部配备智能移动执法终端，移动终端集发现问题、处置问题、跟踪问题、监督问题处置等功能于一体；此外，移动终端可与后端人工智能平台实现交互。

7 城市智能运行指挥中心

随着城市数字化的不断深入，数字孪生城市（实体城市的数字化映射）完成构建，城市各要素数据实时汇集到城市运行指挥城市，形成“城市大脑”。此外，基于大数据和人工智能技术，城市达到自动运行管理和自我治理状态，如自动发出指令、自动感知问题、自动预警问题、自动决策指挥等（图 3-4）。

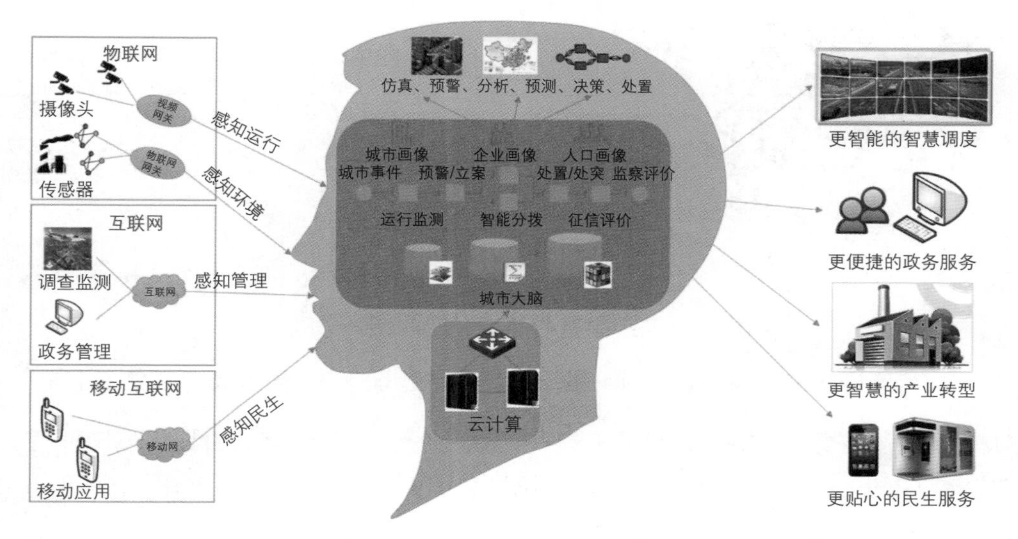

图3-4 基于城市大脑的自动运行和自我治理场景示例

典型应用场景：城市自动运行管理和自我治理。“城市大脑”通过对前端传感器、视频分析、人为上报、网络监测等途径上传的海量数据进行快速计算，自动发现违规问题，随后自动发送问题指令到指定人员，并自动跟踪问题处置状态，形成全过程闭环的自我治理新模式。

最后，随着城市运行机制体制不断革新、信息通信技术不断成熟、智能应用产品不断涌现，城市管理模式还将持续创新和改进。城市管理必将降低人工参与度，走向高度自治和自动运行状态，实现高效运转，为城市居民创建更加和谐美好的城市生活环境。

第三节 智能交通

智能交通是基于现代信息通信技术，面向交通运输的服务系统，由人、车、路、环境等多个子系统构成，以交通工具、交通道路、交通服务信息的收集、处理、发布、交换、分析、利用为重点，通过多层级、多方式、智能化的手段，为交通运输参与者和各类要素，如乘客、货物、运输工具、从业人员等提供高效的互联、最佳的匹配、多样性的服务。智能交通最理想的状态是达到人、车、路、环境的全方位综合智能。智能交通既包括对交通的精细、动态、智能的管理与控制，又涵盖了便捷安全的交通出行服务，是数字经济在民生服务与社会治理中的交集，也是工业社会向信息社会转型中具有前沿代表性的行业领域。

一、智能交通当前建设进展

从政策层面看，近年来，我国交通运输部、国家发展和改革委员会等相关部委在智能交通、“互联网 + 交通”等方面相继出台相关政策，大力推动智能交通发展的政策环境基本部署到位。2016 年，交通运输部发布《交通运输信息化“十三五”发展规划》。同年，工业和信息化部发布《车联网创新发展工作方案》，这是我国第一个专门针对车联网的发展规划，提出了我国车联网各时期发展目标和重点任务，聚焦共性关键技术、标准、基础条件建设、平台实验验证建设、应用推广、网络信息安全等问题。2017年1月，交通运输部发布《推进智慧交通发展行动计划（2017—2020年）》。2017年3月，国务院发布《“十三五”现代综合交通运输体系发展规划》，提出了促进交通产业智能化变革，推动智能化运输服务升级，优化交通运行和管理控制，健全智能决策支持与监管，加强交通发展智能化建设等五项任务。2018年4月，由工业和信息化部、公安部、交通运输部三部委牵头编制的《智能网联汽车道路测试管理规范（试行）》发布。工业和信息化部积极推动车联网示范区建设，目前已经与浙江省、北京市－保定市、重庆市签署车联网示范区建设合作协议。车联网成为多数省市“互联网+”行动计划的重点内容。20个省市的行动计划涉及车联网。

从技术层面上看，一方面，支撑智能交通的智能型基础设施取得长足发展。无线通信网络、传感设施和智能计算等信息技术综合应用于道路基础设施，极大地增强了车辆运行的安全保障和智能感知交互。浙江省基于港行地理信息公共平台，完成了800千米高等级电子航道图制作，汇聚了航道基础信息、水上服务设施、船闸及航标等重要数据。交通信息基础网络方面，铁路总公司研发了车厢公众移动通信系统，在大同市至西安市的高速铁路完成了卫星通信技术互联测试。另一方面，智能交通技术应用推广取得显著进展。早期的

智能交通技术主要集中在检测、判别及调度等方面。随着物联网、移动互联网等技术的广泛部署和大数据的充分应用，当前智能交通系统更强调通过数据分析支持交通调度决策。杭州市构建"城市大脑"，通过全面监控并积极利用政府开放的交通大数据资源，自动优化、有效调配交通资源，实现道路车辆通行速度平均提升3% ~ 5%，部分路段提升 11% 的良好效果。

从应用层面看，随着车联网等相关政策的出台，上海市、深圳市、浙江省等相继启动了无人驾驶汽车示范区项目。我国已经在部分城市、数个路段开展实车的上路演示。在特殊区域、开放道路、居民社区，新的合作式智慧交通出行模式已经出现。2016 年，上海市构建了"国家智能网联汽车（上海）试点示范区"封闭测试区，为智能联网汽车、无人驾驶汽车、自动驾驶汽车等提供超过 20 种测试验证场景。安徽省芜湖市人民政府与百度合作共同建设"全无人驾驶汽车运营区域"。浙江省乌镇旅游区在乌镇景区部分道路上试点全自动的无人驾驶。智慧停车依托信息技术，有效整合停车位资源，拓宽停车空间，优化停车管理环节，降低停车时间成本，从而有效解决停车难、停车贵等问题。2016 年国家发展和改革委员会发布《关于印发 2016 年停车场建设工作要点的通知》，以北京市、深圳市等六个城市作为试点，鼓励应用集约化立体停车库并同步配建充电桩。贵州省贵阳市于 2016 年年底启动智慧停车管理试点工作，通过梳理、清点并盘活全市范围内公共停车资源，构建停车基础数据库，鼓励市民出行前进行车位查询、预订车位，实现绿色出行、智慧停车。此外，浙江省云溪小镇联合华为技术有限公司（简称"华为"）、中国移动通信集团有限公司（简称"中国移动"）等企业，部署了窄带物联网智慧停车示范，通过提供手机 App，实现所有泊位状态查询、停车导航、反向寻车、自助缴费等全流程服务。2020 年 8 月 5 日天津市车联网产业撮合对接会在西青区举办，会上中国汽车技术研究中心介绍了国内外车联网产业发展最新进展，西青区发布了天津（西青）国家级车联网先导区建设方案和车联网应用场景需求，中国移动、大唐高鸿数据网络技术股份有限公司、京东物流集团等 11 家重点企业围绕车联网、智慧城市等业务签订战略合作协议，将共同推进天津（西青）国家级车联网先导区建设。

二、智能交通未来发展展望

随着信息通信技术的发展，未来智能交通会带来出行模式的整体变革。

1 城市交通动态精准感知

目前，人们可以在百度地图或高德地图上实时查到交通拥堵情况，但实时交通数据的融合和精确的感知还远远没有实现，手机通信数据、停车数据、收费数据、气象数据等都没有形成有效的大数据。智能交通技术的进一步提升会给交通数据的采集带来更多的变革，会逐步实现交通运行态势的精确感知和智能化控制。

2 全自动驾驶汽车上路

出于人们对保障道路安全、节约成本的需要，以及一系列技术创新，近些年自动驾驶技术取得了长足发展。根据该项技术的发展现状、预期中的技术提升及汽车

制造商和其他公司公布的一系列计划，全自动驾驶汽车很可能于21世纪20年代中期上路。

首先，自动驾驶汽车为通勤者和其他出行目的的人们节省大量的时间。许多当前需要人类司机来完成的任务，汽车能够自主完成，如接送亲朋好友。对一个家庭而言，只要拥有一辆自动驾驶汽车，就能方便地穿梭于各个地点，而无须像现在这样需要购买多辆汽车。

全自动驾驶汽车并不仅是增加了辅助驾驶功能，更是一个超大的移动智能载人终端。在这样一个超大的移动智能载人终端里，有无限的可能。例如，自动驾驶汽车将释放出司机的驾驶时间，为在线零售商或媒体服务商连接路途中的用户提供了机会。此外，未来的汽车还可能连接到家中的智能应用，为消费者提供无缝连接体验，让汽车成为家庭的延伸。

想象一下，你现在乘坐无人驾驶汽车去参加一个聚会，觉得自己的服装不太合适，你可以通过车载操作系统进行网上购物，选择喜欢的衣服下单后，无人送货机携带你的订单与无人驾驶汽车进行通信协商，将你的衣服送至你即将经过的路上。聚会结束后，回家的路上发现没有吃饱，可以通过车载系统进行点餐和购买零食，提交订单后，无人送货机会从离你最近的无人超市提货，然后送至你即将经过的路上。

无人驾驶技术不仅可应用于私家车，也可应用于各种城市公交车辆。从单座位的无人驾驶汽车，到两座汽车、四座汽车、七座运动型多用途汽车及房车、公交车、城际大巴等不同容量的无人驾驶汽车，私家车、共享汽车、公交车之间的界限日趋模糊。

3 城市提供全链条智慧出行服务

出行逐渐变成“户到户”、按需、多模式服务——出行即服务（MaaS）。目前，在城市内和城市间的交通运输系统中，存在众多的运输方式，但是这些运输方式更多的是独立地提供出行服务而缺乏相互之间的整合，没有成为出行链中的良好衔接的一环。MaaS 通过改变出行服务的运行环境及重新定义不同运营者的商业模式来改变整个交通运输系统。

MaaS 的特点是将各种可选的出行方式（无论是公共单位提供的还是私人提供的）进行整合，同时可以让用户通过一个账号进行支付。原有的共享服务平台将转型为出行服务提供商，通过信息集成、运营集成、支付集成，为用户提供从出行前到出行中到出行后的全链条服务。

自动驾驶技术是 MaaS 发展的关键技术之一，自动驾驶技术出现能够颠覆目前汽车使用的基本模式。目前的状况是一辆汽车一天 24 小时内除 1 ~ 2 个小时用于出行外，其余时间都处于停驶状态。而当自动驾驶技术成熟后，则个人几乎不再需要自有的车辆。当可以随时调用车辆的时候，自己再拥有一辆车似乎也不是那么经济。

支付技术的发展和数据传输技术的进步使集成多种交通方式于一体成为可能。目前已经可以基于动静态信息为城市出行者规划包括步行、共享单车、地铁、公交车在内的一次多方式联运出行的路径和估计的行程时间。未来随着动态信息的可获得性，为用户规划包括多种交通方式实时信息在内的无缝出行路径将成为现实。未来的出行路径规划可能是覆盖全国的。

例如，早上你走出家门口，车辆已经准时在门口等着了。看到你跨出家门，侧面的液晶屏亮起“您好”，这是在向你打招呼，此时车门也自动打开。坐进车内，中控大屏也已经帮你准备好了你常看的网页资讯，音乐播放的是你喜欢的乐曲。车辆自动启动并向办公室驶去。如果行驶途中，你收到了拼车申请，系统计算了当前的路线和路况之后，告诉你不会影响你在9点到达公司，可以把对方接上。点击“同意”，车辆开始往对方的位置驶去。8点55分，车辆准时到达公司门口，自动打开车门，并在你下车之后自动往停车场的位置驶去，给自己补充电量。18点10分，车辆再次准时出现在楼下等候着你，而且已经为你准备好了轻松搞笑的视频节目。在行驶到沃尔玛超市的时候，提醒你家里冰箱已经没有食材了，问你是否需要去超市买菜。如果你选择不需要，车辆又会问你是否去常去的那家饭馆。

未来人们不需要自己拥有不同功能或种类的车辆，一样能够享受各种出行方式带来的便捷。只需要你出行前，通过智能终端发送自己的出行服务需求，就会有相应的解决方案并为你安排符合需求的无人驾驶汽车来接应。在出行的路上，可以购物，可以休息、办公、娱乐，也可以社交，完全感觉不到自己在路途中，仍然可以像未出行之前一样做任何事情，甚至更多。

第四节 智慧政务

据预测分析，到 2030 年，我国人口总规模将达到历史高峰；到 2050 年，总体人口规模约为 14.6 亿人。[①]届时，我国人口城镇化进程将步入后期，意味着将有 10 亿左右的人口真正实现城镇化转型。从人口空间分布来看，随着人口城镇化的持续深入推进，人口平均集中度进一步提高，在一二线城市人口趋于饱和的前提下，大量三四线城市进入人口快速扩张阶段，加之随着民众生产生活需求的多元化发展，各级政府面临的城市治理及公共服务压力可能进一步加剧。

在此背景下，基于信息技术和人工智能的智慧政府、虚拟政府将成为我国政府创新发展的方向。到 2049 年，互联网和信息技术将成为经济、社会运行必不可少的核心基础设施与承载网络，在深刻改变我国经济发展模式和社会运行秩序的同时，也将深刻影响甚至颠覆现有的政府行政模式，数据及基于数据的智能分析决策将逐步取代以人为主体、依程序运行的现代政府运行管理和决策模式。未来的政府决策模式大概率会以人工智能分析和人的辅助决策为主导，使政府决策和施政的科学性、精准性大大提高，资源配置和公共服务效能得到空前的优化提升，从而不断满足经济社会多元化发展要求。

具体来说，随着移动互联网、物联网、生物识别、量子通信、大数据、人工智

① 数据来源：李奇霖，常娜．2050年，当你老了：中国人口大数据［EB/OL］．（2017-08-22）［2020-07-28］．http://finance.sina.com.cn/roll/2017-08-22/doc-ifykcqaw0724836.shtml.

能、区块链等信息技术广泛应用于政府信息公开、服务受理、网上办事、内部决策、资源调度、行政监督等各个环节，政务服务全流程将以数据为核心要素，以服务全周期自动化、数字化、智能化为基本模式。移动互联网、生物识别等技术将实现随时随地按需采集和回传个人信息，大数据分析、人工神经网络将代替人脑做出最优决策，量子通信将为敏感信息共享传播和全流程网上办事提供高强度数据安全加密保障。未来的智慧政务在满足公众服务多元、精准、高效发展要求的同时，也将更加廉洁、公正和节约，彻底消除传统的以人为主体的政府管理体制下广泛存在的效率低下、决策缓慢、政策碎片、权力制衡等问题。

一、智慧政务创新发展趋势

从政务服务供给侧来看，未来智慧政府服务模式的创新主要体现在以下几个方面。

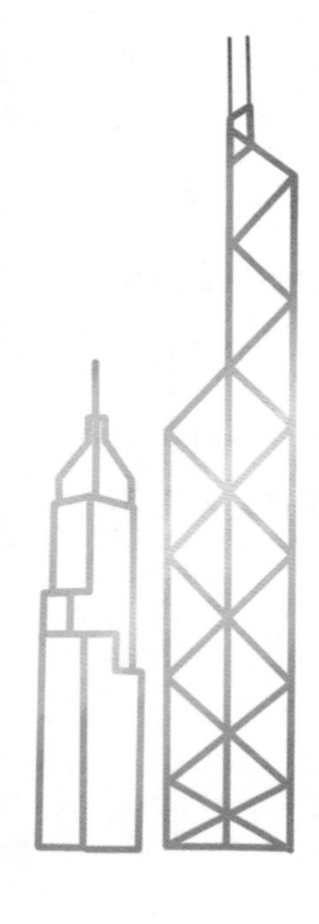

一是信息公开触手可及。在信息公开环节，量子通信、区块链等技术能够为数据资源流通和信息安全管理提供可信环境，数据资产流通实现全程可追踪、可溯源，信息共享和信息公开的安全保障能力大大提高。以此为基础，基于统一数据开放服务体系，社会和民众能够随时随地获取政府所掌握的大多数数据资源，并能够借助政府所提供的各类数据挖掘和分析工具，对数据进行二次定制化开发，产生新的数据价值。基于量子密码通信技术，这种信息开放和数据资源的获取将变得更加安全可靠，民众和企业可以基于移动终端、可穿戴设备及其他各种渠道，基于统一的一套量子密码认证口令，登录平台获取数据或进行数据加工。

二是服务受理随时随地。在服务受理环节，政务服务接入将随时随地、无所不在。随着移动互联网的全面发展，灵活掌握移动通信技术并随时随地获取各种社会公共服务，将成为我国民众的一项基本技能。与此同时，车载设备、家电等将全面进入智能化时代，手机、手表乃至可植入式芯片等可穿戴设备等的形态将更加多元，泛智能终端内涵将更加广泛。以此为基础，政府对公众（G2C）的政务服务模式和接入渠道将变得更加灵活高效，线上线下各类政务服务受理渠道能够基于指纹扫描、人脸识别、声纹识别、虹膜识别、脑电波识别等多种生物识别技术，快速完成服务申办人的身份验证和账户登录，完成服务受理，政务服务将实现真正的触手可及。

三是服务流转全程在线。在政务服务环节，跨部门一体化政务服务体系完成全国省、市、县多级推广普及，以线上政务服务平台作为核心入口和载体，完成所有政府部门涉及民众、企业的办事服务事项的统一归集和全流程网上流转。事项办理指南、办理进度、办理结果全部在线可视可查。在证照方面，涉及民众、企业的所有个人证照、身份证等证明文件全部完成电子化转换，数字身份证、数字执照实现人口、企事业单位全覆盖。依托区域一体化政务数据资源共享交换体系，实现跨部门政务服务事项高效并联审批，在民政、教育、人

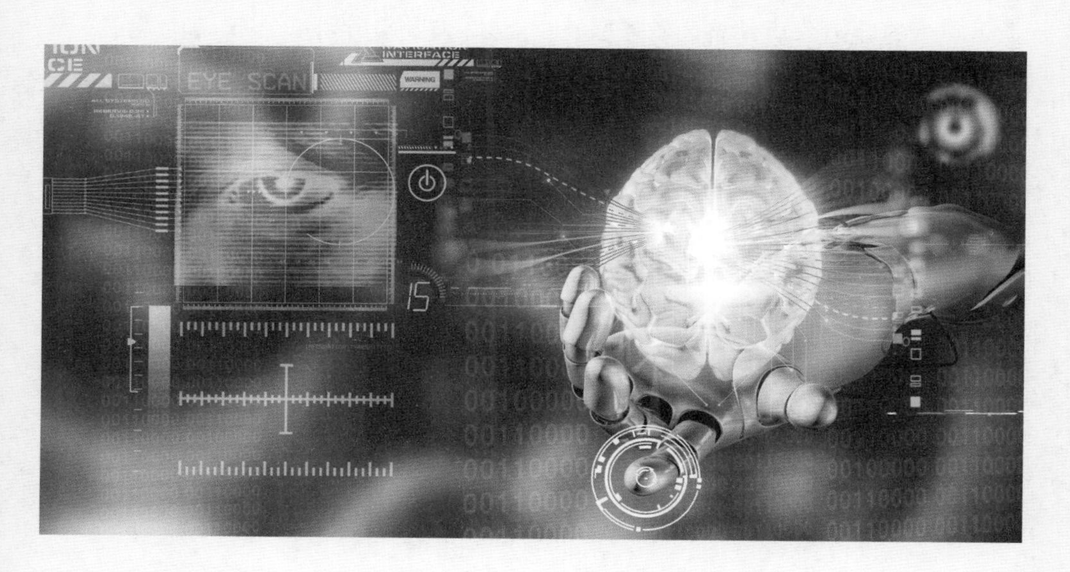

口、医保、社保、就业、养老等社会公众参与度高、公共服务事项杂、政务办事流程长、社会影响大的热点领域，实现绝大多数事项办理“立等可取”，事项办结形成电子回单并发送给申办人，形成的电子证照直接归档进入电子证照库，并与全员人口库进行关联，实现一号申办、自动调阅，民众、企业办事原则上不再提供任何证明材料。

四是政府决策高度智能。从政府体系架构来看，信息技术的深度应用使政府组织形式加速向虚拟化演进，基于数字孪生发展理念，所有的政府机构将衍生出一个与之相对应的虚拟机构，基于网络构架起一个体系化、层级化的虚拟政府，各个政府机构将不再独立，这种基于网络的虚拟政府架构为政务服务跨越时间地点、全天候、低成本、快速响应提供了关键的连接渠道和运行载体。从政府内部信息交互来看，政府内部的信息流通和传播更加依赖网络，电子签章确保各类电子化文件具备与传统纸质文件相同的法律效力，传统的官方渠道和线下渠道将被边缘化。从政府决策模式来看，人工智能技术成为政府决策的主导力量，基于广泛汇聚和实时动态更新的人口、法人基础数据，以及大量的公共服务事项业务数据，智慧政府将做出最优化、最科学、最高效、最合理的主动分析与决策处理。例如，针对某一区域内适龄儿童就学相关事项申请多、办理难的问题，智慧政府将结合区域内的教育资源分布情况，通过对周边人口及年龄阶层分布、二胎意愿、交

通路网规划、生态环境、气象地理特征等多维度信息进行综合分析，做出最优化判断，确定学校、师资、规模等方面存在的缺陷，进而对区域内教育资源分布、配置和规模进行优化调整，确保资源利用最大化的同时，从根源上缓解公共服务资源供需不对等、不平衡带来的政务服务难的问题。

五是行政监督阳光透明。在行政监督环节，基于网络架构和人工智能决策的虚拟政府，将允许所有公共服务事项、重大领域决策事项的统计数据无偿开放，接受民众和企业的主动监督。民众能够通过各种线上线下渠道公开获得政府行政管理、政务服务处理及城市管理、民生服务、经济产业发展各个领域的决策过程和结果信息，政府机构运行和决策将变得空前透明和开放。此外，民众可以结合自身要求，对政务服务领域政府决策模式、决策过程和处理结果提出质疑及建议，经由政府部门管理人员汇总、论证后，结合具体情况对智慧政府的决策模式和决策算法进行维护调整，确保虚拟政府能够做出最佳判断和决策分析，最大限度地兼顾政府、企业、民众多方面的发展诉求。

二、智慧政务未来服务场景展望

从政务服务需求侧来看，未来智慧政府服务模式的创新主要体现在以下几个方面。

一是“我要看”。随着泛智能终端形态多样化发展，互联网、移动物联网将全面深度覆盖城乡，围绕民众生活的方方面面，各类平台、终端设备都将成为城市互联网和移动物联网的接入末梢。以此为基础，基于网络与服务平台的互联互通，各类智能终端设备都可能成为政务服务信息导入的“窗口”。未来，民众可以在行车、跑步、工作、就餐、娱乐等各类场景下，通过多元化智能终端和互联网，接入政务服务平台，基于多种方式的电子身份认证，随时随地获取申办业务范围和权限内的各类政务服务信息，如政府动态新闻、职能公开、智慧政府决策等。此外，基于政务服务平台和人工智能分析决策，面向用户提供个性化、可定制的政务信息服务清单，通过多个渠道实现精准主动推送，预测民众关注点，及时为民众答疑解惑，切实提高政务信息服务效能，打造“阳光政府”。

二是“我要办”。基于全员覆盖的数字身份证和电子证照体系，民众办事将不再需要提交任何证明材料，只需要通过一站式政务服务平台提供的各类渠道，基于身份识别技术完成身份认证，民众各项办事需求即可通过任意渠道直接提交至政务服务平台，通过与个人身份信息、后台电子证照库的关联调用，完成个人申办事项的全流程网上办理。原则上所有政务服务事项将实现“立等可取”，事项办结信息通过在线服务渠道实时推送至申办人，政务服务将全面实现“不见面办事”。对于证照信息缺失或存疑等情况，民众不再需要前往政府机构办理更新核对事项，而通过远程视频方式直接接入政务服务平台，利用人脸识别、语音识别、虹膜识别等生物识别技术，基于跨部门基础数据和业务数据的共享比对，实现政务服务事项申办人各类证照信息的在线比对核实和更新。

三是“我要查”。除了国防、能源、关键设施、金融等的核心信息资源，未来政府绝大多数非涉密信息和个人政务服务申办、办结信息都将实现基于认证权限的在线可查。一站式政务服务平台能够为每个用户提供基于人工智能的个性化语音助手或智能客服服务，用户在线完成身份认证后，通过语音留言、邮件等方式输入信息查询需求，个人助手

即可自动完成用户语义识别，通过个人信息关联查询，获取用户权限范围内要查询的相关信息后，通过公共服务平台和服务渠道，以语音留言、邮件等形式，完成查询信息的主动推送，用户办事或信息查询效率大大提高，智慧政府公共信息服务体验显著改善。

四是“我要评”。未来，随着政务公共服务体系的不断创新演进，智慧政府将逐步建立与服务体系相适应的效能评价体系。从评价内容来看，将全面覆盖涉及民众工作生活的方方面面，包括涉及民众切身利益的各类城市公共服务；从评价维度来看，政务服务便捷性、在线服务效率、跨区域服务衔接、线上线下一体化、服务满意度等方面是重点；从评价方式来看，未来对政府服务效能的评价渠道将更加多元便捷，用户可以通过平台留言、服务点评、政务热线、邮件系统等多种形式，随时随地对政府的服务理念、服务形式、服务效率、服务态度等进行评价和提出建议，未来政府将能够广泛汇集各类评价信息并进行综合分析，对群众反馈较为密集的服务领域、服务手段、服务事项等，及时进行服务内容调整、流程优化和手段更新，形成服务一评估一改进一服务全流程闭环迭代机制，促进政府公共服务模式和服务效率持续优化提升，不断满足用户的个性化要求。

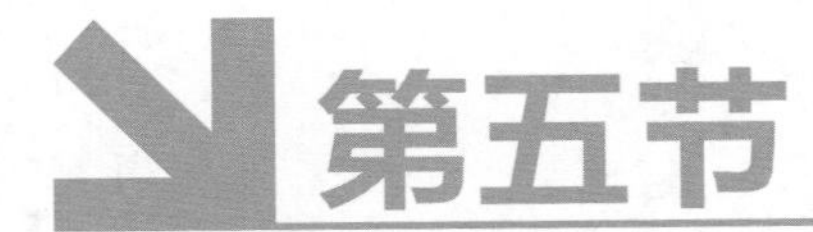

第五节 智慧旅游

随着经济社会的快速发展，越来越多的人想到外面的世界去看一看，人们对旅游服务的要求越来越高。人们希望在出发前短时间里获得一个地方最详细的旅游资讯，从而决定该走什么线路，玩哪些景点，如何安排食宿，如何掌控旅游的节奏。如今这些都能随时随地通过网络轻松搞定。智慧旅游的建设，就是要帮助人们更好地实现这些愿望。

智慧旅游是指利用云计算、物联网等新技术，通过互联网（或移动互联网），借助便携的终端设备，主动感知旅游资源、旅游经济、旅游活动、旅游者等方面的信息并及时发布，让人们能够及时了解这些信息，及时安排和调整工作与旅游计划，从而达到对各类旅游信息的智能感知、方便利用的效果。游客为本、感知互动和高效服务是智慧旅游的核心。

一、智慧旅游发展现状

智慧旅游已经成为我国旅游业发展的新趋势，极大提升了旅游服务品质。游客通过网上购票，现场扫二维码即可进入景区；在游玩中，可以通过景区无线网络获取游玩攻略。智慧旅游体系还具有导航、导购、导览等功能，大大提升了游客在食、住、行、游、购、娱等各环节的体验感和满足感。

1 旅游门户网站 /App/ 官方微信 / 微博

门户网站是游客了解一个城市或景点的第一个窗口，应提供食、住、行、游、购、娱一站式导航。门户网站通常包括信息发布、景点展示、景点导航演示、游客公共服务、在线预订、旅游购物等模块。

信息发布：包括旅游动态、旅游公告、本地区景点和旅行社信息、政策法规等多种信息。

景点展示：按照景区的划分或推荐的旅游线路详细展示景区内各景点的特色、历史渊源及文学典故等，支持文本、图片、动画、视频等多种表现形式，不拘一格。

景点导航演示：以全景式动画的表现手法，直观而生动地向游客演示整个景区的地理位置、景点分布及简短文字介绍等，从而让游客对整个景区的景点有一个全面的了解。

游客公共服务：包括交通信息、天气预报、旅游咨询、投诉反馈等子模块。“交通信息”子模块提供到达目的地的航班、列车、汽车等交通信息查询。“天气预报”子模块提供景区或相关地区的天气预报信息，为游客出行提供必要的参考。“旅游咨询”子模块则方便游客与景区的客服人员或提供相关服务的商家进行充分的交流和良性的互动。

在线预订：通过商户网站频道，介绍宾馆的位置、资质、相关荣誉，甚至房间内设的全景式动画展示；介绍宾馆或饭店的特色菜品，发布可预定的套餐规格、就餐人数、详细菜单、价位、折扣方式、可预定时间、可预定数量等信息。游客可通过网站或智能终端设备确定细节等，最后在线实时支付费用。收到预定信息后，商家可联系游客，进行反馈或确认。

旅游购物：提供旅游特产展销平台，游客可根据需求按商家或商品类型进行搜索和挑选商品，再通过“购物车”子模块在线实时支付费用。在线完成商品订购后，商家核对订单、发货，游客收到商品后确定收货，完成整个购买过程。

2 线上线下售票

现在，不少景区除了提供售票大厅的人工售票外，还提供景区 App 售票、微信售票、第三方旅游电子商务平台售票等多种方式。线上售票让游客购票更为方便、快捷，同时也有利于景区控制游客人数，游客也可以通过查看门票的余量，避免扎堆参观，可谓一举多得。

具体流程：游客通过 App 或微信公众号预订门票，通过微信、支付宝等支付平台完成付款；付款之后，系统将自动将二维码电子门票发送到游客手机上；游客凭借电子门票二维码在景区入口通道闸机上扫码验证进入景区。

3 景区智能导览

智能导览平台为游客提供景点介绍和景区导航。

景点介绍：通过文字、语音、图片、视频、360 度全景等多角度详细介绍、形象展示景区的各个景点，游客可以全方位了解景区，也可以根据自己的需要进行查询，有目的地游览观景。

景区导航：能精准定位游客所处的位置，并用电子手绘卡通地图显示景区地图，使游客能轻松地在景区内找到餐厅、商店、厕所，不易迷失。可根据景区特色推荐多条旅游路线，如深度游路线、文艺游路线、建筑游路线等。游客可以根据自己的旅游偏好选择不同的路线，获得更好的旅游体验。

4 停车导引

假期去景区游玩，游客最头疼的事便是“风景在眼前，奈何停车难”。智慧停车可缓解景区交通拥堵，打造旅游新体验。

相较于传统的停车场，智慧停车场有三大优势。一是智能停车出入管理。传统停车场车辆出入管理需要停车取卡、出门交卡缴费，导致出入口通行效率低下。智慧停车场通过智能化手段及管理方式，实现停车场智能化出入管理，提升通行效率。二是停车联网管理。将各个停车场数据接入统一的平台中，以整合停车数据，实现信息共享，提升泊位资源利用率。三是停车信息发布及智能停车引导。智慧停车场建设了智能停车引导系统，通过停车指导屏、手机

App 等信息发布渠道，获得停车场空闲泊位信息及车位引导信息，有针对性地实施停车引导服务。

景区建设了智慧停车场后，对景区内部停车位进行实时数据发布，并整合景区周边停车场信息，不仅能为旅游大巴和自驾游客提供类似“景区车位已满”的提示，还能引导他们就近找到理想的停车位置。

5 景区客流分析

每逢节假日，热门景点往往人满为患。做好景区客流管理，保障游客安全成为困扰景区的一大难题。景区客流分析系统提供了很好的解决手段（图 3-5）。

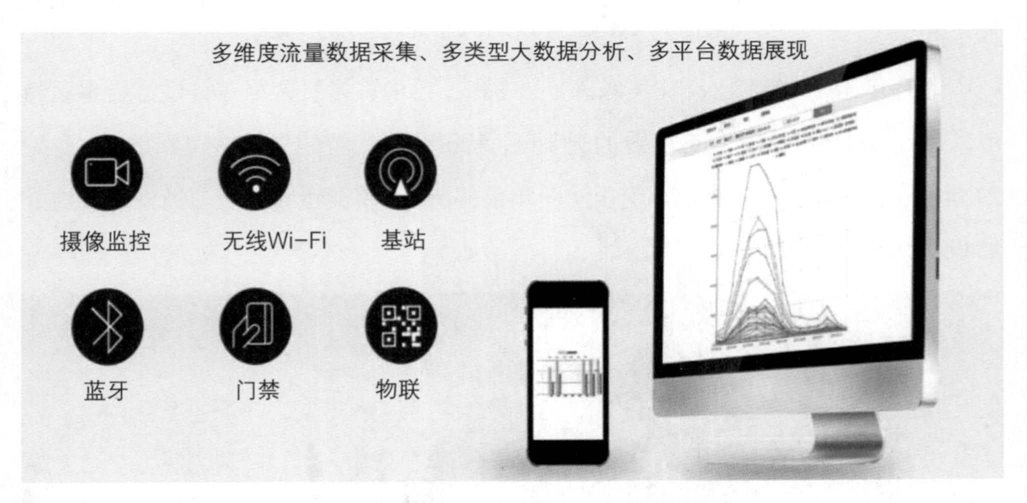

图3-5　景区客流分析与展现

游客流量统计数据主要来源于景区门禁、运营商基站定位和视频监控设备。其中，景区门禁数据用以反映景区内当前总游客量，运营商基站定位可以反映游客在景区中的分布情况，视频监控设备可以反映某个监控点具体的游客情况。基于以上数据可以实时发布景点流量热点图，如以不同颜色标注某景区各景点的游客情况，并可以结合历史数据和预订数据进行游客数量预测。一旦景区人数超过警戒线，系统将会自动发出警报，景区管理方也将在最短的时间内采取相应的措施，及时对景区游客进行疏散。此外，客流分析系统还可以对景区旅客的来源方向、旅客在景区的活动轨迹等多个维度进行分析，为景区管理方调整景区接待时间、开辟新的旅游线路、完善旅游接待设施等提供参考。

6 虚拟旅游

世上存在着诸多只在固定季节或时间才能观看、或出于对景点的保护等原因不定期开放或不对外开放的资源，许多人或因工作繁忙、或因一票难求、或因手续办理周期长而错过了开放时间。也有一些毁于战火或自然灾害的景点，世人再难“一睹芳容”。虚拟旅游可以通过补充传统旅游项目无法达成的部分，使旅游的内容更加丰富。

近几年，VR 技术已经完美融入旅游领域，国内许多景区都在尝试结合景区特色来制作 VR 视频内容。在烧毁的圆明园，昔日辉煌壮观的景象将得到重现。身处 21 世纪，感受到的却是数百年甚至上千年前的历史，真实世界和虚拟情景完美地叠加（图 3–6）。

图3–6 虚拟旅游场景

二、智慧旅游未来场景展望

未来的智慧旅游会依托更为成熟的技术，带给人们无限的想象。

出游前在网上查阅各种攻略，再通过导航系统规划路线，计算行程的时间和费用……不需要这么复杂，未来的旅游更简单。

场景一：轻松愉快的假期即将到来。这时，你手机上的智慧旅游App推送一条消息："鉴于您对自驾游和摄影的爱好，我们特别为您推荐三条旅游路线。现将详细的方案呈上，方案内包含的吃、住、游等内容，我们均结合您以往的选择进行了初步筛选。您只需点击选中即可。如果对我们的方案均不满意，请回复，我们将立即进行调整，直到您满意为止。"

场景二：近段时间一直加班。某一天，你手机上的智慧旅游App推送一条消息："鉴于您最近过于劳累，身体已处于极度疲惫状态，建议您放下手上的工作来一次放松之旅。考虑到您的时间安排及个人喜好，我们提供了以下几种方案供您参考。"

场景三：孩子放假了，全家准备出去放松一下，你打开智慧旅游App，输入"孩子、休闲、全家"等关键词，系统立刻根据关键词检索，并结合你以前的出游方案和消费习惯，提供相关旅游方案，每个方案中的吃、住、娱、购、行、游的内容均可进行调整。

确定了旅游方案后，你就可以轻松等待出发了。这时候你可以提前预览目的地城市、要住的酒店及风景区信息。你可通过VR视频获得更加丰富的目的地信息，如即将入住的酒店周边的环境、在所属城市的方位等细节信息。

出发前一天，旅游App会给你发送旅游地区天气预报信息，温馨提示景区游览需要携带的物品，你可以根据自己的情况进行准备。即使你此次旅行可能用到的装备较多，也不需要大包小包地携带那些只是偶尔用用的物品。汽车、摩托车、自行车、户外装备等都可通过租售服务获得，在线预定即可，轻松来轻松走。

入驻酒店，你会发现空调已调整至你习惯的温度，加床或加被等需求已经得到满足，装备已经由酒店签收并放入预订的房间内。

接下来，你会接到第二天行程安排的提示信息，告知你需要准备哪些装备和衣物。如果需要改变行程，提交要改变的线路或景点并确认，如果不改变则在线确认。你可以在各个景点预定大巴服务，也可选择租赁汽车或拼车出行，还可以选择租赁自行车。

进入景区，即有服务人员上前问候："游客，您好！我们已经根据您确认的旅游计划，转换成了景区的旅游线路图。您佩戴这个导览设备后，它会指引您按计划进行游览。设备会同步接收景区发出的各景点实时游览人数，并根据各景点的实时情况对路线做一些调整，以确保您顺利、开心地完成此次游玩。您有任何情况需要帮助时，可以按设备上的通话键随时与我们取得联系。"

当你走到一个景点时，不用和一大群人一起跟着一个导游听讲解，也不用站在景点的介绍牌前看单调的索然无味的介绍。导览设备提供了图文、声音、视频、AR等多种形式供选择。你可以让设备以AR互动的形式呈现该景点的介绍。你还可以利用AR的线上线下社交属性在当前位置留言，与大家分享自己的游览体验。

当你在景区里寻找餐厅、商店、厕所时，导览设备能够精确定位你的位置，并进行指引。旅游过程中，如果你对景区的各种特产和商品感兴趣，不用自己拎，只需要在旅游 App 上下单，你购买的商品会根据要求送达你最后入驻的酒店，或者零散的订单商品被打成一个包裹寄回你所在的城市。你一到家，你购买的东西也快递到家了。

如果你临时改变计划，不能去景区每个景点游玩，岂不是要留下遗憾？没关系，你可以选择与心仪的景色拍照留念：你只需要站在背景墙之前，根据面前的显示屏选择自己喜欢的景点，调整好姿势拍照即可。

第六节 智慧能源

一、智慧能源的内涵和发展现状

智慧能源是互联网思维在能源领域的渗透和运用，是由信息通信技术、智能电网技术、可再生能源技术、分布式能源技术共同驱动的全新的能源供应与消费模式。智慧能源依托产能、储能、用能一系列平台，实现能源相关信息流的汇聚和大数据分析，使能源的生产者、消费者、服务者直接对接，开展能源交易与衍生服务，实现能源的自由流动。智慧能源不仅是能源领域基础设施智能化升级，更是互联网思维在能源领域的渗透和运用，是从需求侧出发的“开放互联，人人参与”的能源体系，将引发能源供应与消费模式的深刻变革。智慧能源更多的是来源于一种哲学和经济学层面上的思考，而不是一种新的能源技术体系。未来智慧能源将实现用户参与、分析、交易、互动，用户从单纯的能源消费者变成既是生产者，又是消费者。智慧能源从本质上看是对能源生产消费模式的颠覆。

我们可以从多个角度认识智慧能源。从技术角度看，智慧能源不局限于储能技术、柔性直流输电技术等能源领域技术，更多的是信息通信技术、电力电子技术、可再生能源技术等多种跨学科技术的深度融合，需要迎接多种技术综合应用的挑战；从能源结构角度看，智慧能源更适合可再生能源；从网络体系架构角度看，智慧能源借鉴互联网对等互联的体系形成分布式新型能源互联网体系架构；从终端角度看，智慧能源可接入更多能源设备，且设备的接入更加灵活；从能源供给和消费角度看，智慧能源将改变重点关注能源供应侧的传统工业思维，更强调需求侧导向的互联网思维；从能源流、信息流、资金流的关系角度看，智慧能源是在能源数字化的基础上进行智能化调控，结构上将难以区分能源网络和信息网络，智慧能源使能源流、信息流、资金流三流合一，能源和信息均能实现双向通信、交换共享，在能源流和信息流的交易中，资金流随即发生，信息流支撑能源调度，能源流引导用户决策，资金流完成最终交易。总体来说，智慧能源将推进能源生产方式和消费模式本身的变革，进而对能源结构产生重大影响。

智慧能源已经广泛应用在能源生产、传输和消费各个环节，涌现出大量优秀案例。

智慧能源已大幅提高能源生产效率和安全稳定运行水平。部分能源企业建设智能工厂，运用大数据技术对设备状态、电能负载等数据进行分析挖掘与预测，开展精准调度、故障判断和预测性维护，提高了能源利用效率和安全稳定运行水平。例如，远景能源公司每天处理近太字节（TB）的数据，通过风功率预测、风机亚健康诊断、在线振动监测等功能，减少风电场发电量损失 15% 以上，提升投资收益 20% 以上。

一些地区利用自然环境优势，建设太阳能、风能等可再生能源为主体的多能源协调互补的能源网络，促进我国能源结构优化。对可再生能源的有效利用方式是“就地收集，就地存储，就地使用”。例如，天津市中新生态城综合利用风、光、地热、冰蓄冷等多种能源，建设“光伏、风力、储能”三合一的实时协调控制的智能微电网系统，分布式清洁能源每月上网的发电量达到130万千瓦时，基本满足了生态城所有居民的用电量，清洁能源就地消纳率达 100%。

在传统电网的基础上，智慧能源发展出分布式微型能源网络，将分布式发电、储能、智能变电和智能用电等设备组成的微型能源网络设备互联起来，且每个微网可以并网运行或离网运行。例如，特斯拉推出一套适用家庭、企业和公共事业的电池方案，核心设备是特斯拉能量墙。能量墙是被设计用来在居民住宅里存储能量的可充放电的锂电池。它可以在电力需求低谷的时候低价充电，在电价高的需求高峰时段输出电能，从而平移用电峰谷。电池能够存储过剩的太阳能发电，以便在没有太阳的时候使用。家庭能量墙增加家庭太阳能使用的容量，同时在电网中断的时候提供电力备份保障。能量墙包含特斯拉锂电池包、液态热量控制系统和一套接受太阳能逆变器派分指令的软件。这一整套设备将被无缝安装在墙壁上，并能和当地电网集成，以处理过剩的电力，让消费者灵活使用自己的能源储备。特斯拉能源解决方案将使家庭、商业和公共事业能够通过特斯拉电池来存储太阳能、管理电力需求、提供电力备份、增强电网的灵活度，从而推动世界摆脱化石燃料的进程。

大量能源公司与互联网公司合作，为用户提供更加便捷的能源服务。例如，腾讯公司与中国石油化工集团有限公司（简称“中石化”）合作，聚焦渠道与营销，主要包括业务开发与推广、移动支付、媒介宣传、线上到线下（O2O）业务、地图导航、用户忠诚度管理、大数据应用与交叉营销；阿里巴巴与中石化的合作则聚焦数据，包括但不限于搭建数据共享平台、构建基于云的业务系统、石油全产业链的大数据分析。智慧能源还可以发展用户能效管理等多种新型业务，实现家庭能效分析评估、能源使用可视化管理、用能情况分析、家电运行控制、节能目标预测与控制、用能优化策略和能源管理决策支持。例如，位于美国硅谷的奥能（Opower）公司主要为公用事业公司整合用户能耗数据，据此向用户提供定制化的用能、节能建议。奥能公司为来自十几个国家的上百个电力公司服务，其中包括很多传统大型企业，如美国的印第安纳密歇根电力公司、澳大利亚的澳洲能源公司、英国能源公司等。经由这些公司的售电渠道，奥能公司能够获取大约1.15亿家庭的能源消费数据，并据此提供节能方案。奥能公司通过自己的云平台和数据整合能力来处理它所服务的公用事业公司取得的大量家庭能耗数据，结合“行为科学理论”、房龄信息、周边天气等，运用自己的软件系统进行用能分析，建立家庭能耗档案，并通过综合分析提出节能建议。奥能公司提供的报告里，除了用户本身的用电数据，还有相近区域内最节能的20%的用户耗能数据，也就是所谓的“邻里用电比较”，这提供给用户非常直观的节能动力。

二、智慧能源未来展望

可再生能源将于 2049 年成为绝对主导能源。智慧能源能够推动可再生能源的使用，基于智慧能源的电动车、智能建筑、光伏发电设备的大规模推广将有效提升可再生能源占比。国家电网有限公司预计，到 2050 年，全球清洁能源将占一次能源消费总量的 80% 左右，成为主导能源。杰里米·里夫金预言，到 2050 年，中国有望脱离碳基能源。根据世界生物能源协会预测，到 2020 年，30% 的电力将来自绿色能源。以交通为例，到 2030 年，插电式电动车的充电站和氢能源燃料电动车会普及全球，并将为主电网的输电、送电提供分散式的基础设施；到 2040 年，75% 的轻型汽车将有电驱动。智慧能源可以为插电式电动车、氢燃料车、家庭和工厂提供充足的电力。

分布式能源网络在部分区域将成为主流。国家电网有限公司预测，预计 2025 年风能发电成本将与火电持平，2030 年太阳能发电成本与火电持平，届时，风能、太阳能充足的区域将迅速普及微风和光伏发电。例如，非洲电网建设成本较高，尚有很多偏远地区并未通电，随着可再生能源发电成本的逐步下降和储能技术的突破，未来非洲偏远地区的千家万户都可成为就地采集太阳能的微型发电厂。这些微型发电厂之间形成微能源网络，成为这些地区能源的主流形态。在日照充足、风力强劲的地区，便宜又环保的清洁能源发电必将愈加受到青睐。与此同时，分布式能源和其他公用设施（自来水、供热、燃气）有机地融入了城市原有的配电网和基础设施网络，居民所使用的电力、自来水、供热、燃气都来自身边最近的分布式能源中心，尽可能减少传输的损耗，从而形成融合水、电、气、热等在内的公共资源的泛能网络和分布式泛能中心。

能源消费模式产生重大变革，出现多种能源共享模式，能源共享经济兴起。目前，能源消费的主导形态仍是用户向能源销售公司购电，未来将产生多种多样的消费模式。部分地区可基于分布式可再生能源发电实现自给自足，通过一个基于互联网的区域性能源市场，建立智能电力交易平台来实现所覆盖区域的分布式能源交

易，消费者可通过智能电表获知实时变化的电价，根据电价高低来调整家庭用电方案和电动车充电方案。区域内所有的能源生产者、经销者、消费者和服务提供者都通过互联网进行交流和交易，各种发电设备的即时输出情况和用能设备的即时能耗数据，在网上一目了然。用能者既可以错峰用电，参与削峰填谷，并以此增加电源的利用效率，减少传统化石能源的温室气体排放；也可以通过智能终端轻松将自家屋顶多余的光伏发电通过社交网络卖给附近准备给电动汽车充电的陌生人；在风力发电等可再生能源出现剩余时，制热或制冷设备就会人工或自动启动，利用剩余的风电制热或制冷。如果没有智慧能源，这些风电就会被白白浪费掉。

移动能源将成为电力系统的有效补充。集电气设计、系统集成、储能、智能化控制和精准电力配送为一体的移动能源解决方案将逐步实现商用。移动餐车、房车、观光车可充分利用薄膜发电组件柔性可弯曲、质量轻、能效转换率高、弱光发电性好等优势，将薄膜发电组件集成到车顶或车身，把车辆打造成独立的绿色发电主体，通过阳光照射为车载蓄电池

进行充电，并通过信息与能源的结合，实现信息主导、精准控制的电力配送，解决车辆的各类用电需求。同时，它通过降低排放提升车辆的环保系数。此外，商用无人机、可穿戴装备、电子产品等也均可通过光伏薄膜进行移动充电。

智能化用能终端将成为标配，实现无人干预的实时在线优化调控。分布式能源网络的控制将进一步扁平化，每个微能源网络均具有自学习、自调整、自控制、自优化能力，可基于实时数据进行在线调整，彻底改变当前离线预测、事前控制的能源调控模式。例如，当可再生能源发电有富余的时候，抽水蓄能电站和电动汽车可以根据天气自动储存多余的电力，智能洗衣机、智能洗碗机、智能热水器等智能家用电器也会根据需要自动及时开启，消费多余电力；在电力需求攀升的时候，这些储能设施可以和智能家用电器协同构成虚拟电站，通过释放所存储的电力及减少智能家用电器的用电量来满足紧张的电力消费需求。未来每一个用电设备都将具备智能。例如，每一个家用电器会根据能耗曲线设置最佳的开关时间并随时远程遥控，会议场所的能耗控制会依据会议活动类型、人数和实时电价自动进行动态调整。在此基础上，城市的整体能源消耗和二氧化碳排放量可随时依据天气和事件变化进行需求侧编排以实现最优。

能源服务生态圈逐步形成。目前能源服务主要由电力公司提供，评价服务质量的主要指标是电能的质量和价格。未来能源服务市场更加开放，有更多主体进入，能源服务将更加多样化，服务质量的要素不只是价格和质量，能否提出节能建议等增值服务将成为服务能力评估的重点。市场参与主体中，售电企业因售电业务上游承载发电、输配电、分布式等多维供给端，下游承接工商企业、居民、园区等多类型客户，汇聚用能数据，将成为数据核心，即产业链核心。售电服务机构除了发电企业、电网公司，还有社会公司，如民营配电网运营商、虚拟电厂运营商、能源管理服务商等，其中电网公司原有优势最大，发电企业热情最高，社会公司创新能力更强。开放售电的利润可以来自于批发和零售电量的差价、合同能源管理服务、需求侧管理等，专业化能源服务公司通过用户电力需求侧管理可以带来 1 度电 2 分钱的利润空间。未来的能源产业将囊括家电、电动车、智能建筑、家庭节能管理、合同能源服务等众多产业，可能出现众多能源服务 App 开发商，最终形成一个巨大的产业生态圈。例如，在分布式光伏领域，最大问题是融资，未来将建立连接能源生产者、投资者的互联网平台，将优质的屋顶资源和投资商对接起来，促成屋顶资源交易，提供一站式服务，包括屋顶勘察、方案设计、贷款、电站质量监督和监控，同时提供互联网金融增值服务，引入保险公司、金融机构等。

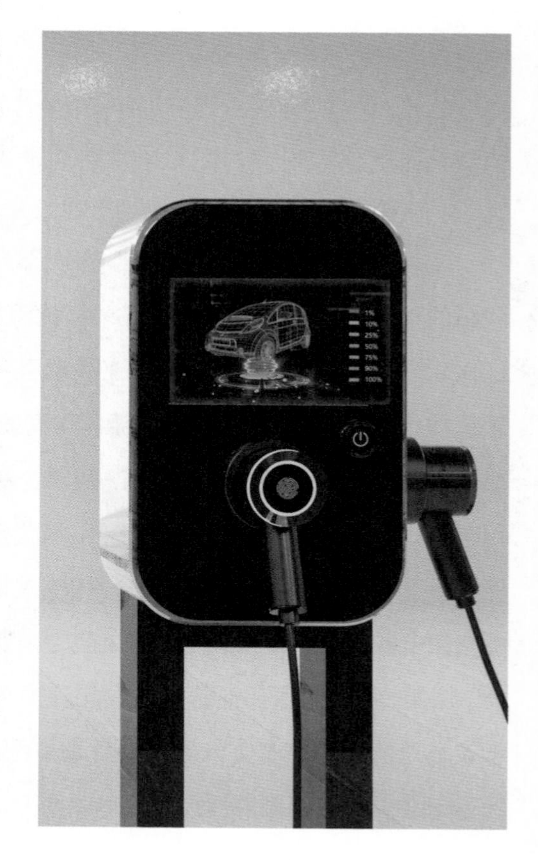

第七节 新型教育

教育不仅是一个行业话题，更是具有巨大影响力的社会话题。对社会来说，教育的发展有助于更好地培养和教育满足社会和经济发展需要的人才，推动社会进步与民族兴旺；对普通民众来说，教育的发展有助于自身行动能力、思考能力和创造能力的提升，是自我能力实现的重要路径。随着数字技术和信息技术的不断发展，传统教育模式也在不断提升改进。在未来，一个国家和民族要想在竞争激烈的社会中占有一席之地，必须大力发展教育，通过新技术、新形式的探索应用，提高教育水平，全面提升竞争力。

一、创新是未来教育发展的重要方向

创新是未来教育发展的重要方向，这已经成为大众的共识。新技术、新设备的投入使用，极大改善了传统的教育体验，为未来教育的发展提供了新的思路。科技与教育的结合，将会不断驱动教育的发展进步，也将对我们解决目前传统教育发展中所遇到的问题有极大帮助。

在传统的教育模式中，教育的实现必须依靠教师在固定教学场所的传授：教师的讲授是知识转化与传授的唯一渠道，教学场所则是一切教学行为发生的载体。长久以来，由于传统教学场所在空间上的固定性，教师的教学行为与教学场所绑定在

一起，不可移动，不可转借，同时也不可拆分。教师只能在特定的时间段，在固定的教学场所进行教学，除此之外的时间与地点，教育资源则无法进一步扩散。因此，在很长一段时间内，优质的教育资源受时间和空间的限制，无法惠及更多的人。

目前，我国存在着优质教育资源过度集中的问题。从全国范围来看，现有的教育资源存在着明显的向经济发达地区集中的趋势。因师资力量薄弱，我国农村地区的教育质量远远落后于城市地区。而在经济发展程度较高的城市地区，优质的教育资源也存在着向名校集中的趋势。少数几所学校汇集了该地区绝大部分的优质师资与先进教学设备，并仅针对本校的学生进行开放，其他学生则无法享受这些优质教育资源。

创新技术在教育领域的应用，有助于打破现有教育资源分布不均的壁垒。近几年随着互联网、移动互联网等技术的不断发展，师资力量分布不均与教学场所固定对教育资源普惠化的限制正在慢慢减弱。新技术使远程教育、在线辅助教学等创新教育模式正在慢慢变成现实。

二、技术与教育融合：催生创新教学模式

信息技术在教育领域的应用更加广泛深入，也由此催生了不少创新的新型教学模式，过去传统的依靠师生之间面对面交流的教学模式受到了挑战。在线教育、远程教育、公开课等新兴教学模式兴起，迅速成为传统教学模式的有力补充，过去课堂内外的界限也正在消失。我们相信，随着技术与教育的融合加深，未来还将会有更多的新型教学模式兴起，为公众接入优秀教育资源提供方便快捷的途径。

1 在线教育助力优质教育资源广泛传播

在过去，教师向学生授课的过程中，一旦固定的授课时间或地点发生了变化，教学过程也随之中断。而现在，随着互联网和移动互联网的不断发展和普及，学生和教师可以随时随地接入网络，并通过互联网平台完成教学过程。教室不再是一个固定的场所，实验室、图书馆、户外、操场、工作现场甚至虚拟场所，都将有可能成为教师实施教学行为的载体；学生也可以在家中、教室、自习室随时接入网络，实时或任意选择自己想要学习的课程。教师和学生不再需要固定的教室，开放的互联网平台成为了新的教学场所，并随之衍生出了创新的教学模式。

技术进步带来了学习空间与时间的开放性，教学资源不再局限于固定的时间与场所，更多的学生可以参与到教学过程中来。在过去，受限于固定教学场所的承载力，一间教室往往只能容纳一定数量的学生；而随着互联网的发展，在线平台可以承载的学生数量越来越多，教学资源传播范围大大扩展，远程在线教育成为现实。大型开放式网络课程（MOOC）等在线教育的兴起，多所著名高等学府都推出了免费的公开课程。来自高等学府的教师将自己的教学过程录制下来并且上传至公开的网络平台，供世界各地的学生学习。这种教学模式使优质的教师和教学资源不再被局限于某一所学校，而是更加开放、更加普惠。

2 将学习过程延伸至固定课堂之外

技术的发展不仅改变了传统的教师教学模式，也改变了学生的学习模式。优兔（Youtube）、网易视频这样的公开在线视频平台成为了新的学习平台，个人计算机、手机、平板电脑等移动互联网设备成为了新的学习工具。越来越多的人在交通时间、休息时间使用便利的移动设备进行学习，将碎片化的时间充分利用起来。技术创新将学生的学习过程延伸至课堂之外，学习途径不断拓展，学习方式更为多样化，学习者的效率也将得到大幅提高。

随着技术的不断发展，我们有理由相信，教学模式将会有更多的发展可能性。随着 AR/VR 技术、人工智能、云计算、大数据等技术的不断发展与应用，人工智能将会辅助甚至代替教师向学生传授知识；VR 技术可用于建立虚拟课堂，一些需要实地观察与实践的课程可以通过其得到实现；大数据和云计算则可以更好帮助教师与学生调整自身的教学与学习策略，建立实时反馈机制，实现完全智能化的教育监督评估，推动教学质量的提升。

三、技术助力内容优化：提供多样性学习选择

传统课堂上，学生集中在教室里，由教师统一进行知识讲解与传授。这种教学方式只能向学生提供统一化的教学内容，无法很好满足不同学生的个性化与差异化需求。学习进度较快的学生无法及时获取更为超前、优质的教育内容；而进度落后的学生则难以通过统一教学时间与内容的安排消化所学知识。技术创新与教育过程的融合则在统一化、标准化的教学内容之外，为学生提供更为丰富多样的教学内容选择。

1 优质教育内容获取更为便利

在过去，优秀的教育内容资源往往因师资分布不均及教学地点固定，只能在一地范围内向一定人群提供。而现在，横向来看，优质的教育内容能够向更广大的地域、更广泛的人群传播；纵向来看，技术在教学中的应用可帮助教师发掘更深、更广的教学内容。

对学生来说，技术的创新、变化的教学模式使优质的教学内容资源不再局限于某一地点，接入网络即可获取这些资源。此外，不断发展的教学辅助技术，也使教师可以将以往难以在课堂上呈现的教学内容通过更为具体、形象的形式向学生进行

讲授。如今，在教学设施相对不完善的地区，教师可以通过视频播放、讲解等途径向学生更好地展示某些实验的完成步骤；一些技能与职业教学则可通过软件演示、平台模拟操作等手段实现，帮助学生不断练习与提升相关技能。而未来，学生还可以通过 VR、人工智能等技术搭建的体验渠道，可获得更为逼真的操作体验。

2 互动形式扩充教育内容来源

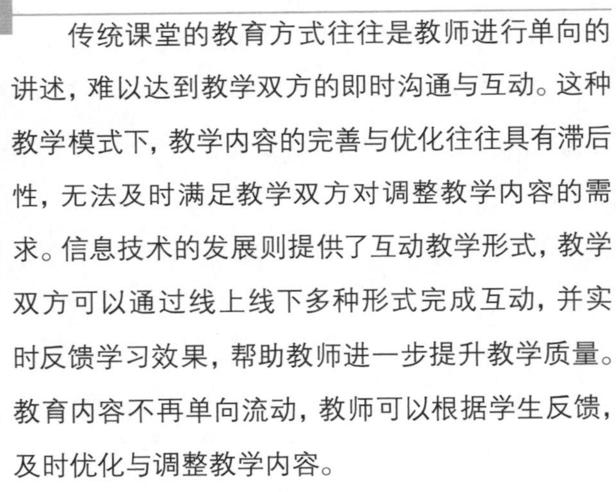

传统课堂的教育方式往往是教师进行单向的讲述，难以达到教学双方的即时沟通与互动。这种教学模式下，教学内容的完善与优化往往具有滞后性，无法及时满足教学双方对调整教学内容的需求。信息技术的发展则提供了互动教学形式，教学双方可以通过线上线下多种形式完成互动，并实时反馈学习效果，帮助教师进一步提升教学质量。教育内容不再单向流动，教师可以根据学生反馈，及时优化与调整教学内容。

此外，在线平台的搭建缩短了师生之间时间与空间的距离，也为教师和学生身份的转换提供了一种可能。过去通过被动学习获取知识的学生可以通过在线平台分享自己的学习心得和体会，帮助其他学生更好地理解教学内容，也为教师了解学生学习效果提供参考。从某种意义上讲，学生已从单纯的被动学习者转变成为教学者。信息技术的发展使教师可以通过不断反馈与再阐述，调整补充原有的教学内容，促进其不断更新迭代，为教学内容自发性的更新与优化提供了新的途径。

四、构建全新的学习生态

近年来，信息技术的不断发展颠覆了一些行业延续许久的传统生态。其重要原因是信息技术的发展打破了以往信息单向传递的形式，使信息可以多向流动式传播。教育行业也在这一趋势中分享了信息技术的发展红利，以往单向、固定的教育模式在信息技术发展的帮助下，正逐步转变为一个更为普惠、更为全面、更为自主的教育生态。

1 均等教育通过信息技术发展加快实现

均等教育机会的普及是教育发展的重要目标，每个个体能够获得均等的教育资源和教育机会是实现教育发展最基础的要求。但是长期以来，由于师资分布不均和教学场所固定，教育资源难以真正实现均等普及。而现在，信息技术的发展，特别是互联网、移动互联网的发展，正在打破教育资源过度集中的局面，帮助更多的人获得均等的教育资源。

相较于传统教学模式，新兴教学模式为教育资源的普及提供了成本更为低廉的解决方案。对经济欠发达地区来说，相较于优秀师资的引进、新型教学设备的购置与教学场地的兴建相比，远程及移动教育方案引入与实施的成本更为可控。同时，随着信息通信技术的不断发展和普及，流量费用、固定基础设施建设费用有望继续下降，远程教育的互动性也有望进一步增强。可以预见，在不久的将来，优质教育资源集中地的教师将可以通过网络平台，教授和辅导远在千里之外的学生，并通过及时的在线反馈掌握学生学习进度，调整教学内容；学生也将在 VR、人工智能等技术的辅助之下，通过模拟仿真的方式，掌握实验等实践内容的学习，从而真正获得与其他地区学生一致的优质教育资源。

2 信息技术发展塑造终身学习理念

随着社会日益发展与进步，终身学习理念越来越受到社会的重视，过去备受重视学校教育也在信息技术的推动下向不同年龄阶段普及。信息技术为不同年龄阶段、不同技能需求、不同社会阶层的人提供了多样化的学习模式与内容，终身学习将在不远的将来成为现实。

过去，社会教育资源向学龄期学生倾斜，为他们提供集中式的教育服务，而学龄期之外的人所能获取的教育资源较为有限，通常是依靠商业力量提供的短期培训服务。而现在，信息技术的发展使各年龄段的学生可以快速找到适合自己的教育

资源，同时享受交流沟通、反馈评估、证照考取等全过程服务。教学不再仅仅是教师在教室里传授书本知识的过程，而是各行各业通过在线直播、公共演讲、参观讲解等多种方式进行的教育活动。工人、科学家、研究人员及公司管理者都可以成为知识的传授讲解者，不同年龄段的人都可以根据自身的职业及发展需要选择不同的学习内容。

信息技术不仅创新了教学模式，也在帮助过去不适宜传统教学模式的人参与到教育活动中来，如高龄老人、残障人士等。传统的教育模式高度依赖听说读写等基本技能，而高龄老人、残障人士等由于生理功能的限制，往往无法获得像正常人一样的教育机会。信息技术的发展正在逐渐改变这一状

况，读屏软件、体感交互设施、声控技术等的不断发展，正在弱化生理功能不足对学习的影响。在未来，随着生物技术和信息技术的融合发展，多种学习模式将能够满足各类人群的不同学习需求。

我们相信，随着技术的不断普及与发展，现有的教育生态将被完全打破重建。在未来，优质的教学资源不再受空间和时间限制，师生之间可以通过沟通交流即时转换教师与学生的身份，线上线下、课堂内外甚至跨学科之间的学习可以无障碍进行，碎片化、职业化、个性化的教育模式推动终身学习的最终实现，各类科技产品将帮助学生取得更好的学习效果。学习的边界将被打破，跨越不同领域、不同学科、不同场所，覆盖各类人群、各类专业、各类模式的教育形式将会成为未来教育的重要发展方向。我们可以通过技术的辅助，跨越日常学习、工作与生活的边界，获取更为丰富的教育资源，以跨领域、无边界的学习心态和行为来不断获取新知，提升自己。

第八节 智慧医疗

健康是指一个人在身体、精神和社会等方面都处于良好状态。健康是促进人的全面发展的必然要求，是经济社会发展的基础条件。但是疾病也会伴随人的一生。医疗服务是帮助人类应对突发疾病的有效途径，是以增进人类健康为目标展开的包括预防、康复、保健、健康医疗咨询等在内的一系列服务，是社会发展的基础服务体系之一。如今随着智能移动终端的普及，特别是可穿戴设备及物联网的推广应用，信息通信技术正逐渐融入健康医疗行业，为居民提供更加个性化、便民化、智慧化的健康医疗服务成为必然发展趋势。

一、智慧医疗当前建设进展

当前，我国居民主要健康指标总体上优于中高收入国家的平均水平，但随着工业化、城镇化、人口老龄化发展及生态环境、生活方式的变化，人民健康面对一系列新挑战。数字医疗是指将现代信息技术应用于医疗保健过程的现代化方式。数字医疗以移动数字化为技术特征，以智能手机为中心平台，力求实现智能、民主、便捷的保健新模式。目前与数字医疗相关的政策、技术、应用方面都在推进。

在政策方面，2016 年国务院印发《“健康中国 2030” 规划纲要》，提出了 2030 年要实现的健康目标，即人民健康水平持续提升、主要健康危险因素得到有

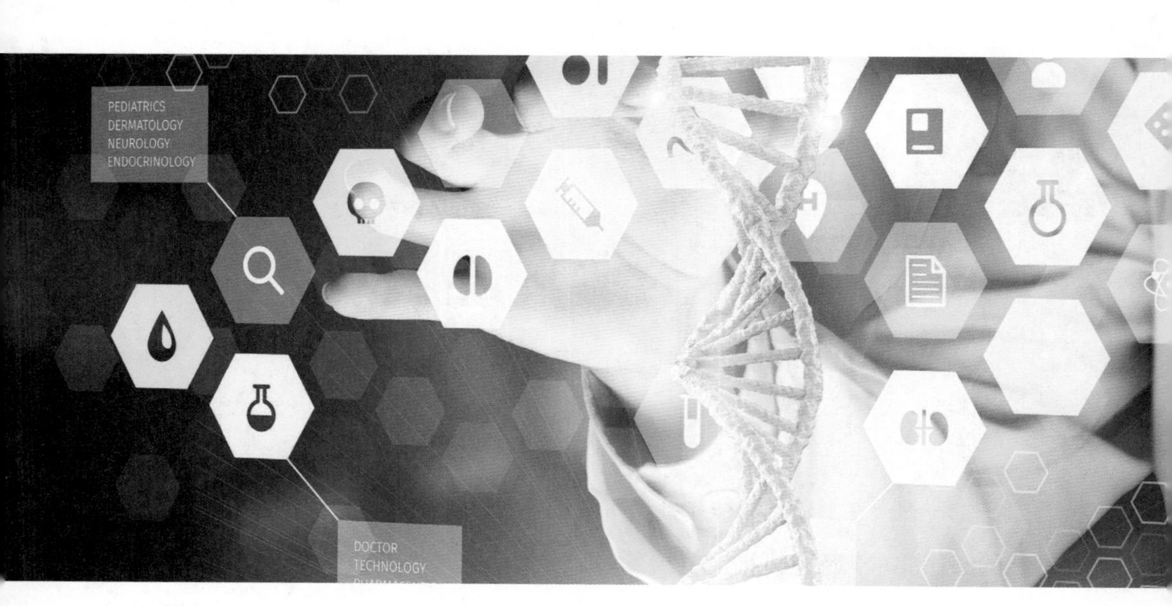

效控制、健康服务能力大幅提升、健康产业规模显著扩大、促进健康的制度体系更加完善。2017年5月，国务院办公厅印发《深化医药卫生体制改革2017年重点工作任务》，明确指出要积极推进全民健康信息化工程。原国家卫生计划生育委员会2017年印发的《“十三五”全国人口健康信息化发展规划》也提出了夯实全民健康信息化和健康医疗大数据基础、深化全民健康信息化和健康医疗大数据应用、创新全民健康信息化和健康医疗大数据发展等主要任务。2018年4月，国务院办公厅发布《关于促进“互联网+医疗健康”发展的意见》。该意见指出，要切实研究制定健康医疗大数据确权、开放、流通、交易和产权保护的法规；严格执行信息安全和健康医疗数据保密规定，建立完善个人隐私信息保护制度。2018年7月，国家卫生健康委员会发布《国家健康医疗大数据标准、安全和服务管理办法(试行)》，这是自2013年以来第二份直接以医疗大数据为标题的政策文件，具有相当程度的指导作用，或成为中国医疗大数据发展史中的一次“里程碑”。该试行办法明确了健康医疗大数据的定义、内涵和外延，并对标准、安全、服务管理三个方面进行了规范，并针对医疗大数据的标准管理、安全管理、服务管理、管理监督四个方面设定了详细的管理条款。

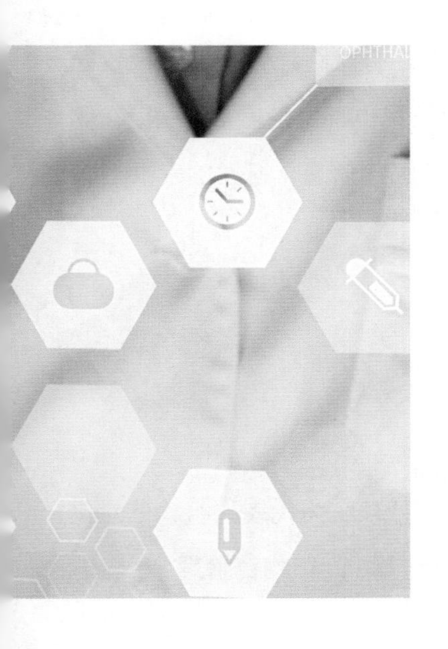

将各级各类医疗卫生机构和相关企事业单位定为健康医疗大数据安全和应用管理的责任单位，这对统筹标准管理、落实安全责任、规范数据服务管理具有重要意义。同年，国家卫生健康委员会再次发文：《进一步改善医疗服务行动计划（2018—2020 年）考核指标》。考核指标分为对行政部门和医疗机构的考核指标，对数据（电子病历共享、区域医保数据等的信息化等）互通行为明确要求并对大数据应用行为进行鼓励。2019 年 1 月，国务院办公厅印发的《关于加强三级公立医院绩效考核工作的意见》要求三级公立医院在 2019 年 9 月底前完成对上一年度医院绩效情况的分析评估，将财务及绩效指标等上传至国家和省级绩效考核信息系统，形成绩效考核大数据。此次意见的发布也进一步扩大了健康医疗大数据的应用范围，从医疗服务的辅助延伸到院内管理，从而推动智慧医院的发展。未来，随着健康医疗大数据的成熟发展，其应用场景也将更加广泛。

在技术方面，伴随着低功耗可穿戴设备、物联网及后端云计算、大数据、人工智能等技术的不断推进，硬件、网络、算法全面发力推动医疗服务数字化进程。从一维信息如心电图（ECG）和脑电图（EEG）等电生理信息，到二维信息如电子计算机断层扫描（CT）、磁共振成像（MRI）、彩色多普勒超声、数字 X 线机（DR）等医学影像信息，进而发展到三维信息，甚至可以获得四维信息，如实时动态显示的三维心脏。数字化应用大大丰富了医学信息的内涵和容量，可服务于患者动态监测和医生精确诊疗，使贯穿健康医疗全路径的精准化、个性化服务成为可能。

在应用方面，2016 年以来，国内互联网医疗领域风险投资持续升温，进一步加速了产业链布局。在线问诊、线上售药、线上挂号等新模式得到快速发展。目前，全国已经有近 100 家医院上线微信全流程就诊，超过 1200 家医院支持微信挂号，服务累计超过 300 万名患者，为患者节省超过 600 万小时。在“互联网 +”政策红利的进一步推动下，百度、阿里巴巴等互联网巨头纷纷在智慧医疗的产业链投资布局，软件巨头东软集团、膳补巨头汤臣倍健股份有限公司也都紧随其后，积极在健康管理、跨境电商、商业保险及女性健康等领域布局，医疗信息化行业的发展前景十分可观。

二、智慧医疗未来发展展望

纵向看，健康医疗行业经历了以医院信息系统（HIS）系统为代表的机构信息化阶段，实现了门诊事务处理、医疗资源预约、财务费用结算、库存物资管理、患者电子病历等业务流程的信息化处理，实现了医疗机构高效化、规范化运行。目前国内正处在以全民健康平台为抓手的区域信息化阶段，通过促进各级医疗机构资源共享及业务协同，提升健康医疗领域的信息化服务水平。随着人民购买力及技术水平的不断提升，健康医疗行业向精细化、个性化、数字化演进成为必然趋势，最将终走向面向家庭或面向个体的智能化阶段（图 3–7）。

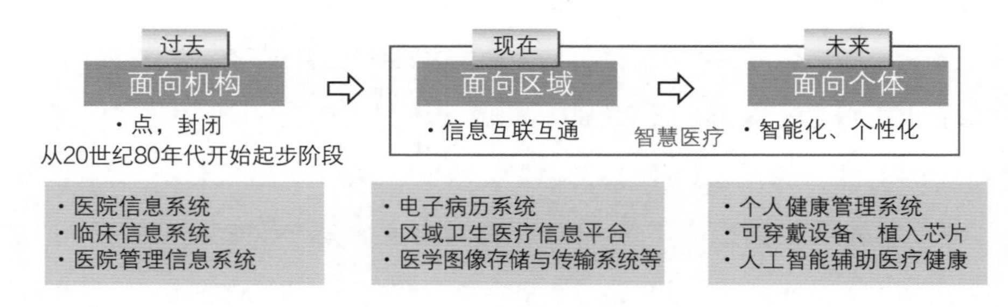

图3–7　健康医疗行业发展阶段

面向家庭或面向个体的健康医疗服务智能化，不再局限于机构信息化或区域信息化，而是将医疗产业与健康产业的有机结合，以“医疗”为手段，以“健康”为目的，真正实现“以人为本”的健康医疗服务。智能化的健康医疗服务贯穿个体的全生命周期，通过可穿戴设备全方位的数据采集，后台大数据、人工智能的动态分析，最终服务于个体的健康管理和辅助诊疗。健康医疗领域的信息化建设是以信息化推动资源流，平衡医疗资源供需矛盾，增进人类健康。未来这种行业重心转移将在三个方面凸显。

1 高速高效、安全稳定的新一代信息基础设施体系

信息化基础设施是各项智慧化应用的基础保障，建设内容包括信息高速公路、信息资源汇聚中心及全民健康信息平台。到 2049 年，要实现横向到边、纵向到底、资源互通、高速高效、安全稳定的新一代信息基础设施建设。

建成全面覆盖的信息高速公路。依托政务外网，对现有的卫生健康信息专网网络进行升级改造，进一步扩充卫生健康专网网络资源，将省、市、县、乡各级直属医疗卫生机构联入卫生健康系统纵向业务网，实现连接管理机构、医院 / 社区卫生服务中心、社区服务站的多级网络体系，为机构系统整合及信息资源汇集提供基础支撑。

以用户为中心，重构用户健康数据体系。围绕个体全生命周期及社会行为组织数据，以居民电子健康档案（EHR）数据库、电子病历（EMR）数据库及全员人口信息数据库等为基础，整合从用户可穿戴设备采集的数据及互联网信息等，对分散、异构的信息资源进行规范化整理，以此为基础为用户提供符合需求、精准科学的健康管理计划。

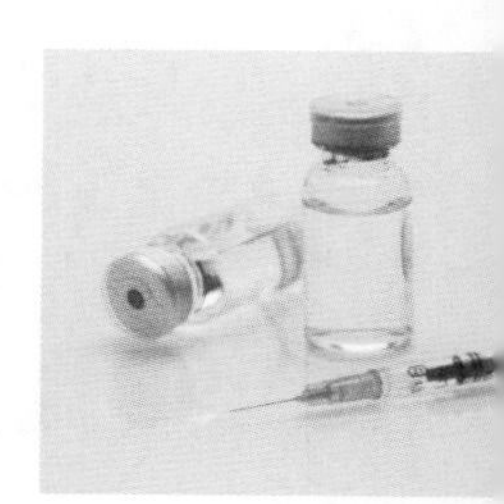

以用户为中心，重构业务运转机制。作为国家各级政府对健康医疗行业信息治理的主要抓手，全民健康信息平台将趋向于集约化建设，实现各级医院、乡镇卫生院 / 社区卫生服务中心、社区卫生服务站信息系统及与卫生监督局、血站、疾控中心等机构信息系统的互联互通，实现与政务、公安、民政、人社等外部单位的有效对接，支撑以用户为中心的跨机构信息共享和业务协同，实现“数据多跑路，群众少跑腿”。

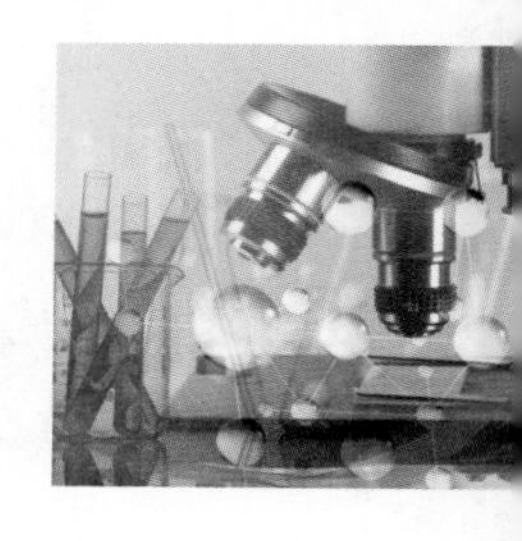

2 智慧智能、精准贴心的新一代健康医疗服务体系

未来医疗服务资源的供需失衡将借助信息化手段得到有效缓解，即通过医疗服务的数字化和自动化，优化医疗服务流程，供给侧释放医疗资源，需求侧提升用户体验。

足不出户轻松完成诊疗过程。全面整合、优化配置全国优质医疗资源，开展家庭医生全程“一对一”服务，签约家庭医生团队为用户提供基础医疗、公共卫生和健康管理服务；对严重病例则依托互联网平台提供虚拟化、移动化的远程医疗服务，包括远程会诊、远程影像、远程病理服务等；构建临床决策支持系统，实现智能影像识别、病理分型和智能多学科会诊。用户足不出户即可轻松享受就诊服务，免去了挂号排队时间长、看病等待时间长、取药排队时间长的问题，在家即可获得全国医疗行业的优质专家资源。

医疗资源普惠化、均等化发展。在分级诊疗体系架构下，基层医生对进行患者首诊后根据初步的筛查判断，通过签约转诊平台帮助患者预约合适的医院和专家，实现远程医疗服务，还可提供网上健康咨询、预约分诊、诊间结算、移动支付和检验检查结果查询、随访跟踪等服务，实现首诊在基层、大病去医院、康复回社区的分级诊疗新秩序，建设适应居民多层次健康需求、上下联动、衔接互补的健康医疗服务体系。

通过可穿戴设备实现全程监测预警。贴合家庭、社区、机构等不同应用场景，可穿戴设备全面融入用户全生命周期、全社会行为。利用健康手环、健康腕表、可穿戴监护设备等完成对血压、血糖、血氧、心电等生理参数和健康状态的连续监测，实现在线即时管理和预警。在家庭和移动场景中，用于家庭医生或社区医疗机构的集成式、分立式智能健康监测应用工具包可帮助个人、医护人员和机构完成各项生理指标的实时监测和远程健康管理。用于社区机构、公共场所的自助式智能健康检测设备，可支持用户随时随地自助完成健康状态的基础检测，帮助用户实现自我健康管理。

健康机器人提供各类智能健康服务。人工智能与机械自动化技术深度融合，健康机器人在用户生活中得到实际应用，包括满足个人和家庭家居作业、情感陪护、

娱乐休闲、残障辅助、安防监控等需求的智能服务机器人，为用户提供轻松愉快、舒适便利、健康安全的现代家庭生活。机器人通过视觉采集人体面像和舌像，借助机器手或手环采集脉搏，后台应用先进的计算机视觉、机器学习、人工智能和深度学习算法等技术，智能判读面像、舌像和脉搏数据，结合问诊信息，通过自动诊断模型推断健康状态，并提供相应的保健指导，包括饮食药膳、起居养生、穴位按压和音乐理疗等。

手术机器人应用于临床多个学科。基于手术机器人的人机协同临床智能诊疗方案将在各个临床学科得到广泛应用。手术机器人主要由控制台和操作臂组成，采用先进的触觉反馈和宽带远距离控制技术，机械臂的“内腕”可有效消除人手的颤抖，特有的三维立体成像系统能将手术视野放大 15 倍，大大提高了手术的精确性和平稳性。未来手术机器人将从个性化功能需求出发，细分领域，大到外科手术，小到简单的伤口缝合，有效降低传统手术的操作误差，实现人工智能医用机器人的智慧应用。

通过基因检测技术追本溯源，增进人类健康。基因测序可以从血液或唾液中分析测定基因全序列，以锁定个人病变基因，预测罹患多种疾病的可能性，并进行提前预防和治疗。基于人工智能的健康医疗临床和科研大数据将为基因芯片与测序技术在遗传性疾病诊断、癌症早期诊断和疾病预防检测方面的应用提供有利基础。开展大规模基因组识别、蛋白组学、代谢组学等研究和新药研发，并结合无线生物传感器获取的生命体征信息（如血压、心率、脑电波、体温等），成像设备（如 CT、MRI、超声等）获得的影像信息及传统医学数据，将有效推进精准医疗服务，从源头消除疾病因素，增进人类健康。

3 精细协同、科学合理的新一代行业管理体系建设

医疗卫生机构绩效的全方位数字化管理。全国医疗卫生机构接入统一的评价体系与绩效管理体系，借助信息化手段，对基本医疗及公共卫生业务进行全程、全

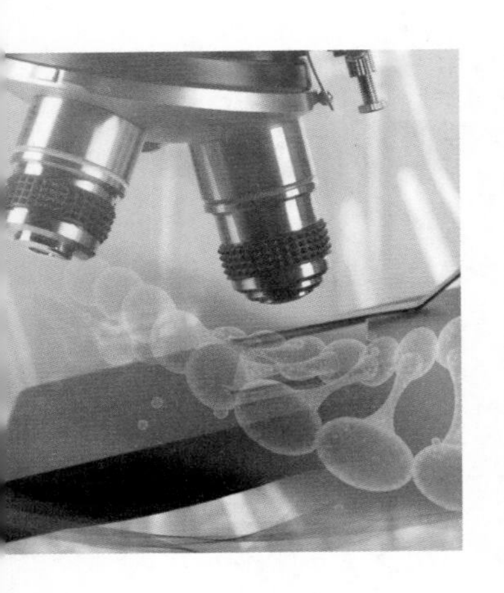

方位的数字化绩效管理，跟踪把握患者对各家医院的服务评估与建议意见，推动深化公立医院改革，实现精细化、有针对性的绩效方案管理、绩效实施、绩效改进、绩效考核、绩效分配、医疗改革指标监测等功能，激发医务人员的工作积极性，显著提高医疗卫生机构管理水平。

药品耗材的全供应链信息化实时监管。实现对药品耗材的全程监管，在药品研发、生产、流通、使用、不良反应等各个环节实现数字化监控管理。行业管理部门监测药品收入构成及变化趋势，综合分析医疗服务价格、医保支付、药品招标采购、药品使用等业务信息，助推医疗、医保、医药联动改革。患者、医疗机构及行业管理人员都可以通过药品耗材的全供应链监管平台，查询供应链上药品采购、价格执行、药品配送、存放等重点环节的药材信息。监管平台还可以实现实时监控与预警分析，实现药品使用、支付、报销等各个环节的实时监控和全过程管理，杜绝药品购销行业的不正之风，让民众安心用药，用优质药。

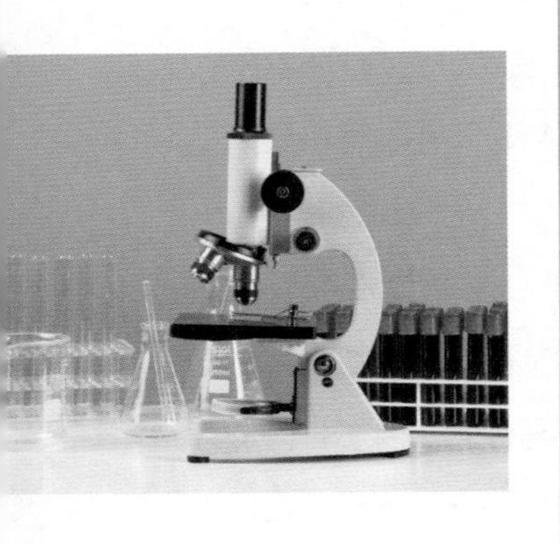

突发公共卫生事件的高效应急指挥。突发事件应急指挥平台对日常医疗救治业务数据、传染病常态数据和患者就诊数据进行监测和分析，借助人工智能、数据挖掘等算法技术，实现对各种公共卫生事件的预测、预警、监测及指挥、调度作用，将各类突发事件对公众的健康危害降到最低。突发事件应急指挥平台还能为政府提供全面的应急预警、处警功能，实现跨地区、跨部门及不同专业人员之间的统一指挥、协调，快速反应，信息共享，应急联动，辅助领导进行决策等。

第九节 智慧社区

随着计算机技术、现代通信技术和自动化控制技术迅速发展，智能建筑应运而生。智能建筑是现代建筑技术与高新技术相结合的产物。1984 年，美国康涅狄格州哈特福德市将一座旧式大楼改造，采用计算机对大楼的空调、电梯、照明、防盗等设备进行监测控制，为客户提供语言通信、文字处理、电子邮件和情报资料等信息服务，被称为世界上第一座智能大厦。次年，日本东京也建成一座智能大厦，从此智能大厦引起世界各国的关注。美国计算机与信息科学专家麦里森教授给出定义：智能大厦是一幢或一组大楼，其内部拥有居住、教育、医疗、娱乐等一切设施；大厦拥有内部的电信系统，为大厦居住人员提供广泛的计算机和电信服务，大厦还拥有供暖、通风、照明、保安消防、电梯控制和进入大厦的监控等子系统，从而为大厦内的居住人员建立一个更加富有创造性、更高的效率和更为安全舒适的环境。将智能大厦的概念延伸到现在居住的社区，就是智慧社区。

一、智慧社区发展现状

近年来，我国智慧城市建设风生水起，智慧社区是智慧城市的缩影，也是智慧城市的重要建设内容。智慧社区彰显了一种较现代的生活方式，因为受建设成本和消费水平影响较大，智慧社区的发展不均衡。沿海城市、直辖市和各省级中心城市发展较快，智慧社区主要集中在这些大城市的主要社区。

2011年上海市投资3000万元建设的首个智慧社区——浦东金桥碧云，实现了智能家庭终端、金桥碧云卡、社区信息门户网站、云计算中心四大基础项目。智能家庭终端（碧云大管家）具有公共服务信息查询、优惠信息显示、服务预订等功能。通过金桥碧云卡绑定商家或社区服务机构，可直接获得相关信息，直接进行相关费用缴纳，预定、享受个性化服务。社区信息门户网站是居民查看社区内各类信息的互联网窗口，主要功能与“碧云大管家”相对应。云计算中心是整个项目的“大脑”，因为所有子项目的数据都将通过云计算中心进行交换、处理、存储及查询。另外，浦东金桥碧云一期还实现了智能交通（运用红绿灯违章率监控管理系统）、智能环保（对现有垃圾桶进行改造）。智能停车场已完成试点工作，通过对停车场管理专利技术的应用，实现对社区内停车场的查找、停车位信息的查询等功能。

北京市西城区广安门内街道“智慧社区”社会服务管理平台是智慧社区的一个典型案例。一期建设内容包括智慧中心、智慧政务、智慧商务、智慧民生四大部分14个子系统。智慧中心记录了街道所有的人、地、物、事、组织，这些数据精确到了每个社区、每个单位、每个楼门，甚至每个井盖。智慧政务借助信息手段，对部门、科室、社区业务进行科学分类、梳理、规范，创新服务管理模式，提高服务管理的规范化、精细化水平，包括社区一站式服务系统、十千惠民系统、社区阳光经费管理系统、综治维稳系统、和谐指数评价系统等。智慧商务以服务企业为主旨，包括槐柏商圈网、楼宇直通车、惠民兴商一卡通、企业绿色通道等。智慧民生以辖区居民需求为导向，建设面向社区各类专项服务的典型应用，包括虚拟养老院、智能停车引导、全品牌数字家园、数字空竹博物馆等。

2015年首个微信智慧社区落地广东省广州市大型社区南国奥园，通过微信平台为业主提供整合化社区生活服务，极大地提升了服务满意度。深圳市龙岗区完成了龙城街道国家智慧社区建设试点申报工作，并初步完成推进智慧社区建设的工作方案，选取龙城街道尚景社区、横岗街道怡锦社区和坂田街道坂雪岗科技城开展智慧社区试点。在这些社区中，居民可以通过宽带网络和固定电话实现远程遥控开关家电、视频监控家居安全、自主控制电视节目等住宅智能化管理。此外，居民还可以通过 114 查号台和“信息家园”网站了解居家信息、订购所需商品。目前，约有 3 万家广州市企业加入了“信息家园”电子服务网络。

长虹社区是浙江省杭州市智慧社区运用的先进典范。智慧社区充分利用了有线网络覆盖广、带宽高、网络安全性强的特点，最大限度地发挥了广电网络的优势，搭建了一个政府、企业、社区（百姓）三方共赢的智能信息服务系统。未来，居民不仅能一键轻松搞定各种社区生活服务，还能通过 App 了解社区、街道办事流程，直接预约办事，实现智慧政务。“互联网 + 智慧社区”已“生根发芽”，并有可能在近几年风靡全国。

二、智慧社区未来应用场景畅想

智慧社区的主要构成是住宅与家庭，因此社区信息化应用始终围绕着居民日

常生活。在未来的智慧社区，智慧应用将渗透到居民生活的各个方面。未来，智慧社区将实现物联化、互联化、智能化的社区服务管理，通过物联网、传感网实现智能楼宇、智能家居、路网监控、智能医院、食品药品管理、票证管理、家庭护理、个人健康与数字生活等诸多领域创新应用，把传统社区概念中的居民聚居区逐渐演变为具有智慧功能的“信息综合体”。随着社会科技的不断发展，智能设备的大范围普及已经让我们的生活变得越来越智能，未来自动驾驶汽车、自动感应行人的交通信号灯、模块化房屋将成为现实，我们将进入智能生活。很多人对《钢铁侠》中身怀绝技的贾维斯（Jarvis）羡慕不已，也对《星球大战》中呆萌的机器人小伙伴BB-8感到惊奇。随着科技的飞快发展，我们有理由相信这些不会只是电影中的假象，终有一天我们也会拥有像电影中一样的机器人，我们也会在像电影那样的场景中生活。

1 完全智能和立体的公路交通

智慧社区的车辆管理系统统一管理辖区内的车辆停放，保持社区辖区内的道路、通道、电梯及扶梯等平面及垂直交通的畅通，还可以和市交管信息系统互通，对一些违章、被盗车辆进行及时处理。也许在不远的未来，社区内将禁止私人车辆，取而代之的是自动驾驶的公共汽车和冬天可以加热的自行车道，人们可以享受上车织毛衣、喝茶、聊天、看报纸的惬意生活。除了地面上的公路，交通系统还有包括电缆、水管、运货机器人行走的通道等，人们每天都可以看到通过地下管道运送货物的机器人在社区忙碌。

2 更加美好的绿色生态

生活环境将实现智慧管理。智慧社区安装环境监测设备，不仅可实施环境监测，显示社区环境状况，便于业主在社区内安排活动时间，同时可向市环保部门的环境监测系统提供数据。智慧社区的垃圾回收系统能够帮助清洁人员定时定点或接到智能垃圾箱报警后及时收集和清运垃圾，保持社区及周围环境干净、整洁。烟雾吸尘器还可以利用埋在地下的铜线圈产生静电场，吸引场内大颗粒分子，使静电场内上空的雾霾变得稀薄甚至消失。

3 安全便利的智慧门锁

很多人都碰到过这样的情况：下班兴致勃勃回到家门口，突然发现自己把钥匙落在公司了，或者有朋自远方来而自己却在公司加班，还要顶着烈日或冒着寒风去送钥匙。在未来，会有这样一个门锁，主人可通过指纹、密码、电子射频卡、机械钥匙或手机远程控制门锁。同时，智能锁上有身份认证，每次开启时都会通过手机进行反馈提醒。当然，智能锁遇到暴力强拆，可向手机或主人佩戴的智能设备进行报警并同时发出警报震慑，有效防止暴力入侵。这样，你就不需要再跑回公司拿钥匙，也不需要在恶劣天气下去送钥匙，仅仅通过远端操控就可以轻轻松松打开家门。当手提重物无法开门、门卡遗忘或丢失的时候，年龄大了记不住密码或看不清楚数字的时候，也可以通过人脸识别轻松开门。

4 高效智慧的健康管理

快节奏的都市生活让人们忽视了自身的健康。很多人由于工作压力大，没有时间和动力去医院排长队去做一次检查。未来，智慧社区里会建一个具有人工智能的健康管理会所，依靠云平台实时监测居民的健康需求。居民每天早晨路过社区内的健康会所，和站在门前的智能机器人说早安，智能机器人会自动对其全身进行扫描，检测身体健康状况，以便居民随时了解自己的身体情况，这样既不会耽误自己的工作，又省去了去医院排队的时间。同时，还可以派驻健康服务机器人进入社区家庭照顾老人。这种机器人不但可以提醒老人吃药，报告天气状况，帮老人订餐，陪老

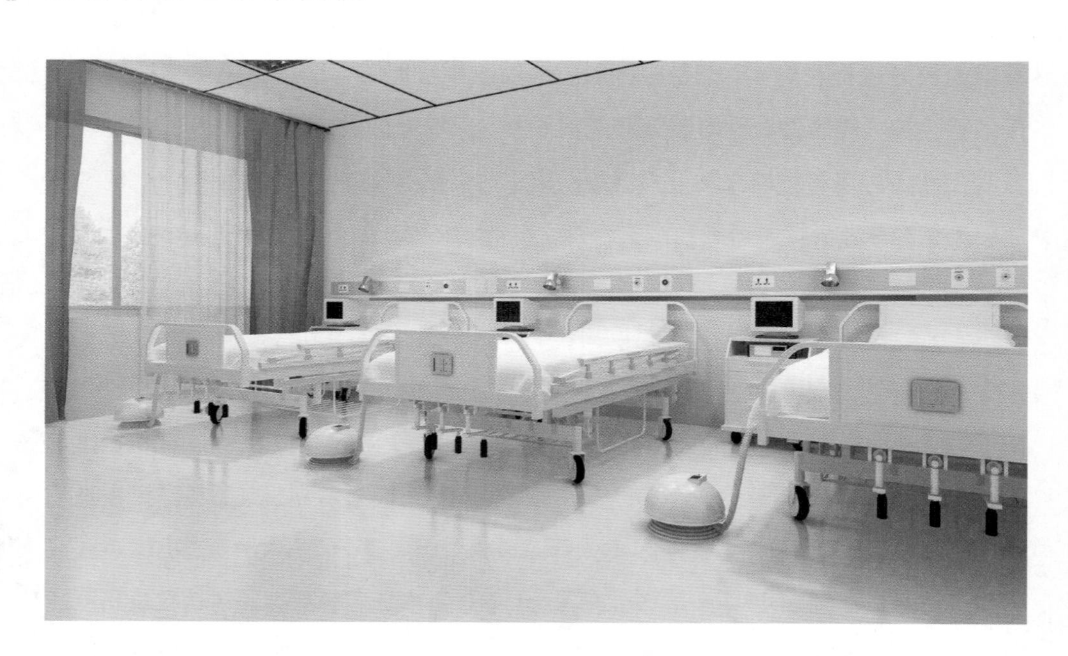

人说话，给老人唱歌跳舞解闷，当老人遇到紧急情况时，还可以帮助联系健康管理会所的紧急呼叫中心以获得救援。这种机器人可以和社区健康服务中心、诊所、物业等无缝对接，保证人们足不出户就可以得到医疗保健、紧急救援、心理疏导、商品配送等服务。

5 智慧便捷的社区支付

在不远的未来，将实现千人千面的金融贵宾服务。在万物互联的状态下，车辆可自动下单完成加油，冰箱可自己下单买菜，交易的主体发生变化，交易的介质也随之变化。未来不需要借助任何设备就可以支付，甚至用户没有现金也可以支付，如信用支付。支付的创新远没有到终止的阶段。社区居民缴纳物业费、水电费时，在便利店购买物品时，只需要结账时面对收银台 POS 机屏幕上的摄像头，支付系统自动扫描消费者面部，再将所得图像与数据库中存储的信息进行对比，等身份信息显示出来后，消费者点击显示屏上的“OK”确认即完成支付。

三、智慧社区未来发展展望

21世纪是知识经济时代，同时又是资源节约、生态文明可持续发展时代。运用已掌握的高新技术，探寻人类生存、生产和生活居住环境空间的可持续发展模式已成为建筑行业的发展趋势。当前智能化建筑利用的技术有建筑技术、计算机技术、网络通信技术、自动化技术。在21世纪的智能建筑（社区）领域里，信息网络技术、控制网络技术、智能卡技术、可视化技术、流动办公技术、家庭智能化技术、无线局域网技术、卫星通信技术、双向电视传输技术等，都将得到更加深入、广泛的应用，特别是开放性控制网络技术正在向标准化、广域化、可移植、可扩展和可交互操作的方向发展。正在尝试运用高新技术建设的智能型绿色建筑（社区）、智能型生态建筑（社区），既能满足当代人的需要，又不损害后代人持续发展的需要。

总之，可持续发展智能建筑技术可将人们在工作、居住、休息、交通、通信、管理、文化等各方面复杂的要求，在时间、空间中有机地结合起来，从而极大地提高人类的生存质量。同时，智慧社区的内涵也必将随着科技的进步不断变化发展。

第十节
智能家居

一、概念界定及最新进展

智能家居承载了人们追求更高品质生活的美好愿景，从比尔·盖茨耗资6300万美元打造的“世外桃源2.0”开始，一路走入万千寻常家庭。那么，到底什么是智能家居呢？智能家居是人类居住环境由电子化、自动化向智能化演进的最新形态。智能家居的概念早在1984年就已在美国出现，最初是以建筑设备信息化与整合化的智能建筑形态示人。随着移动互联网、物联网、人工智能、智能交互等新一代信息通信技术发展成果向家居领域融合渗透，智能家居的内涵也在逐步丰富。由于信息技术快速更迭，对于什么是智能家居至今尚未有一个完备的定义。智能家居有两层含义，一是指智慧化的居住环境，二是特指智能家居产品。前者包含后者。综合

当前对智能家居的主流认知，本书从居住环境角度定义智能家居，认为智能家居是以住宅及其延展（阳台 / 院落 / 车库等）为平台，利用物联网技术将家居生活有关的设施集成，构建高效的住宅设施与家庭日常事务的管理系统，提升家居安全性、便利性、舒适性、艺术性，并实现环保节能的居住环境。①②③由此可见，智能家居的本质是一套智能化的管理系统，根本目的是提升居住者的居住体验。

到底什么样的家居算是智能家居呢? 家居的“智能”与“非智能”之间尚没有明显的分界，一个家居系统是否“智能”可以从感知能力、计算能力和交互能力三个方面衡量。感知能力是实现“智能”的前提，包括对住宅内部、周边及更大范围环境的感知，以及对智能家居设备运转状态、动作、位置等的感知，借助感知能力实现物理家居环境向虚拟数字空间的映射。计算能力是处理所感知信息的能力，是实现“智能”的核心。计算载体可以为集中式的家庭中枢系统，也可以是分布于不同家居产品中相互协作的计算单元，还可以是外部的云计算服务。通过对收集到的数据信号的处理与运算，借助人工智能技术实现模式识别、自我学习及自主决策。交互能力是对“智能”决策结果的执行，包括设备与设备之间的交互及设备与人之间的交互两个方面。人机交互是双向的，由人到设备的交互接口形态既可以是传统的物理操控、红外遥控，也可以是智能手机、个人计算机等集成化远程遥控，还可以是体感控制、语音控制甚至是眼球控制、神经控制等新型控制形态；由设备到人的交互接口除借助家居产品本身状态改变来传递信息以外，还可借助 VR/AR、智能语音等新型交互技术来实现。

在智能家居系统中，智能家居产品是关键要素，也是“智能”实现的载体。目前，智能家居产品主要包括智能安防、智能控制、健康管理、娱乐影音、厨电单品五大类。

① 中国信息通信研究院．2016中国智能家居行业调研分析报告［R］．北京：2016.
② 中国信息通信研究院．2018中国智能家居产业发展白皮书［R］．北京：2018.
③ 郑改成．物联网时代：智能家居的诞生［J］．山西电子技术，2017（5）：94-96.

二、智能家居发展历程与方向

虽然智能家居在 20 世纪 80 年代就已经出现，但由于移动互联网、物联网还不成熟，宽带等基础设施也不完善，家居产品智能化仅停留在概念层面。随着信息通信技术不断推动智能家居形态的演进，智能家居逐渐走入千家万户，其发展主要经历了互联网时代、移动互联网时代和物联网大数据时代三个阶段。每一个新阶段的到来并非是对上一阶段的颠覆和摒弃，而是在整合已有技术应用成果的基础上，吸纳新技术，优化和升级服务形态，并不断催生新业态。

在互联网时代，智能家居的主要特点是家居产品联网与操控自动化。在这一时期，随着家庭固定宽带网络的普及，家用电器生产企业看到了商机，一批以“上网”为卖点的产品纷纷上市，如上网冰箱、上网洗衣机、上网电视、上网微波炉等。传统家用电器迅速由机械化、电气化向数字化、网联化转型，家居环境也逐步由封闭转向开放，信息边界被逐渐打破，信息流与物质流、能量流一起为家居环境注入了新的活力。然而，受用户需求挖掘深度不够、面向智能家居的互联网内容与服务发展相对落后等影响，家电“上网”逐步沦为营销噱头，未能实实在在地满足用户需求，

导致市场反响平平。传统的智能家居通过家庭中控系统或个人计算机操控家居设备。这种方式虽然能够满足基本的控制功能，但是还不够便捷。移动互联网和 3G/4G 网络的迅速发展为智能家居提供了更加可靠、便捷、灵活的平台。

在移动互联网与电商、金融、支付、媒介等融合创新的时代，智能硬件、软件层出不穷，使智能家居产品空间渗透范围更广，时间渗透更加碎片化，产品更加微型化，操作更加简单化，控制途径更加多样化、集约化和远程化。智能家居产品的设计思路、功能设置等受到智能手机开放生态系统的影响而更加灵活多元。瞄准了智能家居未来广阔的市场空间，一批互联网巨头企业纷纷入局。相较于传统家电企业，互联网企业以网络技术、数据管理和服务见长，为智能家居产业注入了新的活力。在这一阶段，智能陪护、家庭社交等基于音视频技术的智能家居产品与系统开始出现，智能插座、智能灯泡、家庭摄像头等一批基于无线通信的爆款智能单品成功打开了市场，智能家居开始真正走入大众生活。然而，此时的智能家居仍然面临产品体系不完善、通信标准不统一等问题，家居产品的远程控制功能并未真正让人们从家庭管理中解脱出来，反而深受其累。

在物联网大数据时代，人工智能技术开始在智能家居产品中大规模应用，使设备托管和家庭智慧化成为可能。在这一阶段，智能家居平台开始形成，不同平台之间围绕智能家居入口之争的用户数据之争进入白热化，数据驱动的个性化服务成为主要发展方向。人工智能代表了计算机工业的重大能力突破，为万物互联的“肌体”赋予了“灵魂”。借助大数据和深度学习技术，智能家居能够对物联网搜集的数据进行充分利用，不断形成新的知识，修正、淘汰落后的知识，使每一个设备都更懂每个用户。以智能音箱为代表的具备深度语音交互功能的产品开始出现，并实现了与其他家居产品的连接和操控，逐步成为智能家居的入口设备。智能家居应用场景更加丰富，工作模式更加多样化、精细化、动态化、个性化，智能家居迎来了多元发展的新时代。

从产业生态来看，智能家居产品发展经历了三个阶段：由最初的智能单品多点爆发，到生态平台的形成，目前正在向着打破相互独立的生态平台，实现跨平台互联互通的方向迈进（图 3-8）。从技术发展角度看，智能家居产品正由自动化、网联化迈向智能化阶段。近年来，智能家居在已有家居产品网联化、自动化的基础上，围绕一系列与人起居活动密切相关的应用场景形成智能化服务能力，不断拓展智能家居服务的边界，试图充分释放智能家居市场的巨大需求。

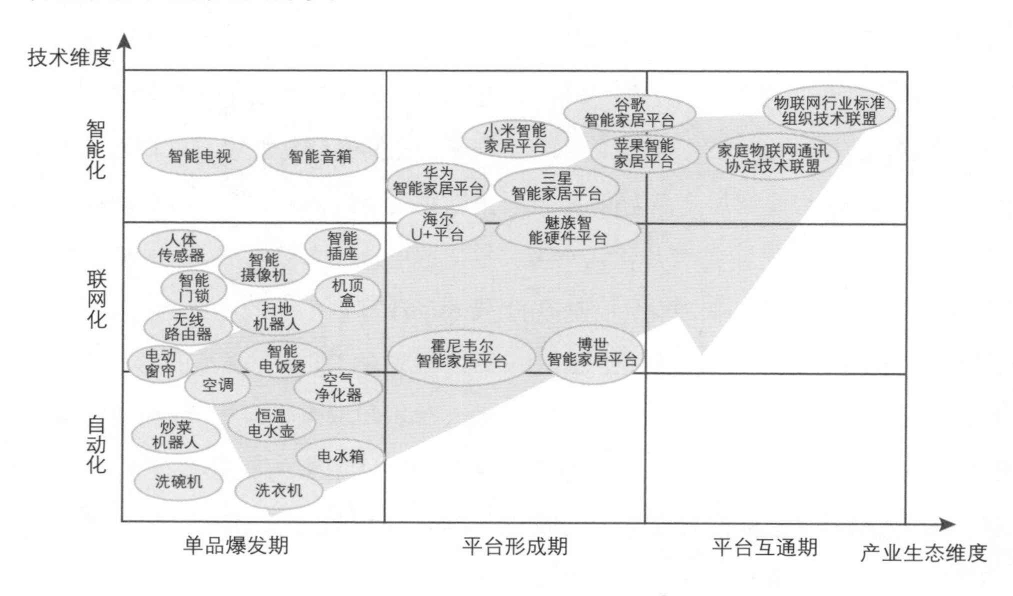

图3-8　智能家居产品发展趋势①

三、未来智能家居应用场景展望

1 智能家居与马斯洛需求层次理论

“以人为本”是智能家居的核心，各类智能家居应用场景的背后实为智能家居对人类家居生活不同层次追求的满足。根据马斯洛需求层次理论，人类需求从低

① 图中未穷举所有产品及平台，其相互位置关系仅供参考。

到高按层次可分为生理需求、安全需求、社交需求、尊重需求和自我实现需求。对智能家居而言，各类不同场景、功能的实现虽然不与人的某一特定需求层次精确对应，但也有内在关联性。从供给侧看，随着智能家居相关技术的进步、产业发展和市场成熟，智能家居将逐步由满足人的安全诉求、实用诉求与娱乐诉求，向着满足人类更高层次的情感诉求方向迈进。从需求侧看，随着生活水平的不断提升和消费结构的不断升级，人们对智能家居的功能要求也逐步由低层次的生理、安全层面的基本需求满足向着社交、尊重乃至自我实现层面的精神需求满足发展。而消费者所能切身感知到的智能家居的"智能"，很大程度上体现在产品功能所满足的需求层次的跃升。

2 未来智能家居典型应用情境

随着物联网、强人工智能、自然语言交互、VR/AR 等新一代信息通信技术走向成熟，智能家居必将迈入更高的发展阶段。届时，智能家居系统将不单是对零散产品的整合集成和系统优化，而是由一套管理系统演化而成的具备虚拟人格的"家庭成员"——智能家庭机器人，三维立体成像是她的身体，摄像头、红外感应器、速度传感器、位置传感器是她的眼睛，声音传感器是她的耳朵，燃气泄漏探测器、空气检测仪是她的鼻子，电视与音响是她的嘴巴，压敏传感器、振动传感器、热敏传感器、湿敏传感器是她的皮肤，她的手更是无处不在，操控着家居环境与各式各样的家用电器。她甚至有"第六感"，能够借助互联网感知千里之外发生的事情。她是如此全能，以至于我们很难在家庭生活中为她分配一个特定的角色：她既是保护家人安全的金牌保镖，又是打理工作与生活的私人助理，既是掌管家庭收支的超级管家，又是陪伴家人放松休闲的娱乐达人……而这一切将在不远的将来成为现实。科技的进步终将融入人们的生活，下面，让我们一起畅想那时的家居生活是怎样的一番情景吧！

(1) 更安全——让智能家居做你的金牌保镖

火灾报警、燃气泄漏检测、指纹门锁、远程视频安防监控等已成为智能安防系统的标配。随着深度学习算法在人脸识别、车牌识别、运动轨迹分析、行为模式分析中的应用，以及家居安防系统与公安、交管系统实现数据对接与险情联动，天网系统将有能力覆盖到社区的每一个角落，助力平安城市建设。应对抢劫、盗窃与拐卖等犯罪行为不再是亡羊补牢式的事后处理，而是借助人工智能技术实现犯罪动向的及时发现和事前预防。

智能安防系统保护的将不仅是有形的人身安全和物质财产安全，还要保护家庭、个人数据信息的安全。随着家庭无线网络、物联网的普及，用户数据的搜集变得更加容易。这些能够反映用户生活起居方方面面的私密数据极具商业价值，不可避免地成为网络犯罪的重要目标。未来，网络犯罪分子可通过物联网深入家居环境之中，通过恶意操控家居产品和设施达到定向攻击、数据窃取的目的，严重者甚

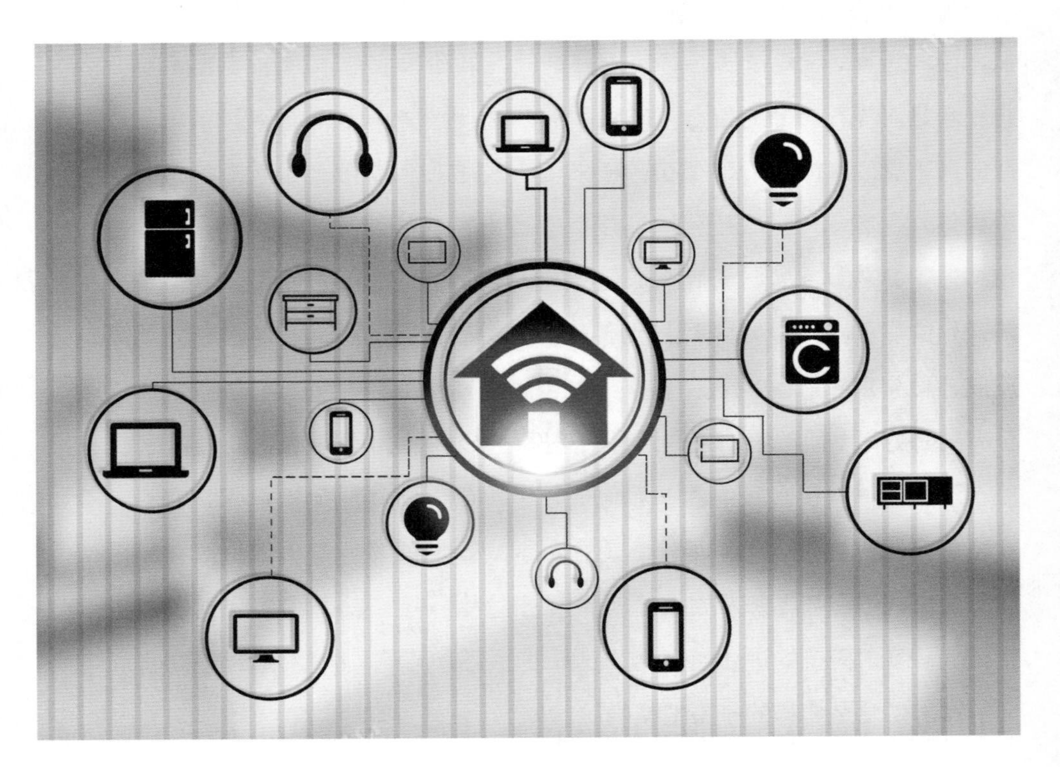

至会危及人身安全。智能安防系统的重要使命便是在虚拟和现实世界中化身为金牌保镖，与社区中的其他安防系统共筑安全城墙，通过系统间的数据共享和状态联动，有效降低大规模网络攻击和连续型作案犯罪风险。

（2）更便捷——让智能家居做你的私人助理

未来，远程办公将逐渐成为常态，这在减轻交通系统压力、减少企业创建 / 运营成本的同时，也为私人助理产品创造了广阔的市场空间。如何实现异地办公环境下的信息 / 任务协同？如何在相同的物理空间中有效分割工作与生活？如何在休闲时间与工作时间之间求取平衡？这些都将依靠私人助理系统来实现。

当前，苹果公司的语音助手（Siri）、微软的小娜、谷歌的智能助理（Google Assistant）、脸书（Facebook）的虚拟助手 M 等人工智能助手正在日程管理、内容搜索、多轮对话、社交辅助等方面锐意进取，但距离电影《钢铁侠》中贾维斯那样的高度智能化的超级助理仍然相去甚远。随着深度学习等一系列人工智能技术的不断进步，高度智能化的超级助理将一步步走入大众生活。在私人助理的辅助下，你的工作生活将发生深刻变化。

工作更加高效，将最宝贵的精力用在最重要的工作上。私人助理一方面将不断学习用户在一天当中精力、注意力乃至心情的起伏变化，另一方面将接收到的各类工作任务并按照轻重缓急进行科学划分，进而将合适的工作任务在合适的时间主动推送给处于合适工作状态的人，从而实现用户自身感受最优化和工作产出最大化之间的平衡，带来全新的工作体验。

公私更加分明，把休息的时间完全留给自己和家人。随着全球化的不断推进，跨国公司的任务协同面临时差的挑战。在用户休息时间，私人助理将充当协调员的角色，与公司的任务调度系统保持实时沟通，确保工作安排不过量、紧急任务不遗漏，再也不必担心居家办公变成 24 小时工作制的了。

空间更加节约，让舒适的家居环境与高效的工作环境合二为一。在高速泛在的家庭高带宽容量通信基础设施的支撑下，借助 VR 技术，可以打造虚拟的办公场景。借助语音交互、手势操控、眼球追踪等先进交互技术，可极大地简化办公基础设施

和所占用家庭空间，不再需要在家中隔出单独的书房，甚至不再需要专门准备一块屏幕、一张办公桌，墙面、桌面乃至眼前的一小片可用空间都可以成为办公区域，家居空间能够得到最大限度的复用。

（3）更节约——让智能家居做你的超级管家

家居能耗管理系统将更加智能。通过精细化管理家居照明、采暖、供水等，在提升居住体验的同时实现节能环保，构建绿色家居环境。

智能照明系统将在解读住户意图的基础上提供最佳照明环境。智能照明系统可根据室外光照条件与住户起居状态、照明偏好，通过协调联动遮阳系统与照明系统，借助开合窗帘、调节灯光明暗等方式自行调整室内光照强度及光照区域。此外，还可根据用户情绪、行为变化自行调节光照色调，为用户营造最适宜的光照环境。随着该系统对住户作息规律和不同行为模式下灯光使用习惯的不断学习和自我训练，室内照明将日趋自动化和智能化，使住户从烦琐的照明控制中解脱出来；同时，由于充分借助自然光和减少无意义照明，照明系统的能耗将大大降低。

资源能耗管理系统将从供给与需求两方面实现家居绿色化和可持续发展。需求侧，围绕住户需求对家居电器、照明、采暖、供水系统进行精准控制，显著降低家居功能所需的资源能耗；供给侧，综合调配置于外墙、门窗、屋顶、地基等建筑结构上的风能、太阳能、地热能储能模块和雨水收集系统，最大限度降低外来能源输入需求，实现电能自给自足及家庭用水循环重复利用。当前，已有办公大楼、大型场馆、酒店等大型建筑应用了智能建筑系统，但受建造成本、运营成本因素制约，尚不能够在普通家庭中普及。相信随着智能制造技术的不断创新和人工智能系统的普适化应用，资源能耗管理系统将成为智能家居的基本配置。

(4) 更多彩——让智能家居做你的亲密玩伴

智能家庭娱乐系统将向着立体化、社交化、强交互方向发展，带给用户沉浸式的娱乐体验。

得益于 VR 技术的应用，3D 游戏资源内容将极大丰富。

VR 电影将为电影产业带来巨大变革。在传统电影中观众只能看到导演预设好的视角和画面，而在 VR 电影中观众可以自主选择观看内容和视角，电影故事细节将更加丰富，多支线剧情、动态交互式剧情将极大提升电影的观赏性、趣味性。兼顾观影的娱乐性体验和电影故事表达的流畅性将成为全新的研究课题。

儿童 VR 玩具将重新定义孩子们的游戏和学习方式，形成全新的内容生产市场。虚拟养成游戏可培养孩子的责任心，学会尊重生命；绘画辅助游戏可增强孩子学习绘画的信心，更好地发挥创造力；器乐学习辅助游戏可让枯燥的练习过程趣味化，帮助孩子尽快体验到掌握乐器的快乐；趣味编程游戏可培养孩子的简单计算能力和逻辑思维能力……玩具虚拟化不仅充分释放了开发者的创新能力，提供更加丰富多元的儿童教育手段，还可显著降低实体玩具生产带来的资源消耗和废弃玩具带来的垃圾污染。

目前，我们还很难准确预言未来科技所能达到的高度，仅能用美好的愿景照亮科技进步的方向。相信在不远的未来，智能家居将会真正步入我们的生活。

第十一节 智慧环保

根据世界能源理事会（WEC）报告“高增长”图景的预测，到2050年，化石能源的总体份额将下降至76.6%，天然气、石油、煤炭3种化石能源份额均为25%左右。其中，天然气份额最高，为26.6%；石油最低，为24.6%；煤炭居中，为25.4%。非化石能源中，可再生能源（包括生物质能11%，水能2.4%），可再生能源的份额将上升至19.2%。从我国能源结构现状及未来经济增长的宏观预期来看，我国未来依然将面临较大的生态保护压力，生态保护要求和控制将更为严格。

到2049年，加强绿色生态保护成为全球各国实现可持续发展的普遍需求。由于我国国家层面持续强化绿色生态保护法律法规制度与政策导向，促进信息技术在生态保护领域的广泛应用，推动绿色节能环保产业和新能源产业快速发展，在环境保护、节能减排、应对气候变化等方面，基于人工智能、移动物联网、大数据等新兴技术的智慧创新应用层出不穷，深刻影响着现有的生态环境保护模式和生产生活方式。在绿色能源投资、生产、消费、出口及新能源技术创新和装备制造等关键领域，中国将成为引领全球变革的主导力量。从具体领域来看，未来的智慧生态保护将对能源生产、节能减排、生态资源保护、绿色消费与生活等几个方面产生深刻影响。

一、优化能源结构

信息技术将催生绿色能源强势增长，优化我国能源结构。从总体能源结构来看，到 2049 年前后，我国一次能源消费结构将呈现清洁、低碳化特征。清洁能源（天然气和非化石能源）将在 2030 年后逐步替代煤炭，2045 年前后占比超过 50%，到 2050 年，清洁能源将占我国能源总供给量的 1/3 左右。[①]从清洁能源具体生产领域来看，2049 年太阳能发电、风力发电将实现大规模并网发电，对传统能源的替代效应逐步显现。在太阳能发电领域，得益于新材料、智能控制等技术的规模化推广与应用，太阳能电池的光电转换效率和储能效率大大提高，太阳能组件实现自清洁，组件分布和朝向实现实时自动配置，确保太阳能电站具有稳定、高效的电能输出。在风力发电领域，基于物联网技术的远程监测、远程控制、远程维护为风力发电规模化发展提供了有力支撑，在显著降低风力发电站维护检修成本的同

① 中国石油经济技术研究院．2050年世界与中国能源展望（2017版）［R］．北京：2018.

时，大大提高了风力发电实时输出功率的稳定性。海上风力发电厂规模快速扩大，成为我国东南沿海地区不可或缺的电力来源。在清洁能源并网领域，智能电网技术取得较大突破，传感、通信、自动控制技术为我国骨干电网提供了自我管理与恢复能力和高兼容性能，实现了多元化清洁能源无缝并网、即插即用、实时互动和协调运行，并且能够结合我国不同地区用电习惯及周期性特征，智能化调度管理清洁能源并网规模，充分满足我国各地区各行业和居民对能源的需求。

二、提升能源利用效率

信息技术创新用能模式，提升能源利用效率，降低污染物排放。到 2049 年，我国大型装备制造、金属冶炼、电子产品加工等高能耗、高排放工业行业的绝大多数企业将全面普及智能制造管理体系。在产品设计环节，能够在线模拟生产过程，按照产品全生命周期特征和要求，科学制订生产计划，实时调整和动态优化资源配置，最大限度地降低和消除对自然环境的负面影响。此外，通过采用新的制造工艺，简化加工流程，减少加工工序，实现生产废料最少化，减少产品生产过程中的污染物排放。构建生产循环系统，对工业生产中间环节产生的废弃物进行回收再利用，对最终废弃物进行分解处理，实现少废或无废生产。在农业领域，基于农业物联网的规模化农场经营将成为我国中西部地区农业产业主导模式，基于农业自动化设备和农业物联网，实现农场高度自动化经营。土地含水率、墒情、病虫害等信息被实时上传至农场管理平台，农场主根据反馈信息远程启动农场滴灌、精准施肥、无人机除虫等管理手段，农田产出率显著提升，因农药化肥过度使用导致的土地污染、水体污染、农药残留等事故得到有效遏制，永久基本农田质量稳步提升。

三、助力环保监测

智慧环保助力实现生态资源保护可视、可感、可控。到 2049 年，利用移动物联网、卫星遥感、生物标志等技术，实现环保监测网络覆盖我国所有的河流湖泊、大气、土壤、海洋、湿地、森林等生态资源，实时监控各类生态资源环境质量。基于监测数据的实时统计和大数据分析，建立横向到边、纵向到底的生态环境预警响应体系，帮助我国各级政府掌握生态资源质量状况，准确定位污染物来源，研判产生过程、迁移态势和转化机制，通过与城市应急体系联动，确保第一时间启动突发污染事故治理方案，把生态污染事故的风险及不良后果降到最低。与此同时，基于人工智能，完成重大污染事故可能对人群健康造成的影响的评估分析，并提出针对性的决策或建议。民众可通过移动智能终端、智能可穿戴设备等多个渠道随时接入政府数据开放平台，了解政府为生态资源保护所做出的各种努力和举措，查询了解各类生态资源监控情况和突发污染事故处理情况，为区域生态资源保护建言献策，实现生态资源监测和执法高效、准确，处理或决策公开、透明。

四、构建绿色生活

智慧环保助力构建绿色健康生活新模式。到 2049 年，新一代信息技术将全面渗透到人们日常生活的方方面面，为人们的社会活动绿色化转型提供关键技术支撑，使交通出行、城市住房、公共照明、物流服务等领域变得更加绿色节能。

在交通领域，随着新能源产业的规模化发展，城市交通循环系统将基本完成清洁能源替代，汽车燃料以电力能源、天然气为主，城市交通造成的污染大大减少。城市路网规划和停车场配套设施持续优化，共享单车、共享汽车和立体式停车场得到快速发展，城市机动车辆保有量显著下降。基于互联网交通出行服务平台和完善的安全保障体系，“顺风车”模式快速普及，人们可以随时随地发布交通出行计划并自动完成在线匹配，客运交通空驶率大幅降低。与之类似，基于互联网平台的交通物流多式联运成为城市内部物流微循环的主导模式。行人、单车、私家车都将成为多式联运的最末端，都能够随时随地接入互联网平台，发布和接收短途物流配送任务，以信息互联互通带动城市内部物流运输效率的大幅提升。

在建筑领域，建筑形式突破传统构建理念，集约、绿色、低碳等生态文明新理念成为建筑行业发展的重要标签，计算机技术、通信技术、控制技术、图像显示技术、综合布线技术、监控技术、智能卡技术等全面融入城市公共建筑、民用住宅的设计思路之中。在政府大楼、图书馆、展览馆、科技馆等城市公共建筑内部，能够基于人员密度和个体状态实现温度、湿度、照明、监控、无线网络覆盖等的自动控制，

在人员密度较大、状态活跃的区域，自动调整温度、湿度和含氧量，提供最舒适的环境。在人员离开之后，能够自动调节空间温度、照明，降低公共建筑能耗水平。绿植外墙、雨水收集、太阳能发电等成为公共建筑、商务楼宇的标配，为城市补充绿地、水、电力资源，优化城市空气质量的同时降低楼宇采暖、制冷能耗。

在资源回收利用领域，未来互联网将大幅提升各类社会消费品从废弃到循环利用的流通效率，提高废弃物分类回收、分类利用的管理效率，缩短社会产品从消费到再生产的循环周期和降低回收成本。随着节能减排、绿色环保生活理念深入人心，未来基于“互联网服务平台＋线下实体回收点＋加工厂”的新回收模式将成为城市资源回收再利用领域的主导模式，回收体系覆盖面更广，涵盖品类更全，显著缩小社会总体的生产资源消耗规模。人们生活中产生的废弃物品，如衣物、手机、计算机、可穿戴设备、家具、家电等，都能够通过线下废品回收门店实现估价回收，或者由回收公司上门估价回收，再通过功能强大的加工厂，实现废品拆解和资源回收再利用。可直接利用的二手物品能够直接通过受政府监管的可信第三方平台，流入二手市场或捐赠给需要的对象。受益于完善的监管体系和发达的信息网络，回收和捐赠流程将更加公开透明，确保资源物尽其用，充分提高不可再生资源的重复利用率，促进社会可持续发展。

在城市环境卫生管理领域，自动垃圾回收系统在部分城市优先得

到试点推广。遍布街头的分类回收垃圾桶实现电子化远程控制，使垃圾桶与地下垃圾回收管网相通，每个垃圾桶能够自动判断垃圾填充情况并根据情况打开底部阀门，让垃圾进入地下回收管道，并被输送至垃圾处理站，完成分类回收、循环利用。在部分地下管网建设成本较高的城市，垃圾箱监控系统将得到普及。采用低功耗广域网技术，为城市中的所有垃圾箱统一配备超声波传感器，通过物联网实时回传垃圾箱填充状态，回收系统综合反馈数据规划最优化环卫车辆运行线路并实时调度周边环卫车进行及时清理，减少环卫车辆空驶情况，节省城市环卫系统运营成本。

在城市公共照明领域，智能照明将成为城市智慧化发展的标志之一。城市公共区域照明系统将能够通过物联网技术和分布式自动控制系统，实现基于人流、车流量及自然光强度等的照明亮度自动控制，公共道路能够自动感知马路的行人、车辆运动轨迹并自动优化道路公共照明点位分布，调节照明亮度，提高城市公共照明能源利用率。部分城市启动和推广道路发电系统、道路慢行系统，行车路段被改造为按压式发电道路，将行人、车辆通过产生的压力转化为电能；部分公园、停车场等开阔区域被改造为太阳能发电场，地面由低成本、高强度的太阳能面板组成，为公共照明系统、停车计费系统、电动汽车等提供额外的电力储备，为智慧交通车辆定位、导航、通信等其他智慧化应用提供无线充电服务。

第十二节 智慧安防

安防是以计算机、多媒体、网络通信、自动控制、电子仪表、传感、机电一体化等技术为基础，将人防、物防、技防紧密相结合形成的一套完整的安全防护体系，从而有效保障人们的日常生活和社会生产管理可持续运转。安防应用范围非常广泛，包括住宅小区、智能建筑、监狱、政府机构、学校、道路交通、商场超市、机场、海关、核电站等。安防行业是适应现代社会安全需求而产生和发展起来的。只要社会上还有犯罪和不安定因素存在，安防行业就会存在并发展。

20 世纪 60 年代，安防行业在美国等发达国家兴起。中国改革开放以前，因经济和技术发展水平不高，安防主要以人防为主，相关技术与产品几乎还是空白。改革开放以后，我国逐步成为世界制造业中心，港澳台及外资安防产品制造企业逐渐向国内转移，我国安防行业在沿海经济发达地区悄然兴起。处在改革开放前沿的深圳市，依托本地先进的电子科技优势和得天独厚的地理位置，逐渐发展成为全国安防产品的重要基地。

随着国外高新技术的逐步引进和自主开发能力的提升，我国安防行业呈现出快速发展态势。安防应用领域不断扩大，金融、公安、智能建筑、新型社区等领域对监控的需求正在急剧升温，并呈现出多样化发展态势，市场细分趋于明显。安防专业化服务开始起步；安防产品种类不断丰富，发展到了视频监控、出入口控制、入侵报警、防爆安检等十几个大类，数千个品种；闭路监控发展迅猛，年增长率约为 30%。与此同时，国内安防产品生产制造企业也获得了持续快速发展，已经涌现出一批现代化安防产品生产制造基地。

进入21世纪，安防行业又有了进一步的发展。2010年以来，随着我国城市化进程的不断加快，与安防行业密切相关的平安城市、智能化交通建设等政策先后出台，公众安防意识不断增强，使得中国安防行业保持着良好的增长势头。智能建筑、智能社区建设异军突起，以及高科技电子产品、全数字网络产品的大量涌现，促进了安防产品市场的蓬勃发展。目前，我国安防行业已成为集产品开发、生产、销售、工程与系统集成为一体的国民经济朝阳行业，受到国家及社会各界的广泛关注。安防已成为构建社会治安防控体系，维护社会稳定，全面建设小康社会、和谐社会的重要内容。

一、安防行业发展现状

近年来，全球安防行业呈现快速发展态势。2015年，全球安防行业总收入2182亿美元，同比增长8.4%。安防设备市场总值达272.5亿美元，视频监控领域以总销售额150亿美元占据54%的市场份额，门禁系统与防盗报警分别以61.3亿美元和64亿美元占据22.5%和23.5%的市场份额。2017年，全球安防行业总收入2570亿美元，安防设备市场总值达300亿美元。预计到2022年，全球安防市场年收入将达到3526亿美元。

美国：美国安防服务行业高速发展，市场规模约占全球市场的30%，2018年总收入达到952亿美元，促进增长的主要推动力来自政府和民众面对的安全威胁。从就业角度来看，2011—2015年美国安保人员达到85.78万人，复合年增长率达到2%；2020年，总从业人数约为88.36万人。另外，与欧洲国家形成鲜明对比的是，美国安防行业收入主要集中在信息技术安防方面，2015 年收入达到 510 亿美元，占比为 66.2%；而实体安防收入 260 亿美元，占比为 33.8%。总体来看，美国安防行业未来将持续保持增长态势，但 2017—2022 年均复合增长率将维持在 6% 左右，增速趋缓。预计 2022 年行业收入将达到 1220 亿美元。

英国：英国是全球安防设备安装和使用普及率最高的国家之一。近年来，受到英国经济增速放缓和需求减弱的影响，英国安防服务行业增长速度普遍低于行业平均水平。在过去的 5 年中，英国安防行业维持稳定且适度的发展态势。2015 年，英国安防服务行业总收入约为 108 亿美元。其中，实体安防收入达到 56 亿美元，占比为 51.9%，信息技术安防收入为 52 亿美元，占比为 48.1%。受到设备更新换代、政府财政缩减导致雇用私人安保机构从事公共服务等因素的影响，未来英国安防行业将呈现加速发展趋势，2020 年总收入约为 135 亿美元。

德国：德国安防服务行业近 5 年来取得较快发展。2015 年，德国安防服务行业总收入达 243 亿美元，实现年复合增长率 9.5%。德国电子安全系统产品由三大部分组成：一是火灾报警系统设备，主要是指排烟散热装置和烟气报警器等，约占销售总额的 40%；二是入室偷盗和突发事故报警装置，如户外报警传感器等，约占销售总额的 28%；三是出入口监控与管理系统，如电子门锁、海关与边防安检设备、闭路电视监控装置和生物路径识别系统，约占销售总额的 9%。近几年，德国安防行业发展相对平稳，年产值保持在 400 亿欧元，在欧洲占有很大份额。

中国：近年来，我国安防行业呈现快速发展趋势，行业增速保持在 13%，高于全球。2017 年我国安防行业市场规模达到 5960 亿元，预计 2023 年市场规模有望达到 11176 亿元。

从构成来看，2016 年我国安防行业总收入为 5400 亿元，较 2010 年增长 66.7%，年平均增长率 13.6%。其中，安防产品收入约为 1900 亿元，安防工程市场收入约为 2500 亿元，运营服务及其他收入约为 400

亿元。在安防产品中，视频监控市场占比最大，达到安防产品市场份额的一半，其次为实体防护、出入口控制、防盗报警、安检排爆等市场。

从应用领域来看，安防产品多应用于平安城市工程、金融行业和智能交通，占比分别为18%、16%和15%，占据整个应用市场的将近一半。此外，安防产品还广泛应用在工厂/园区、楼宇/物业、教育/学校、商场/零售业等多个领域（图3-9）。

从安防企业来看，截至2016年，我国各类安防企业约为2.3万家，从业人数约160万人。其中，安防工程类企业约1.1万家，占比为47.8%；安防产品类企业近1万家，占比为43.5%；运

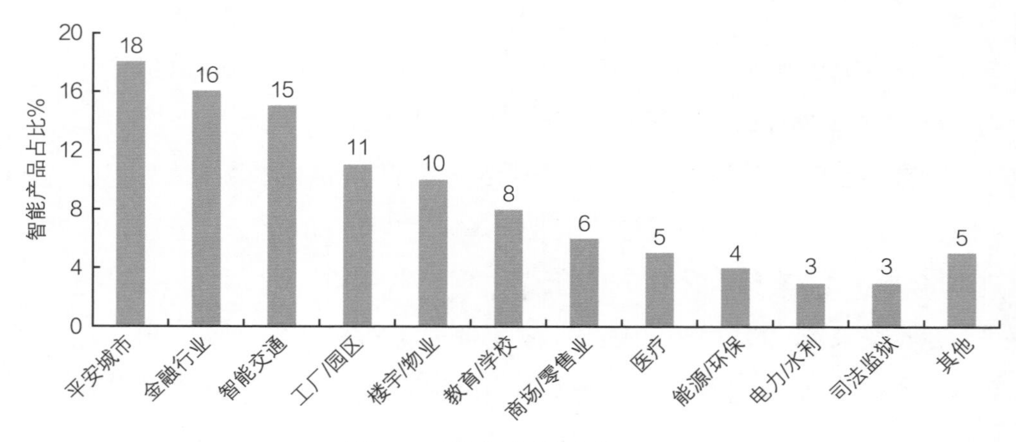

图3-9　安防应用领域分布

营和其他类企业近2000家，占比为8.7%。近3年各类企业的所占比例变化呈现出一定规律，安防产品类企业占比呈逐年下滑趋势，而安防工程类企业和运营服务类企业占比小幅增加。

从区域发展情况来看，目前我国基本形成了珠江三角洲、长江三角洲、环渤海地区三大安防产业集群格局。这些地区的安防企业集中，产业链完整，具有较大的生产规模和完善的产品配套能力。其中，以深圳为中心的珠江三角洲地区已成为我国规模最大、发展速度最快、产品数量最多、种类最齐全的安防高新产业密集区。此外，福建省及湖北省武汉市、四川省成都市等依托电子信息产业基础优势，也形成了一定的安防产业规模。

二、存在的问题

虽然中国安防行业发展迅速，但依然存在结构不够合理，层次水平较低，企业规模偏小，经营管理方式较为落后，科技自主创新能力弱，部分关键技术产品依赖进口，行业管理较为薄弱，市场秩序不够规范等问题。

从应用来看，我国安防系统目前主要存在以下几个问题。

安防各子系统相互独立、缺乏联动。随着社会的发展和人民生活水平的提高，人们已不再满足于仅仅建设独立的视频监控、门禁控制和防范报警系统，如何将这些系统完美地融合在一起，高效发挥预警联防的作用，成为新的关注点。

安防系统缺乏统一的标准。构建强大的安防系统集成平台存在很大的困难，导致这一问题最根本的原因就是标准不统一，包括设备接口和安防集成平台的开发，都缺乏一个统一的标准作指导。

用户市场存在后端应用深化、智能化提升的需求。随着视频监控规模的扩张，海量视频数据将严重制约客户针对特定事件的响应速度及处理效率，同时也造成视频大数据资源的浪费。在一些重要区域和行业，亟须利用大数据技术开展智能分析，建设与视频监控系统联动的应急防御指挥系统，解决治安、防灾等问题，实现“被动查询”到“主动防护”的根本性转变。

安防系统可扩展性较差。前期视频监控注重前端基础设备布设，存在数据“烟囱”、扩展性差等问题。随着平安城市建设规模的逐步扩大，以及视频监控资源联网需求的日益提升，为满足视频监控资源互通性、可扩展性的基本要求，以及对平台的稳定性、开放性、存储性能的更高要求，后端架构亟须更新。

同质化竞争现象日趋明显。前期项目建设未考虑不同行业客户多样化的业务需求，业务的增值性较差；同时没有利用智能化的技术手段帮助客户实现应用服务升级，从而出现同质化解决方案与多样化客户需求之间的矛盾。

三、安防行业发展趋势

1 各类新兴技术研究和应用加快成熟

生物识别技术。主要包括指纹识别、语音识别、人脸识别、虹膜识别等。指纹识别占生物识别技术的份额最高，但整体呈下降趋势，语音识别、人脸识别、虹膜识别则增长迅速。专家预计，虹膜识别技术的市场规模将会以每年 28.6% 的速度增长，主要原因是虹膜识别具有非常高的精度。从应用领域上看，生物识别技术应用最广泛的领域是交通运输、物流和边境检查。不过银行和金融系统也在积极部署生物识别解决方案，并且将成为生物识别技术市场增长最快的领域。未来应用生物识别技术的领域还包括公共部门、国防、消费电子产品、医疗保健、财产保护、商业安全及零售业、酒店、汽车，甚至是计算机游戏等。

智能视频监控技术。20 世纪末以来，随着计算机视觉技术的发展，智能视频监控技术得到广泛的关注，并随着安全日益受到重视，成为当前的研究热点。其功能主要集中在运动目标检测、周界入侵防范、目标识别、车辆检测、人流统计、人脸检测等方面。智能视频监控技术，能够显著提高监控效率，降低监控成本，可以广泛应用于公共安全监控、工业现场监控、居民小区监控、交通状态监控等各种监控场景中，发挥犯罪预防、交通管制、意外防范和老幼病残监护等作用。今后智能安防的解决方案还要继续解决海量视频数据分析、存储管理及传输问题，将智能视频分析技术、云计算及云存储技术结合起来，构建智慧城市的大安防体系。

车辆识别技术。随着各监控网络的连通与数据共享，原始的依靠人力的监控手段已无法应付海量增长的监控视频数据。新的交通视频监控系统应运而生。车辆的特征检测与识别是交通视频监控系统中非常重要的内容，车辆识别技术可以帮助交通视频监控系统实现很多功能，如特定车辆的查找与追踪等。基于计算机视觉技术，通过图像识别、视频检测来识别车牌的方法运用最多、最为成熟。这种方法利用监控摄像头对车辆进行拍照，并采用相应的车牌识别技术对车牌信息进行识别，再将识别到的车牌号码送到车牌数据库中去检索，从而找到与此车牌号相对应的车辆的相关信息。

行为识别技术。传统的视频监控主要是靠人对摄像头捕获的信息进行观测，靠肉眼识别视频中的异常行为。然而面对庞大的摄像头网络和海量的视频数据，单

靠人力已经无法完成行为识别。基于计算机视觉技术的智能视频监控系统应运而生。通过行为识别技术，监控系统可以实时判断公共区域中行人、车辆等目标的状态变化，自动识别其中的异常行为，从而实现对威胁公共安全的行为进行预警和主动防御。相较于静态图像中的物体识别研究，行为识别的主要内容是分析视频中人的行为，更加关注目标在图像序列中的时空运动变化。行为识别目前已成为计算机视觉研究中的热点。

2 安防智能化、平台化趋势逐渐增强

安防产品智能化使安防从过去简单的安全防护系统向城市综合化管理体系转变。现在的城市安防项目涵盖众多的领域，如社区、道路、楼宇建筑监控，机动车辆、移动物体监测等。智能化监控系统主要是通过无线移动、跟踪定位等技术手段对城市实施全方位的防护，兼顾城市管理系统、交通管理系统、应急指挥系统等众多管理体系的需要，给人们的安全生活带来保证。

当前，智慧城市的建设重心已经从前端的摄像头等硬件设备向后端的联网平台转移。未来云平台将成为安防企业竞争的核心。多家企业已开始布局安防云平台，通过云平台可以引申出一系列配套的产品、服务和解决方案。未来平台建设能力较强的企业可将平台免费提供给用户使用，这将大大增加用户的使用黏性。

3 安防行业加快向运营服务转型升级

目前，我国的安防行业主要包括安防产品与设备、安防工程与安防运营服务三大类，其中安防工程、安防产品和设备占 90% 以上的市场份额，而运营服务仅占 7% 的市场份额。安防产品和设备市场已趋红海，体现在业内龙头企业价格战日趋明显，导致产品毛利呈现下滑态势，只卖硬件将难以生存。对比国外市场，我国安防运营服务占比明显偏低，市场发展步伐相对缓慢，将成为安防企业未来布局的

重点。安防运营服务是安防行业的重中之重，是全球安防行业未来发展的趋势。在技术升级、产品同质化和成本降低的背景下，产品和设备市场的利润空间逐渐被压缩，硬件提供商（卖设备）——系统集成商（卖解决方案）——运营服务商（卖服务）已成为主流发展路径。

4 智慧安防将推动智慧城市和智慧社区建设

智慧城市建设的关键是信息化建设，发展智慧城市，必须要解决信息“孤岛”、信息安全的问题。将信息化建设与智能安防、科技安防融合，利用互联网等新一代信息技术推动安防行业的多元化发展，同时也利用智能安防技术、设备为信息化建设提供坚实基础和有力保障，为智慧城市的建设保驾护航。

如今，智慧社区建设的理念逐渐得到人们的认可和青睐，智慧社区建设方兴未艾。要建设智慧社区，必须先对基础设施进行改造升级，这势必会带来巨大的商机和市场机会。智能安防、科技安防可通过可视对讲、视频监控、报警、门禁、停车场、梯控等智能安防措施和科技安防技术等，构建出诸多智能生活场景，从而保障居民日常生活的便利性、参与性和安全性，因此智能安防、科技安防是智慧社区建设的重要内容。

四、未来展望

随着物联网、大数据、云计算、VR/AR 等新一代信息技术及无人机、机器人等不断被引入安防服务中，基于人工智能的安防创新应用将不断涌现，安防产品和系统将变得更加立体化、网络化、智能化，全球安防行业将进入智慧安防的发展新阶段。

未来，人工智能将在安防领域开辟新的蓝海，在公共安全、政府、交通、金融、

楼宇等领域的安防中发挥重要作用，推动智慧安防的普及和深化。

在公共安全领域，在反恐维稳和经济安全中的应用将直接引领未来“人工智能＋安防”的发展方向，具体涉及嫌疑目标布控、可视化指挥、视频侦查等业务。人工智能在视频内容的特征提取、内容理解方面有着天然优势，能够满足智慧安防管理的“事前预警、事中监控、事后防范”的应用需求。未来的摄像机将内置人工智能芯片，可实时分析视频内容，检测运动对象，识别人、车属性信息，并通过网络传递到后端人工智能系统的中心数据库进行存储，再利用强大的计算能力及智能分析能力，对犯罪嫌疑人进行全球定位和精准追踪，还能利用其强大的交互能力，与办案民警进行自然语言方式的沟通，真正成为办案人员的得力助手。

在交通领域，利用人工智能技术建设城市级的智慧交通“大脑”，实时分析城市交通流量，预测道路拥堵，合理调整红绿灯间隔时间，及时制订交通疏导方案，提升城市道路的通行效率。同时，城市级的智慧交通“大脑”能实时掌握城市道路上通行车辆的轨迹信息、停车场的车辆信息及小区的停车信息，能提前预测交通流量变化和停车位数量变化，合理调配资源，实现机场、火车站、汽车站、商圈的大规模交通联动调度，为居民的畅通出行提供保障。

在金融行业，通过人脸识别、语音识别、指纹识别和虹膜识别等技术，结合人工智能分析，可迅速识别可疑人员，分析是否戴面罩、是否持有可疑物品、是否有可疑动作等，有效保护银行物理区域的安全，防止金融财产损失。此外，人工智能技术在网络反欺诈方面也将发挥巨大的作用，它可以从海量的交易数据中学习知识和规则，发现异常，如盗刷卡、虚假交易、恶意套现、垃圾注册、营销作弊等行为，为用户和机构提供及时可靠的安全保障。

在楼宇行业，利用人工智能技术综合控制建筑内的安防、消防、能耗系统，对进出园区、大厦的人员和车辆进行跟踪定位，区分办公人员与外来人员，监控楼宇建筑的能源消耗，确保建筑安全。基于人工智能技术汇总整个楼宇的监控信息、门禁刷卡记录，室内摄像机能清晰捕捉人员信息，在门禁刷卡时实时比对通行卡信息及刷卡人脸部信息，发现盗刷卡行为，根据人员在楼宇建筑中的行动轨迹和逗留时间，发现违规探访行为，确保核心区域安全。利用可移动的人工智能机器人开展定期巡逻检查，读取设备仪表数据，分析潜在的风险，保障园区、工厂的生产活动安全平稳运行。

在民用安防领域，物联网及智慧城市、智慧家居等理念的推广使民众对安防产品的需求越来越大。在民用市场中，人工智能能够帮助用户省去人工布防的烦恼，真正实现人性化智慧监控；人工智能强大的数据分析能力可以为用户提供差异化服务，提升每个用户的体验。例如，在家庭安防方面，当检测到家中没有人时，安防摄像机可自动进入布防模式，发现异常时，向闯入人员发出声音警告，并远程通知主人，当主人回家后，又能自动撤防，保护用户隐私；家庭安防系统还能通过深度学习掌握家庭成员的作息规律，在主人休息时启动布防，确保夜间安全。

第十三节 应急通信

应急通信是指在出现自然的或人为的突发紧急情况时，综合利用各种通信资源，包括保障救援、紧急救助和必要通信所需的通信手段和方法，是一种暂时性的特殊通信机制。根据全球标准合作大会（GSC）的应急通信决议，应急通信分为四个方面，即突发性紧急情况时，公众收到政府的告警、预警，政府相关部门之间的应急联动和指挥调度，政府对公众的安抚和通告，公众之间的相互慰问、报平安。

应急通信的目标是增强国家通信网络设施的安全性、可靠性和韧性，在国家通信基础设施受到冲击时，及时恢复和维持其完整性。

应急通信发挥的主要作用，一是确保应急指挥救援通信畅通，二是保护、恢复和维持国家关键网络和信息资源的运行，三是协调通信服务供应。

总的来看，国家应急通信体系将根据不同的保障对象和保障目标，由不同主体采取不同技术手段，提供分级的服务内容和质量。未来应急通信应用场景将出现以下的趋势。

一、智能预警

通过高空高分辨率卫星、空中无人机、地面天眼巡查系统等，全天候、无缝隙地对城市各类违章违建行为、隐患风险等问题实施监控；利用危险源视频监控和

感应系统，实现对危险化学品全过程监管。各地突发事件预警信息发布中心（依托气象部门）借助人工智能、大数据分析等技术不断提升多种灾害预警信息发布能力，预警发布系统实现突发事件预警信息的网格化、全媒体化发布，实现地震、海啸、洪水等各种灾害信息自动发布，突发事件实时播放，使人们能通过各种终端、感应器等随时随地自动获取突发事件预警信息，从而及时应对。

二、突发事件现场处置和调度

政府突发事件应急处置部门充分利用移动互联网及 App 等进行突发事件现场处置调度，特别是利用社交媒体群实现了扁平化指挥，大幅提高了指挥调度效率。突发事件应急处置部门通过建立社交媒体群第一时间掌握突发事件情况，并及时下达指令，实现高效沟通和任务对接。

通过实时传递突发事件现场的语音、视频、图片及VR内容等，实现扁平化指挥和移动决策。应急处置部门配备定制的多媒体终端，实现警员位置精准定位以便统筹调度；具备一键切换公网与专网的功能，通过虚拟专用网络（VPN）专线通道通信，提升突发事件现场调度水平的同时，确保信息安全。

医疗急救部门通过互联网地图定位救护车，同时通过手机定位功能，确定呼救人位置和状态。救护车辆中安装车载视频监控和各种感应装置，实时监控患者生命体征，帮助急救中心专家与随车医生协同配合，开展患者院前救治。

消防部门通过头盔实时传递火灾现场的语音、视频、图片及VR内容，及时了解现场人员位置及状况，预判灾情，及时组织开展灾情处置。

三、突发事件研判决策

通过各类传感器、地图技术及各类新闻、社交媒体信息、预警信息，利用风险分析动态模型，自动绘制风险图，实现各项风险预判评估，辅助各项决策指挥，并科学配置资源，改进应急力量配备。

借助海量的用户行为数据和各类互联网信息，利用大数据技术开展舆情监测、区域人流量分析、交通热度分析等，辅助政府部门进行应急决策与处置。

四、更为高效的应急资源管理

建立自然灾害、事故灾害、公共卫生等应急物资储备信息资源库，利用互联网技术等对应急资源市场进行实时监控，提升应急资源储备和利用效率。应急资源由政府根据市场需要统一采购储备，反之暂不储备，使资源得到最大限度的利用，降低资源浪费。

五、应急救援能力更为快速有效

通过无人机投送应急救援机器人进入救援现场，通过高空气球、飞艇、无人机空中平台、自由光通信等实时传递灾害现场情况，应急救援机器人按照指令代替人类在地震、火灾、洪涝及重大突发事件等各种危险场合进行抢险救灾。

六、应急平台保障支撑能力提升

结合智慧城市、网格化城市管理系统等建设，积极运用“互联网 +”提升应急平台保障支撑能力。跨部门数据共享将为应急管理和城市管理带来显著效益。

转变传统条块管理思维，打破部门壁垒实现数据汇集和共享，为应急平台提供丰富的数据资源，使监测预警、决策指挥等能力大幅度提升，应急管理和城市管理水平也显著提升。应急平台整合了规划国土、城市管理、公安、水务、气象等各部门的业务数据，基于统一的三维空间地理信息技术，在一张图上关联显示应急资源，便于指挥决策。在一张图上汇集气象、水文、城市管理、预警发布等数据，实现应急管理与城市管理的无缝转换。通过可视化综合指挥系统，整合气象热力图、交通热力图、街景、全景、AR 内容、舆情、视频监控等多种数据，实现一张图高效调度。

积极利用互联网网络、技术、业务等将为应急管理带来极大便利。政府部门对互联网的态度日益开放，一方面主动将非敏感数据和系统架构到互联网上，方便业务处理和服务社会；另一方面积极利用互联网技术和业务，将云计算、大数据、物联网（IoT）、图像识别、语音 / 语义识别、基于位置的服务（LBS）、地理信息系统（GIS）、AR/VR 等技术手段引入应急指挥信息化建设，借助互联网应用提升应急指挥与处置效率。政府应急平台汇集了交通、公安、城市管理、水务等各部门管理的各类摄像头，实现视频监控资源集中共享、集中调看，从而将城市运行中心、应急指挥中心、预警发布中心等的职能集中一处。

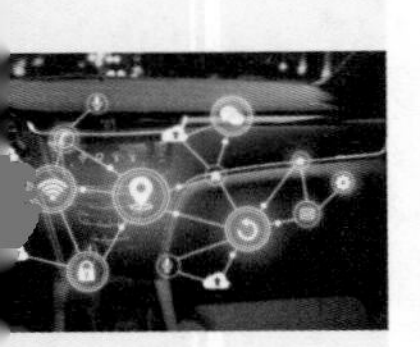

借鉴互联网思维，推动应急管理逐步向数据基础化、平台集中化、流程扁平化方向发展，从而大幅提升政府应急管理效率。利用在智慧城市领域的技术积累，提供智能、便携的视频会议终端，同时开发利用人脸识别、视频处理等人工智能技术，为应急处置提供技术支持。

第四章
未来信息通信技术发展及其影响

技术是应用的基础。展望2049，信息通信领域的技术创新将有哪些热点？本章以网络关键技术、信息化应用关键技术及人工智能等技术为重点，从现状与趋势、可能带来的产品与服务创新及对经济社会的影响三个维度，畅想2049年信息通信技术的突破性发展。

>>>

第一节 网络关键技术

一、光通信

1 技术发展现状与趋势

（1）“最后一公里”接入网技术

随着通信技术的迅猛发展，电信业务正朝着综合化、宽带化、数字化、智能化、个人化的方向发展；同时，光通信技术的日益成熟和广泛普及，为实现话音、数据、图像“三线合一，一线入户”奠定了基础。充分利用现有的网络资源增加业务类型，提高服务质量，已受到信息通信业的关注，“最后一公里”解决方案成为网络应用和建设的热点。

目前，接入网进入宽带网络时代，主流的宽带有线接入网技术包括基于双绞线的 ADSL 技术、基于混合光纤同轴电缆（HFC）网的电缆调制解调器（CM）技术、基于五类线的以太网接入技术及光纤接入技术。其中，光纤接入网中的无源光网络（PON）技术具有提高系统可靠性和降低维护成本等优势，成为全球各大运营商主要的光纤接入（FTTx）解决方案。

现阶段大规模部署的 PON 技术主要是千兆无源光网络（GPON，下行速率 2.5 吉比特每秒，上行速率 1.25 吉比特每秒），以及在中国、日本和韩国等部署的以太网无源光网络（EPON，上 / 下行对称速率为 1.25 吉比特每秒）。随着 VR/AR、高清视频、物联网等新技术、新业态的快速发展，用户接入速率需求持续提升。以中国移动为例，从 2015 年 12 月到 2017 年 7 月，经过一年半的发展，中国移动签约带宽由 20 兆比特每秒及以下为主，变为 50 兆比特每秒 /100 兆比特每秒为主，并进一步向千兆高宽带发展。根据测速网云测系统的统计，2019 年第一季度中国移动平均下载网速和平均上传网速分别只有 50.93 兆比特每秒和 23.88 兆比特每秒。高带宽接入需要 PON 技术的支撑，要想实现从百兆到千兆的跨越，PON 技术则需要升级到 10G PON，现有的 EPON 和 GPON 将分别向 10G EPON 和 10G GPON 演进。

在 10G PON 技术发展方面，2009 年，电气和电子工程师协会（IEEE）正式发布了 10G EPON 标准。10G EPON 根据速率分为两类，即非对称方式（下行速率为 10 吉比特每秒，上行为 1 吉比特每秒）和对称方式（上 / 下行对称速率为 10 吉比特每秒）。在具体的演进策略上，10G PON 的部署主要为新建与现网升级，其中现网升级可采用 PON 口裂化、升级光线路终端（OLT）板卡等方式（图 4–1）。

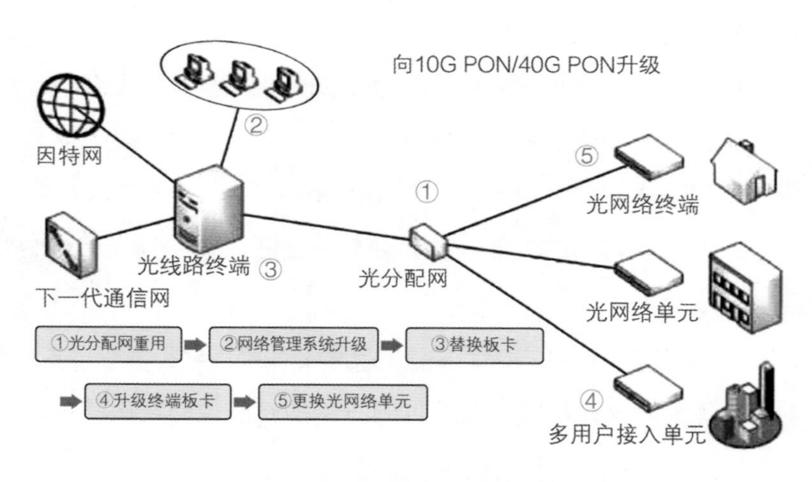

图4–1　向10G PON或40G PON升级步骤

目前，我国三大运营商正在积极布局 10G PON。截至 2017 年 9 月，中国联通 10G PON 进入全面部署阶段，并已经明确了宽带接入网的提速方案：以 1G PON 光纤到户（FTTH）为主，10G PON 光纤到楼（FTTB）为补充，发达区域小规模部署 10G PON FTTH；2019 年 8 月以来，中国联通分公司陆续开启 10G PON 上行智能网关设备入围厂商的现网验证测试及采购工作。2019 年 6 月中国联通网络发展部家庭互联网与政企网络处在“超宽带接入及业务发展论坛”上透露，公司通过“三驾马车”（5G、IoT、AI）推动 10G PON 演进，2019 年联通局端 10G PON 规模部署，推进千兆城市建设，2020 年将进一步扩大范围，提升千兆用户规模。2020 年伊始，中国联通便完成了近年来规模最大的 PON 设备集采。中国移动 10G PON 已进行设备测试和试点；2018 年 9 月，中兴通讯股份有限公司（简称“中兴通讯”）与中国移动针对 2018 年 PON 系统设备新建集采和扩容完成框架签订，就后续中国移动 10G PON 建设项目达成正式合作；2020 年 4 月，中国移动完成 10G PON 智能家庭网关采购，共计达到 200 万，其中包括 100 万台 XG-PON 智能家庭网关和 100 万台 XGS-PON 智能家庭网关。中国电信集团有限公司（简称“中国电信”）10G PON 解决方案已在发达城市进行大规模部署，累计数量超过 70 万个 PON 口；中国电信 2019 年 PON 设备集采总规模达 12 亿元，包含 GPON、10G-EPON 以及 XG-PON 3 个标包，其中 GPON 新建 OLT 端口 1.9 万个，10G-EPON 新建 OLT 端口 21 万个，XG-PON 新建 OLT 端口 39.6 万个，也就是说，10G PON 端口量占比高达 97%。运营商在 10G PON 测试方面的工作开展得如火如荼，可见 10G PON 已具备健康的产业链环境，可支撑规模应用。除了 10G PON，通信领域也在积极推动下一代 PON 接入技术的发展。对于下一代 PON 技术，可以利用波分复用手段持续提升接入带宽，并将 SDN 思想引入光接入网中，高效应对高带宽、多业务、新场景的需求。

100G PON 为迎接 5G 做好准备。千兆带宽并不是极限，尤其是 5G 时代的到来，将给网络带来更大的带宽增长需求。在此背景下，10G PON 也将不断发展，向 100G PON 演进。从技术标准的发展来看，100G PON 已在 IEEE、ITU-T 等标准化组织中立项。IEEE 成立了下一代以太网无源光网络（NG-EPON）研究组，主要针对 25G PON、50G PON、100G PON 制定标准。从光模块发展来看，海信宽带技术有限公司于 2017 年年初实现了 100G EPON 光模块技术突破，将光模块的速率提升至 100G，这意味着万兆超宽带的实现成为可能。从设备发展来看，目前华为技术有限公司(简称“华为”)、烽火通信科技股份有限公司(简称“烽火通信”)、中兴通讯已推出100G PON原型机,可为用户提供千兆及万兆级的固定宽带接入,同时也可满足未来5G基站峰值速率至少10吉比特每秒的移动宽带接入需求,引领超带宽的未来。

引入SDN/NFV,打造智能化的接入网。为降低全面推广千兆宽带网络的建设及运营成本,提升网络灵活性,有必要引入SDN/NFV技术构建接入网。目前,SDN/NFV接入网的标准化工作正加速进行,ITU-T第11研究组全面启动SDN的标准研究工作,研究接入网引入SDN的需求、架构及相关接口的定义。基于SDN/NFV接入网的最大变化在于接入节点的转发与控制分离,接入节点的控制面上移到OLT集中控制,接入节点简化为可编程转发设备,实现海量接入设备与业务解耦,未来可受存取控制器控制进行自由升级。由此可见,基于SDN/NFV的接入网将极大简化运行维护与系统升级,还可实现即插即用远端节点、虚拟家庭网关和企业网关、小基站移动回传等多种应用场景。

未来,100G PON技术和标准将逐步成熟并得到普及应用,基于单波25吉比特每秒/50吉比特每秒速率,弹性支持25吉比特每秒、50吉比特每秒、100吉比特每秒等速率等级和带宽对称性,灵活适配家庭、政企、5G基站承载等带宽颗粒和组网模式需求。网络和设备架构实现控制转发分离,满足未来接入网对容量和性能的要求,构建极速、云化、融合的新一代光接入网。

(2) 传输网络技术

传输技术是随着信息通信技术发展和整体传输需求量增加而不断发展的,从最初的准同步数字体系(PDH)到后续的同步数字体系(SDH),以及波分复用光传输技术,再到分组传送网/IP化无线接入网(PTN/IP RAN)、光传送网及现在炙手可热的SDN技术。随着互联网向生活、生产等领域渗透及新兴信息通信技术的出现，数据流量的激增和业务需求的多样化对现有传输网络的承载能力、带宽容量等提出了前所未有的挑战，未来传输网络将向高带宽、大容量、智能化方向发展。

IP 化时代的同步数字体系 / 多业务传送平台（SDH/MSTP）专线网络的应用范围逐渐缩小。SDH/MSTP 技术是同步光通信网络的国际标准，提供了一个经济、灵活的通信网络基础结构。在此前很长一段时间内 SDH/MSTP 以其可靠性及强大的网络管理能力等优点被电信运营企业所青睐。随着业务应用普遍呈现 IP 化、宽带化和视频化的趋势，传统的面向时分复用（TDM）业务的 SDH/MSTP 技术已难以满足 IP 化数据业务的传送需求。近年来，SDH/MSTP 技术主要在运营商、政府、石油、电力等的专网中广泛部署，主要定位于吉比特以太网（GE）以下小颗粒业务，目前以 2.5G 和 10G 网络为主。随着业务颗粒度的增大，各运营商 SDH 网络不再扩容并逐渐退网，石油电力等专网因规模部署多年且可靠性需求较高，仍在沿用 SDH 网络。但相关厂家明确表态，SDH/MSTP 设备产业链萎缩，相关型号设备已停止提供服务。

干线 100G 技术和设备成熟，城域 100G 发展前景可观。基于 100G 的波分复用和光传送网技术在过去几年中逐步走向成熟。从应用和产业发展来看，从 2010 年左右开始运营商越来越重视 100G 技术的发展。2012 年三大运营商都开展了 100G 技术的实验室测试和评估，大大推动了 100G 技术的发展。同年，中国教育和科研网在干线上率先采用了 100G 设备。2013 年成为 100G 商用元年。由于 100G 技术在现网中表现良好，各大运营商加大了在 100G 领域的投入，经过这几年的系统建设，中国市场已经成为全球 100G 波分复用 / 光传送网的最大市场，目前省际干线 100G 波分网络已经覆盖全国大多数省份。在城域范围内，长期演进技术（LTE）回传和数据中心互联等业务逐步加大了带宽方面的需求，部分运营商在发达省份已经完成省干 100G 双平面建设，许多大型城域传输网已经在核心层开展 100G 网络建设，显著提升了城域核心节点之间的传送能力。在业务热点地区甚至可能率先引入 200G/400G 技术。

超 100G 标准稳步推进。IEEE、ITU-T 和光互联论坛（OIF）都在进行超 100G

的技术标准制定工作。国内三大运营商也非常关注超100G技术的发展和测试评估，目前相关的测试评估工作主要集中在400G技术。中国移动于2014年率先启动400G多设备厂家和多光纤类型实验室测试，完成了西安—郑州—信阳两种光纤的现网测试。2018年年初，中国移动通信集团公司研究院组织了国内首次单载波400G技术实验室测试，主要验证单载波400G系统的性能和功能，此次测试是国内运营商首个单载波400G光传输网集中测试，这也是推动超400G技术从实验室到规模商用的重要环节。中国电信于2014年下半年完成400G实验室测试，对传输能力、系统余量、传输代价等指标进行验证。2017年4月烽火通信携手中国电信上海公司在全国最大最复杂的本地网——上海电信光传送网二平面——完成了基于波长选择开关（WSS）全光调度的400G现网测试。在2018年9月26日中国国际信息通信展期间举行的“中国之光高峰论坛”上，中国联通网络技术研究院首席科学家、中国联通智能网络中心总架构师唐雄燕透露，中国联通从2017年开始进行400G试点，2018年启动400G商用。2018年4月，中国联通山东分公司在济南市建成全国联通首个400G波分环，目前中国联通山东分公司在济南市已规划部署十数波双载波400G，现网采用的双载波400G方案可以与100G波道共存，后期仅需扩容400G波道即可将现网100G升级到400G系统，可有效缓解槽位和波道资源压力，最终实现全网覆盖。从目前的技术发展和商用产品验证来看，400G已成为高速传输领域的重点，原型设备形式多样，测试和试点应用得到广泛开展，标准化工作稳步推进。400G技术的商用化前景受带宽需求、100G部署及技术标准等多种因素影响，市场定位将趋于清晰。而比400G技术速率更高的1T技术也处在研究阶段，技术路线将逐渐明朗。

网络设施向软件定义架构演进。宽带业务、LTE业务等的飞速增长，驱动网络设备向分组化、技术融合方向发展，现有静态、刚性和封闭的网络技术架构正逐步向智能、开放的SDN架构演进。2016年，SDN/NFV所倡导的网络开放化、虚拟化、智能化、融合化的技术理念得到了越来越广泛的认同，成为全球普遍看好的促进现网升级重构、未来网络技术创新的重要技术途径，有助于加速网络产业生态的深刻调整。2016年，国内三大运营商均发布了新一代网络架构白皮书，明确了网络重构方向，2017年继续加快传统电信网络智能化升级。以云化、软件化、功能虚拟化为特征的网络重构是运营商“十三五”核心战略举措之一。2017年1月，中国移动联手华为建造集团私有云资源池基地SDN数据中心。2017年5月，中国电信在广东省、江苏省、广西壮族自治区、浙江省、四川省、湖南省、江西省分公司现有云资源池内试商用部署SDN网络。近期，随着SDN/NFV标准化工作的有序推进，网络层面，主要从云资源池SDN/NFV、核心网和城域网NFV虚拟化、IP骨干网SDN调度方面进行场景试点及试商用，业务层面重点投入新产品与新业务模型的开发，预期经过2~3年的场景探索、分析总结、技术成熟，将会掀起全网的重构演进。远期，产业链逐渐成熟，网络开放化指日可待。在2019年的第三届未来网络发展大会上，中国电信的刘桂清先生在主题为《网络重构，赋能未来》的演讲中提到，中国电信2016年提出了网络重构，那时是1.0时代，现在开始向2.0迈进。1.0网络主要是基于SDN、NFV，基于云构建一个随选的网络。2.0网络主要是结合人工智能，让云和网更好地融合，将5G和传统网络结合，提高它的智能性。1.0是随选网络，2.0演进到随愿网络。随愿网络能够更好地支撑网络智能化升级。现在中国电信更加注重安全，尤其是怎么样把网络安全更好地植入网络的各个环节（从网络的底层架构到网络的协议）。

随着固定和移动带宽的持续提升，将引入物联网技术，实现人和人之外的万物互联，把生产、生活、流通、环境等更加紧密高效地联系起来并融为一体。实现移动和固网、个人、家庭、政企大带宽，4K/8K/AR/VR大视频，公有云、私有云等业务的全融合，实现智能个体、智慧家庭、智能制造、智慧园区、智慧城市等应用场景的全融合，实现人联、物联、车联等的全融合，让整个世界变得智能。这将会带给我们前所未有的体验，并将引发全社会生产模式、商业模式、生活方式的无限创新和深刻变革。

2 产品与服务创新

随着下一代无源光网络（NG-PON）、有线电缆数据服务接口规范（DOCSIS）3.1 等新一代超高速宽带技术的逐步成熟和商用部署，全球宽带网络加快从百兆向千兆宽带时代过渡。在光纤高速宽带时代，以视频业务为主的大数据量的信息交换成为业务的主流。随着视频分辨率从标清开始，不断演进到现在的 4K 超高清，业务对带宽的要求越来越高，网络流量爆炸式增长，推动光纤网络技术的进一步发展和普及。千兆城市发展进程加快，VR/AR 等新兴业务的蓬勃兴起，也为超宽带发展带来全新的填充内容。

（1）高带宽打造千兆城市

发达国家普遍将建设和普及千兆网络作为未来 10 年促进国家经济发展、提升国家综合竞争力的重要战略举措，全面建成千兆网络成为各国新的发展目标。我国也积极推进千兆宽带网络发展，“宽带中国”战略和“十三五”规划纲要等政策指导文件明确提出了千兆宽带发展目标。

我国千兆宽带城市建设进程以运营企业推动为主。在国家政策指引下，各地运营企业积极与地方政府合作，推动千兆宽带计划实施。在三大运营商中，中国电信是较早推动千兆宽带的企业。2015 年 5 月，中国电信在上海市、成都市、无锡市等国内多个城市设立了千兆宽带示范小区，为之后大规模商用千兆宽带打下了基础。约 2 年后，中国电信部分省市分公司纷纷布局千兆宽带，现已在广东省、陕西省、江苏省、上海市、浙江省等地实现商用。中国联通积极开展千兆业务试点，打造千兆示范区，在 2017 年 3 月北京市举行“宽带 +”发布会上发布宽带升级方案及五大计划，在北京市、上海市、天津市、济南市、青岛市、太原市、郑州市、沈阳市、石家庄市、大连市、长春市、哈尔滨市、呼和浩特市、合肥市、海口市等地开展千兆宽带试点，并将根据试点情况制订下一批推广计划。目前，中国联通已经在全国大部分省(区、市)完成宽带光纤化改造，88% 的覆盖区域可提供百兆接入能力，部分区域可提供千兆接入能力。中国联通还将逐步把百兆宽带向 200 兆、500 兆及千兆宽带推进。

在千兆城市建设方面，2016 年 10 月，中国电信上海公司启动千兆宽带规模化发展计划，投资 10 亿元全面部署、扩容设备，计划 3 年内在全市推广千兆宽带接入服务。根据计划，2016 年年底中国电信上海公司完成 269 个小区的千兆宽带接入，2018 年实现千兆宽带全市覆盖，千兆宽带接入用户突破百万级，平均接入带宽将从目前的 50 兆比特每秒提升至 280 兆比特每秒，用户可感知的下载速率将从 13 兆比特每秒升至突破 100 兆比特每秒。截至 2016 年 10 月，上海市的虹口区、杨浦区、徐汇区、浦东新区等 16 个小区的 1.2 万用户已经实现千兆宽带覆盖。2017 年第二季度的《中国宽带速率状况报告》显示，上海市固定宽带平均可用下载速率达到 15.59 兆比特每秒，居全国首位。作为全国网速最快城市的主力宽带运营商，中国电信上海公司的千兆宽带规模发展目标和推进速度，在国际上也处于领先地位。中国电信上海公司 2018 年 10 月 24 日举办“千兆第一城”发布庆典，宣布已在上海全市有线宽带接入网中支持 10G FTTH，完成“千兆光网”建设计划。截至 2018 年 11 月，中国电信公司“千兆光网”已接入上海市近 2 万个小区，覆盖 1000 万户家庭，平均接入带宽达到 150 兆比特每秒，全面实现端到端“万兆到楼、千兆到户”。这不仅展现了迄今为止最大的运营商 FTTH 升级，也意味着上海市正式跨入千兆时代，成为名副其实的全球“千兆第一城”。

随着“互联网 +”产业生态圈的成熟，企业将协助政府为市民提供涵盖社会保障、医疗健康、教育学习、智能制造等方面的一体化服务。宽带网络是信息通信产业的基础和前提，国内外已掀起千兆宽带建设高潮，千兆全光网城市将陆续涌现。

（2）4K/8K 高清视频加速网络变革

高速光通信技术的广泛应用带动了高清视频的快速布局。伴随面向新一代超高清视频制作与显示制作的 BT.2020 标准的发布，4K/8K 高清终端成为业务布局的重点领域。市场调查机构 IHS 的调查数据显示，预计到 2019 年，美国 4K 电视普及度将达到 34%，而我国将会攀升至 24%，届时全国近 1/4 的家庭将使用成熟的 4K 电视。据中国电子视像行业协会最新发布的数据，2019 年第一季度我国 4K 电视的渗透率已接近 70%。其中，50 英寸以上 4K 电视产品的渗透率已达 100%。有数据称，在 2012 ~ 2018 年的 7 年间，我国 4K 电视的渗透率已快速提升，超过 40%，55 英寸以上大尺寸 4K 电视渗透率更是高达 90%。当然高清视频真正的成熟，除了终端的发展，更离不开传输高清业务的网络。考虑到 4K/8K 视频对带宽的需求量大幅增加，需提前做好高清视频业务带宽需求分析，并提前规划建设好高清视频业务的承载网络。

思科公司的数据统计显示，预计到 2020 年视频业务占互联网总流量的比例将超过 80%。鉴于 2019 年 4K 电视已成为我国主流的电视终端，我国高清视频业务对带宽的需求量将大幅提升（表 4–1）。

表 4-1 高清视频发展趋势及带宽需求

发展阶段	主流业务	图像参数	码率 / 兆比特每秒		带宽需求 / 兆比特每秒
			直播	点播	
2014—2015 年	入门级 4K	4K@30p 8bit	25 ~ 30	12 ~ 16	> 30
2016—2017 年	运营级 4K	4K@60p 10bit	25	20 ~ 30	50
2018—2019 年	极致 4K	4K@120p 12bit	25 ~ 40	20 ~ 30	> 50
2020 年以后	8K	8K@120p 12bit	50 ~ 80	35 ~ 60	> 100

在 4K 运营级视频阶段，家用宽带 50 兆比特每秒基本可以满足视频业务的带宽需求。2018 年，极致 4K 视频开始引入，一路 4K 极致视频的带宽需求超过 50 兆比特每秒；2020 年，8K 视频取代 4K，成为拉动高清视频带宽需求的新动力，单独一路 8K 视频所占用的带宽就将超过 100 兆比特每秒，如果按每户有两路 8K 电视测算，仅高清视频业务一项在忙时就将占用 200 兆比特每秒的带宽，那么家庭宽带接入现有 100 兆比特每秒的能力已不足以承担未来视频业务对带宽的需求。未来，随着千兆网络的广泛普及，高带宽视频类业务将得到前所未有的发展。

（3）VR/AR 成为宽带网络新动力

在视频业务快速发展的同时，VR/AR 作为改变人们生活、颠覆使用习惯的另一类业务，对现有的网络提出了更高的要求。按照 VR/AR 市场规模与业务发展趋势判断，游戏、直播和视频的传输将需要宽带网络技术的支持。VR/AR 所携带的海量图像数据将占用大量带宽，VR/AR 作为宽带网络的重要填充者，将随着千兆宽带的普及快速布局。

根据国际数据公司（IDC）的报告，2020 年全球 AR/VR 头戴式显示器出货量接近 710 万台，2024 年将达到 7670 万台，复合年增长率达 81.5%。高盛公司的报告指出，到 2025 年，VR/AR 市场营收将突破 800 亿美元（包括 450 亿美元硬件营收和 350 亿美元软件营收）。

结合发展趋势预判，VR/AR 不同发展阶段的带宽需求如表 4-2 所示。目前，

VR/AR 正从引入期向成长期过渡，内容制作将成为今后产业发展的重点，5G 商用将进一步推动 VR/AR 的应用范围从目前的直播、游戏等消费娱乐领域，向工业维护、医疗、教育等垂直领域延伸和普及，实现规模化发展。

表 4-2 VR 视频发展趋势及带宽需求

发展阶段	视场角 / 度	分辨率	平均码率 / 兆比特每秒	直播带宽需求 / 兆比特每秒	点播带宽需求 / 兆比特每秒
2017 年及以前（预备级）	90	2K	16	20.8	25
2018—2019 年（入门级）	90	4K	64	83.2	100
2020—2025 年（高级）	120	8K	279	360	420
2026 年以后（终级）	120	16K	3369	4403	5120

（4）智慧网关

智慧家庭是智慧城市发展的最小单元，未来千兆宽带业务将围绕智慧家庭布局，所以家庭网关也将向智能化发展。新一代智能家庭网关可为用户提供界面友好、操作便捷的控制功能和丰富的增值应用，转发性能和 Wi-Fi 覆盖能力上也会大大提升，可显著改善用户的体验，必将成为千兆到户宽带网络的核心。

伴随着智能家庭网络的引入，家庭宽带所承载的业务也将从传统的语音、上网、电视，逐渐向高清视频、游戏、智慧家居、VR/AR、智慧安防、远程医疗等发展。

宽带网络已经不再是制约智慧家庭发展的关键，而设备与应用将是今后发展的重点。依托于智慧家庭，未来千兆宽带的具体带宽需求实际是宽带上网、有线电视、VR/AR 游戏和智能家居等各类业务带宽需求的组合。从 2020 年开始，我国家庭宽带承载的主要业务有 8K 视频，VR/AR 游戏，直播和影视，智能安防和家居等。该阶段每户家庭 2 路视频，每路视频 100 兆比特每秒的带宽；2 台 VR/AR 终端，每路终端需要 400 兆比特每秒的带宽；上网及游戏需要 20 ~ 50 兆比特每秒的带宽。预计家庭带宽总需求为 1000 兆比特每秒及以上。

全球超宽带产业正迈入以千兆带宽为代表的新一轮蓬勃发展期。千兆宽带为智能化的家庭生活提供支撑，可实现高清视频通话、智慧家居、远程医疗等业务，智慧家庭的轮廓和业务模式将逐渐清晰。

3 对经济社会发展的影响

光通信技术的发展为宽带技术的发展奠定了非常好的基础，宽带网络作为新时期战略性公共基础设施，在促进经济社会发展和服务百姓民生方面发挥着重要的基础支撑作用。世界银行研究显示，宽带普及率每提升 10%，可以直接带动 GDP 增加 1.4%；布鲁斯学会研究显示，宽带普及率每增加 1%，就业率上升 0.2%~0.3%；在宽带上每投入 1 美元，能给全社会产生 10 倍的回报。宽带能够加速信息传递，提高社会经济运转效率，帮助制造业提高 5%、服务业提高 10% 的劳动生产率。在人均带宽和人均信息占有量成为衡量国家经济实力的核心指标的今天，国家宽带发展能力已成为信息时代国家竞争力的根本，世界主要发达国家都已深刻认识到信息网络发展的重要意义。

一是促进信息消费。未来，光通信技术将向超高速、大容量、智能化方向发展，“宽带中国”战略目标将全面实现，网络提速降费取得明显成效，基于网络平台的新型消费快速成长。信息通信技术不断取得新突破，以智能终端、移动互联网、云计算、数字家庭、虚拟现实为代表的新产品和新服务大量涌现，信息消费增长势头强劲，形成巨大的产业和市场规模。2016 年信息消费规模达到 3.9 万亿元，同期增长达到 22%，到 2025 年信息消费总额将达到 12 万亿元。随着信息通信技术在电子商务、金融、医疗等领域的应用，信息消费的外延还将进一步扩大。届时，新的产品和服务将层出不穷，信息消费的市场规模也将继续扩大，对工业乃至国民经济的带动作用日益加大。

二是推动经济转型发展。宽带网络正在成为培育经济新引擎的新通道、改造传统产业的新手段。基础电信企业和互联网企业充分发挥主观能动性，进一步创新商业模式，搭建好物联网平台，推动企企通宽带，促进工业互联网、物联网、车联网的

发展，加快实现工业技术和信息技术的深度融合，服务于智能制造。同时，加快互联网的创新成果与经济社会各领域的融合，通过“互联网+”为传统产业注入新的活力，形成更广泛的以互联网为基础设施和创新要素的经济社会发展新形态。2018年，互联网与经济社会各领域的融合发展进一步深化，网络经济与实体经济协同互动的发展格局基本形成。未来，我国将基于宽带网络平台继续深化、推动经济转型升级。

三是促进公共服务均等化。未来，我国将继续加大光通信技术相关产学研投入，因地制宜地采用卫星、微波等多种技术手段，加快农村地区宽带网络部署，构建电信普遍服务长效机制。“十三五”规划纲要提出的98%行政村通光纤和宽带网络覆盖90%以上贫困村的目标已提前实现。到2030年将实现100%行政村通光纤和宽带网络覆盖，同时督促电信企业加快4G网络在全国的深度覆盖，不断提升网络质量和服务水平。据工业和信息化部消息，截至2018年10月，我国行政村通光纤比例已从电信普遍服务试点前的不到70%提升至目前的96%，行政村4G网络覆盖率目前也已达到95%，极大地提升了我国农村及偏远地区宽带网络基础设施能力，为乡村振兴和打赢脱贫攻坚战提供了坚实的网络保障。电信普遍服务试点工作开展顺利，成效显著。光纤试点工作进入最后冲刺阶段。截至2018年9月底，前三批试点13万个行政村光纤建设任务完工率已达98%。优质公共资源将逐步向乡村延伸，促进城乡基本公共服务均等化，到处可见人民群众“用得上、用得起、用得好”的信息服务。

二、无线通信技术

1 技术发展现状与趋势

自从19世纪末无线电实验成功以来，全球无线通信技术发展日新月异，尤其是近20年来，无线通信技术的发展速度与应用领域已经超过了有线通信技术，呈现出如火如荼的发展态势。近10年随着智能手机的普及，移动互联网和物联网的迅猛发展驱动数据流量的重心从有线网络向无线网络加快转移，无线通信技术加快与各个行业的深度融合。本节主要介绍其中最具代表性的蜂窝移动通信、无线局域网、低功耗广域网，以及蓝牙等短距离无线通信技术。

（1）蜂窝移动通信

蜂窝移动通信从20世纪80年代出现到现在，经历了从模拟技术到数字技术、从语言业务为主到数据业务为主的转变过程，已经发展到第四代移动通信技术（4G）、第五代移动通信技术（5G）。

根据全球移动通信系统协会（GSMA）的统计，截至2017年6月底，全球移动用户数达到77.2亿户（独立移动用户数50.4亿户），移动用户普及率达到103%，4G用户渗透率达到28%（较2016年同期增长9%）。根据全球移动供应商协会（GSA）统计，截至2017年6月底，全球共有192个国家和地区开通了601个LTE（4G）商用网络。其中，95个国家部署了195个LTE-A（4G+）或LTE-A Pro（4.5G）网络；56个国家部署了98个分时长期演进（TD-LTE）网络，其中时分双工/频分双工（TDD/FDD）混合组网 32 个；57 个国家的 109 个网络开通了长期演进语音承载（VoLTE）。中国拥有全球最大的 4G 网络和 4G 用户市场，4G 基站超过 300 万个，4G 用户达到 8.9 亿户，占移动通信用户的比例约为 65%（4G 用户渗透率）。全球 4G 快速发展使移动用户结构发生显著变化。2G 用户加快向 3G/4G 网络迁移，4G 用户增长迅速，截至 2017 年 6 月底，4G 用户数占比已达到 28%，接近 3G 用户数占比。截至 2019 年 8 月，全球 225 个国家和地区、769 个服务运营商开通 LTE(4G) 商用网络，其中 134 个国家和地区推进 LTE-A(4G 增强版）商用网络。从技术类型来看，4G 取代 2G 成为主流，2018 年共 34 亿用户使用 4G 网络，总量占比 43%；从经济贡献率来看，2018 年移动互联技术和服务直接和间接增加工作岗位 320 万个，产生经济价值 3.9 万亿美元，为公共部门增加税收超 5000 亿美元。

4G 无线接入网采用异构网架构（图 4-2），宏微协同、立体组网实现室内外协同覆盖，小基站使用比例日益提高。4G 通过 VoLTE 提供高清语音业务，实现了语音业务承载方式从电路域到分组域的改变。

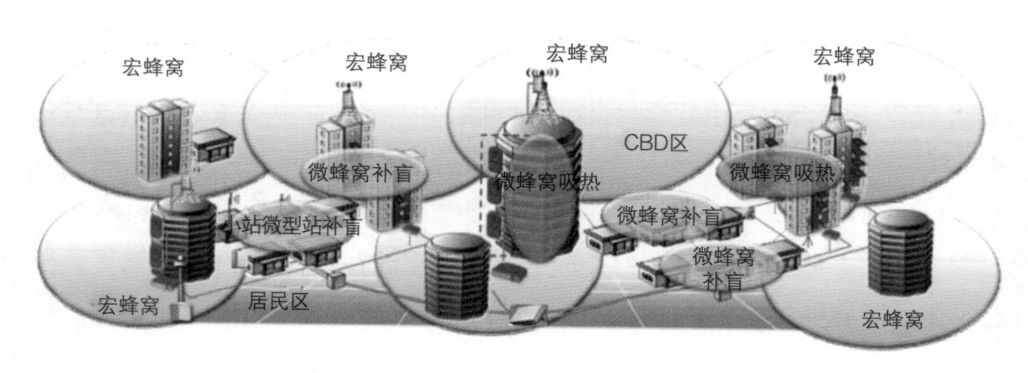

图4-2　无线接入网异构网架构（立体网络、宏微结合、均衡体验）

移动通信技术继续沿着每 10 年一代的发展规律演进。当前，5G 成为全球移动通信发展的战略焦点，欧盟、美国、韩国、日本和中国处于 5G 发展的领先地位，先后提出 5G 发展规划，通过各自的重大项目积极推进 5G 技术研发、测试验证和商用部署。第三代合作伙伴计划（3GPP）积极推进 5G 标准制定，标准技术框架逐步形成，支持移动宽带和垂直行业应用。

受现有4G技术框架的约束，大规模天线、超密集组网等增强技术的潜力难以完全发挥，全频谱接入、部分新型多址接入等先进技术难以在现有技术框架下采用，4G演进路线无法满足5G极致的性能需求。因此，5G需要突破后向兼容的限制，设计全新的空口，充分挖掘各种先进技术的潜力，以全面满足5G性能和效率指标要求，新空口将是5G主要的演进方向，4G演进将是有效补充。5G将通过工作在较低频段的新空口来满足大覆盖、高移动性场景下的用户体验和海量设备连接。同时利用高频段丰富的频谱资源，来满足热点区域极高的用户体验速率和系统容量需求。5G网络架构采用基于“三朵云”（接入云、控制云和转发云）的新型网络架构（图4-3），成为基于SDN，NFV和云计算技术的更加灵活、智能、高效和开放的网络系统。

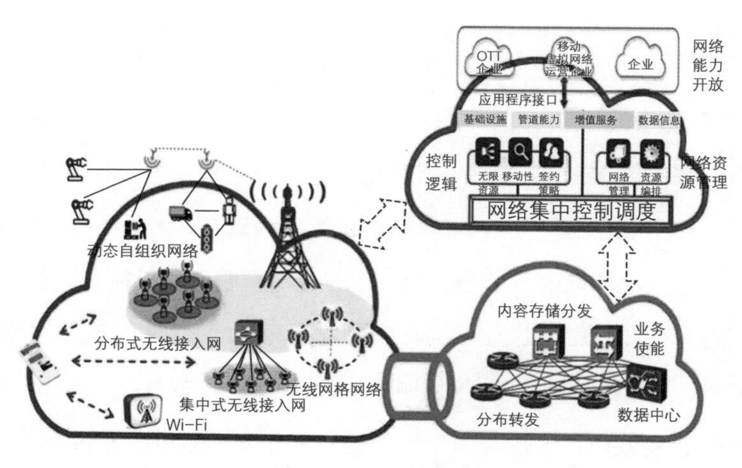

图4-3 5G网络架构

综合来看，未来移动通信发展呈现出三大趋势。

继续追求高速率、低时延、大连接等极致性能要求。未来的移动通信系统在重耕低频段的同时，将使用更多的高频段（如毫米波频段），系统带宽上升到几百兆赫兹（MHz）甚至到几吉赫兹（GHz），通过大带宽保证系统容量和用户速率，同时网络架构的扁平化等又进一步满足低时延要求。因此，移动通信发展将继续围绕增加可用频率资源和提高频率资源利用率来做文章。未来可以探索利用认知无线电等技术，加强频率资源的动态共享，利用免许可频段也成为移动通信演进的新思路。大规模天线阵列、新的多址方式、更优的信道编码、高阶调制、超密集组网及全双工等新技术，充分利用无线信道特性，提升系统吞吐量、优化网络性能，将继续应用到移动通信的发展中。

技术融合仍然是移动通信的发展趋势。标准统一和网络融合一直是全球移动通信发展追求的目标。5G 时代将迎来一个全球统一的标准，相信未来的移动通信也将继续沿着全球统一标准的方向发展。移动通信的发展也越来越多地反映出通信技术与信息技术之间的融合。5G 网络架构的发展是一个局部变化到全网变革的中间阶段，通信技术与信息技术的融合会从核心网向接入网逐步延伸，最终形成移动通信网络架构的整体演变。同时，移动通信与 WLAN 等其他无线通信技术的融合也将日益加深。

向注重用户体验、智能化、绿色节能及垂直行业应用等方向演进。移动通信网络将采用“以体验为中心”的方式，围绕用户需求这个中心，有效地感知用户和业务的分布，保证连接的稳定性，以及不同应用场景中的自由切换等，不断提升用户体验。移动通信与人工智能结合，利用人工智能改变作业模式，简化管理，使网络更加智能化地调度复杂的资源和动态的流量，低成本、高效率地运营日益复杂的移动通信网络。网络能耗的增加越来越成为移动通信网络运营支出的负担，未来移动通信将进一步降低能耗，使网络成为节能的“绿色网络”。随着万物互联时代的到来，移动通信将进一步推进物联网、车联网和工业互联网等的融合应用，通过网络切片、边缘计算等满足多样化的垂直行业应用需求。

（2）无线局域网

无线局域网（WLAN）主要是基于 IEEE 802.11 标准，允许在局域网络环境中使用不必授权的工业、科学与医药（ISM）频段（主要是 2.4 吉赫兹或 5 吉赫兹）进行无线连接。它们被广泛应用，从家庭到企业再到互联网接入热点。

WLAN 市场需求持续上升。随着 WLAN 便利性和安全性的不断提高，居民住宅、公共场所、企业客户产生了巨大的 WLAN 网络需求，推动了互联网的进一步普及。根据思科公司统计，截至 2016 年年底，全球公共 WLAN 热点（无线接入点）达到 9400 万个，其中家庭 WLAN 热点约 8510 万个，商业 WLAN 热点约 880 万个；预计到 2021 年，全球公共 WLAN 热点将增长约 6 倍，达到 5.416 亿个，其中家庭 WLAN 热点约 5.262 亿个，商业 WLAN 热点约 1530 万个，而亚太地区公共 WLAN 增长迅速，预计约占全球热点数的 45%。

目前，IEEE 802.11a/b/g/n 是 WLAN 物理层主要应用标准，其中 802.11n 是市场的主流，吞吐量可达 600 兆比特每秒。802.11ac 和 802.11ad 是新一代超高速 WLAN 标准，分别工作在 5 吉赫兹和 60 吉赫兹频段，吞吐量可达吉比特级。IEEE 正推动 WLAN 向 802.11ax 和 802.11ay 演进，进一步提升传输速率，其中 802.11ax 是对 802.11ac 的升级，主要是提供密集部署场景的宽带连接。在 2018 年拉斯维加斯的国际消费类电子产品展览会（CES）上，Wi-Fi 联盟正式发布了 802.11ax 协议。802.11ay 是对 802.11ad 的升级，提供毫米波频段（60 吉赫兹）的宽带无线接入。另外，802.11ah 工作在 1 吉赫兹以下免许可频段，主要面向物联网，可扩展覆盖范围。802.11af 采用电视白空间（TVWS）频段，能够极大扩展 WLAN 覆盖范围。

作为传统计算机网络的代表，WLAN 最初的应用定位主要是在局域网级别上提供低成本、高速率的无线网络连接。相较于蜂窝移动网络，WLAN 在组网成本和速率上更有优势，但是在高速移动性和网络管理支持方面略微逊色。除了系统性能的不断提升，未来 WLAN 向各个领域的扩展也使其与移动通信呈现新的竞合关系，主要体现在以下两个方面。

无线局域网技术与蜂窝移动通信技术的应用场景趋于重合，增强移动宽带场景成为主要融合方向。从增强移动宽带（eMBB）、海量机器类通信（mMTC）和超高可靠低时延通信（URLLC）三大场景来看，无线局域网技术与蜂窝移动通信技术的应用场景趋于重合，关系也日趋复杂。二者在 eMBB 场景相互竞争中不断融合，在 mMTC 场景和 URLLC 场景还处于竞争阶段。具体来看，在 eMBB 场景，IEEE 通过

802.11a/b/g/n/ac/ad/ax/ay（Wi-Fi 系列标准）等的逐步发展，不断提升物理层传输速率，与蜂窝移动通信竞争，同时又通过基于 802.11u 的无线热点（HotSpot）2.0 增强 WLAN 与蜂窝网之间的互联互通，提供二者的业务融合。在 mMTC 场景，通过基于 802.11ah 的低功耗 Wi-Fi 技术，发展物联网标准，满足智能家居、汽车、零售业、农业、智能城市环境等的应用需求，与蜂窝移动通信充分竞争。在 URLLC 场景，通过基于 802.11p 的车载环境无线接入（WAVE），发展车联网标准，满足智能交通系统的相关应用，也形成与蜂窝移动通信竞争的局面。

技术融合由移动通信产业主导，在网络侧和无线侧两个层面并行发展。根据无线局域网和蜂窝移动通信标准的演进、融合的领域和场景分析可以看出，其融合的技术发展方向是从松耦合到紧耦合，再到空口融合，涉及网络侧和无线侧的融合，并且两个层面的融合呈现并行发展的态势。网络侧融合主要包括二者在网络架构和业务应用层面的融合，解决蜂窝网与 WLAN 的网络互通、协作和业务连续性等问题。无线侧融合主要从接入层充分利用蜂窝网与 WLAN 的技术、频率等资源，以实现高频段、高吞吐量、热点增强、低复杂度和灵活组网等目标，解决频率资源紧张的问题。近年来，通过移动通信产业主导的企业并购及国内外电信运营商的网络和业务整合，产业链已经具备实现移动蜂窝与 WLAN 更深层次融合的条件。

（3）低功耗广域网

低功耗广域网（LPWAN）是一种低功耗的无线通信广域网络，可实现低速率远距离通信。多数 LPWAN 技术可以实现几千米甚至几十千米的网络覆盖。由于其网络覆盖范围广、终端功耗低，故更适合于大规模的物联网应用部署。

LPWAN 是专为物联网连接设计的通信技术，解决了广覆盖和低功耗 / 低成本两难问题，开启了物联网无线连接新方式，推动了物联网连接数量迅速增长。LPWAN 技术主要分为两类，一类是工作于授权频段的基于蜂窝移动通信技术的 NB-IoT、eMTC 等技术，另一类是工作于未授权频段的远距离无线通信（LoRa）、西格福克斯（SigFox）等技术。根据思科公司的统计，2016 年全球蜂窝移动通信网承载约 8 亿个物联网连接，2G、3G、4G 及后续演进和 LPWAN 四

类网络承载的物联网连接占比分别为29%、40%、23%和8%，预计到2021年，占比将变为6%、16%、46%和31%，4G及后续演进技术将成为物联网承载主体。根据爱立信公司预测，2021年全球连接的物联网设备将达到160亿个，其中蜂窝移动网络连接的物联网设备约15亿个。

NB-IoT助推移动通信产业向物联网领域进一步扩展。面对自然人用户红利终结、流量经营“剪刀差”持续扩大的现实，全球移动通信业不约而同地将未来战略聚焦于充满无限想象空间的万物互联。3GPP等标准组织和移动通信产业通过推进新的窄带物联网技术，开始将目光投入以物联网为代表的低功耗、大连接场景和以车联网为代表的低时延、高可靠场景，向其他行业领域渗透。同时，蜂窝移动通信之外的物联网技术发展迅速，抢占LPWAN市场。LoRa和SigFox是工作于未授权频段LPWAN技术的典型代表。与NB-IoT和eMTC相比，LoRa和SigFox的优势是技术市场化时间比较早，已经有全球部署的商用网络，网络架构简单，运营成本较低；缺点是由于使用非授权频段，可能面临更多的潜在干扰，同时非标准化技术未来的演进路线也并不清晰。因此LoRa和SigFox的市场定位主要是可靠性、安全性等要求没那么敏感，同时要求迅速实现定制化服务的企业级应用。

综合来看，未来 LPWAN 发展呈现出如下的趋势。

LPWAN 成为承载物联网连接的主要无线通信技术。与传统的物联网技术相比，LPWAN 技术有着明显的优点。与蓝牙、Wi-Fi、紫蜂（ZigBee）、IEEE 802.15.4 等无线连接技术相比，LPWAN 技术传输距离更远；与蜂窝技术（如 GPRS、3G、4G 等）相比，LPWAN 连接功耗更低。这些优点使 LPWAN 技术非常适用于物联网的应用场景。

LPWAN 将存在许可频段和免许可频段两类技术的长期竞争。NB-IoT 和 eMTC 等基于蜂窝移动通信技术的 LPWAN 工作在许可频段，未来将继续随着移动通信技术的演进而不断发展。而 LoRa 和 SigFox 等 LPWAN 工作在免许可频段，由于部署的灵活性和低成本将继续发展，与基于蜂窝移动通信技术的 LPWAN 直接竞争。这种竞争类似移动通信与 Wi-Fi 的关系，是不同技术理念的差别，各有优缺点，势必将长期在 LPWAN 领域争夺市场。

（4）其他短距离无线通信

其他短距离无线通信技术主要包括蓝牙、RFID、近场通信（NFC）、紫蜂（ZigBee）和可见光通信（Li-Fi）等。物联网和垂直行业应用是这些技术的重点应用领域。

1）蓝牙

蓝牙 5.0 版本于 2016 年 12 月发布，主要提升了蓝牙低功耗方面的各项性能指标，使应用空间得到了极大拓展。

蓝牙无线网格网络（Mesh）标准目前处于 v1.01 版本，Mesh 组网技术将让蓝牙设备能够在网络中互联，无须控制中继设备，构建一个去中心化的设备系统，类似于 ZigBee，但功耗更低且不需要网关，使蓝牙网络覆盖整个建筑或家居成为可能，为蓝牙在智能家居和工业自动化应用领域带来新的机会。

必肯（Beacon）将成为蓝牙设备第三大市场。蓝牙 Beacon 技术正在改变消费者与品牌互动的方式，并将成为零售业技术革命的一种趋势。Beacon 设备具有对

移动电子终端设备定位的功能和唤醒关联 App 功能。基于这两项功能，它可以应用于导航定位和营销信息推送等各种场景。

2）RFID 和 NFC

RFID 技术是一种利用射频通信实现的非接触式数据采集技术。RFID 技术具有抗干扰、寿命长、信息量大等特点，应用于仓储物流、生产制造、物品追踪、公共服务、商业零售等行业，能够大幅提高管理效率，降低成本。

RFID 技术的优势非常明显，其拥有超长的识别距离、超宽的识别区，穿透与绕射能力强，因此通信能力异常强大且信号稳定。在智能家居发展的初期，在指令分拨技术尚不成熟且需要大量的数据链发出的时代，RFID 确实是智能家居不二的选择。但其弊端也非常明显，昂贵的通信成本、巨大的追踪耗能、长波段的互相干扰让这项技术不仅难以进入平常百姓家，更难以进入信号复杂的高层居住区。

NFC 技术是由 RFID 及互联互通技术整合演变而来，在单一芯片上结合感应式读卡器、感应式卡片和点对点的功能，能在短距离内与兼容设备进行识别和数据交换。

目前，NFC 支付技术应用普及，主机卡模拟（HCE）逐渐成为业内主流技术，对NFC 支付产业影响巨大。HCE 无须提供安全模块（SE），而是由在手机中运行的一个应用或云端的服务器完成 SE 的功能，此时 NFC 芯片接收到的数据由操作系统发送至手机中的应用，或通过移动网络发送至云端的服务器来完成交互，不受手机内部 SE 硬件的限制。

3）ZigBee

ZigBee 是基于 IEEE 802.15.4 标准的低功耗局域网协议。这项协议是一种短距离、低功耗的无线通信技术，最初是作为现代化工厂的智能机械控制解决方案。

ZigBee 技术研发和应用门槛较高，开发难度大，没有技术实力的企业无法涉足。国外的智能家居系统都在尝试运用这个技术，目前国内只有少数企业把此技术运用于智能家居，还做到了智能化和系统化，功能非常全面。ZigBee 技术的安全性较高，这源于其系统性的设计。首先，ZigBee 采用高级加密标准（AES）加密，严密程度相当于银行卡加密技术的 12 倍。其次，ZigBee 采用蜂巢结构组网，每个设备不仅能通过多个方向与网关通信，保障网络的稳定性，还具有无线信号中继功能，可以接力无线传输通信信息到 1000 米以外。另外，ZigBee 能够满足家庭网络覆盖需求，即便是智能小区、智能楼宇等，只需要一台主机就能实现全面覆盖。ZigBee 具备双向通信的能力，不仅能发送命令到设备，设备也能把执行状态和相关数据反馈回来。ZigBee 还采用了极低功耗设计，可以全电池供电，理论上一节电池能使用 2 年以上。

4）Li-Fi

Li-Fi 技术是一种利用可见光波谱（如灯泡发出的光）进行数据传输的全新无线传输技术，近年来受到广泛关注。

Li-Fi 有很多技术优势。①传输速度快：可见光的频谱带宽是目前电磁波带宽的 10000 倍。目前实验室测试最高速率为 1 吉比特每秒。②建设便利，光源易得：利用已经铺设好的电灯设备电路，在需要接入网络的地方植入一个芯片即可。③绿色健康，低能耗：可见光对人类来说是绿色的、无辐射伤害的一种物质。同时光通信可减少能耗，因为不需要像基站那样提供额外的能耗。④安全性：与电磁波可以穿透物体进行传播相比，可见光只能沿直线传播，不会穿透墙体，从安全角度讲，不容易被截取，因而不易泄露信息。

Li-Fi 技术愿景美好，但当前发展面临技术瓶颈且缺乏产业链广泛支持。目前，市场使用 Li-Fi 替代 Wi-Fi 的意愿并不强烈。未来 Li-Fi 可以作为 Wi-Fi 的补充，首先在大型商场、机场、酒店及普通家庭住房试点应用，同时尝试渗透到航空、航海、地铁、高铁、室内导航和矿井下作业等特殊领域及场景。

2 产品与服务创新

无线通信技术已经深刻地改变了人们的生活，但人们对更高性能无线通信技术的追求从未停止。未来的无线通信技术将面对爆炸性的数据流量增长、海量的设备连接及不断涌现的各类新业务和应用场景。无线通信技术将渗透到未来社会的各个领域，以用户为中心构建全方位的信息生态系统。无线通信技术将使信息突破时空限制，提供极佳的交互体验，为用户带来身临其境的信息盛宴；无线通信技术将拉近万物的距离，实现人与万物的智能互联。无线通信技术将为用户提供光纤般的接入速率、零时延的使用体验、千亿设备的连接能力，以及超高流量密度、超高连接密度和超高移动性等多场景的一致服务，实现业务及用户感知的智能优化，同时为网络带来超百倍的能效提升和比特成本大幅降低，最终实现“信息随心至，万物触手及”的总体愿景。

无线通信技术可能带来的产品与服务创新，主要体现在如下两个方面。

(1) 无线通信技术将推进智能手机、可穿戴设备和 AR/VR 等新型终端进一步普及

智能手机随 4G 发展而普及。在北美和欧洲的饱和市场及亚太地区的成熟市场，智能手机的普及率已达到 90%，新兴市场的出货发展强劲，是未来几年推动智能手机增长的“引擎”。中国是全球最大的智能手机市场，2016 年年初印度已取代美国成为全球第二大智能手机市场（超过 2.6 亿用户）。而 2019 年，全球智能手机用户

数量排名前三位的国家为中国、美国、日本。当前，可穿戴设备和以 AR/VR 为代表的各类新型终端受到资本青睐，相关企业蜂拥而入，呈现爆发式发展。这些新型终端正越来越多地借助无线通信技术接入网络。

由于未来的无线通信技术趋于融合，网络侧和终端侧将更加智能，当用户终端连入无线网络时，设备会根据环境自动识别、选择最优的无线传输方案进行工作，或者网络能够根据用户业务需求自动地采用合适的无线网络提供服务，而这些过程是不需要用户操作或关心的，用户唯一在意的是能否顺畅地使用无线网络流量，就像插上插座就能用电，打开水龙头就能用水一样。这样便捷的无线网络将促使用户更乐于使用各种新型终端和尝试各种新的业务，提升用户感知，因而客观上有助于新型终端的普及。

（2）构建新一代的信息基础设施，支持移动互联网、物联网、车联网和工业互联网等的发展

无线通信技术与云计算、大数据、人工智能、AR/VR 等技术深度融合，将连接人和万物，构建新一代的信息基础设施，成为各行各业转型升级的推动力量，是实现信息化“无所不在”的重要手段。一方面，无线通信技术将为用户提供超高清视频、下一代社交网络、浸入式游戏等更加身临其境的业务体验，推动人类交互方式再次升级。另一方面，无线通信技术将支持海量的机器通信，与智慧城市、智能家居等为代表的典型应用场景深度融合，预期千亿量级的设备将接入无线网络。更重要的是，无线通信技术还将以其超高可靠性、超低时延的卓越性能，引爆车联网、移动医疗、工业互联网等垂直行业应用。

未来的蜂窝移动通信有望成为一项通用技术，WLAN、LPWAN 和其他短距离通信技术成为各个领域、场景的主要技术，共同构建泛在的无线通信基础设施。无线网络将实现大规模的万物互联，继续提升通信的效率和质量；无线通信产品的变化延伸了服务的范围和形态，成为一种基于数据信息的服务，通过对无线网络采集和传输的数据进行分析，给政府和企业带来了新的管理和生产方式。

无线通信技术将持续为移动互联网、物联网、车联网和工业互联网等提供连接和服务。依靠无线通信网络的低时延、高可靠性、高速率、高安全性等优势，将有效提升对车联网 / 自动驾驶信息及时准确采集、处理、传播、利用的能力，有助于车与车、车与人、车与路的信息互通与高效协同，有助于消除车联网 / 自动驾驶安全风险，推动车联网 / 自动驾驶产业快速发展。无线通信技术将广泛深入应用于工业领域，工厂车间中将出现更多的无线连接，促使工厂车间网络架构不断优化，有效提升网络化协同制造与管理水平，促进工厂车间提质增效。把无线通信技术引入医疗行业，将有效满足远程医疗对低时延、高清画质和高可靠性、高稳定性等要求，推动远程医疗应用快速普及，对患者（特别是边远地区患者）实施远距离诊断、治疗。能源行业利用无线通信技术的高速、实时和海量接入等特点，将进一步促进能源互联网扁平化、协同化、高效化和绿色化。

3 对经济社会发展的影响

无线通信技术将不断发展，未来将以更加高效灵活的网络架构、更快的速率、更低的时延和更大的连接能力，开启万物广泛互联、人机深度交互的新时代。无线通信技术将全面构筑经济社会数字化转型的关键基础设施，从线上到线下、从消费到生产，从平台到生态，推动我国数字经济发展迈上新台阶。

目前数字化转型是主要经济体的共同战略选择。信息通信技术向各行各业融合渗透，经济社会各领域向数字化转型升级的趋势更加明显。数字化的知识和信息已成为关键生产要素，现代信息网络已成为与能源网、公路网、铁路网并列的不可或缺的关键基础设施，信息通信技术已成为提升效率和优化经济结构的重要推动力，对加速经济发展、提高现有产业劳动生产率、培育新市场和产业新增长点、实现包容性增长和可持续增长发挥着关键作用。依托新一代信息通信技术加快数字化转型，成为主要经济体振兴实体经济、加快经济复苏的共同战略选择。

无线通信技术是数字化战略的先导领域，是经济社会数字化转型的关键使能器。全球各国的数字经济战略普遍将无线通信技术作为优先发展的领域，进一步推

动无线通信技术普及应用，加快数字化转型的步伐。无线通信技术的广泛应用将为大众创业、万众创新提供坚实支撑，助推制造强国、网络强国建设，成为引领国家数字化转型的通用目的技术。

作为不断发展的通用目的技术，每一次新的无线通信技术的商用化都会引发新一轮的投资高潮，促进无线通信技术向经济社会各领域扩散渗透，孕育新兴信息产品和服务，重塑传统产业发展模式，成为经济社会发展的关键动力。

（1）刺激各领域加大数字化投资，加速信息通信行业资本深化进程

经济增长理论表明，资本积累是推动经济增长的关键因素，与其他要素相比，其对经济社会的拉动作用更为直接和显著。无线通信技术投资对经济增长的作用有两条路径。一是投资需求路径。作为总需求的重要组成部分，投资的增加将直接拉动总需求扩张，带动总产出增长，推动经济发展。无线通信技术的大规模产业化、市场化应用，必须以对网络设备的先期投入作为先决条件，对无线网络及相关配套设施的投资，将直接增加国内对网络设备的需求，间接带动元器件、原材料等相关行业的发展。二是投资供给路径。投资以技术、产品、人力等各种形式的资本，促进技术进步和生产效率提升，增强经济社会长期发展的动力。不断演进的无线通信技术将吸引国民经济各行业扩大相关领域的投资，加大信息通信资本投入比重，提升各行业数字化水平，提高投入产出效率，进而促进经济结构优化，推动经济增长。

(2) 促进业务应用创新，挖掘消费潜力，扩大消费总量

当前，我国最终消费对经济增长的贡献率超过 60%，经济社会发展已步入消费引领增长的新时期。无线通信技术的应用对扩大消费、释放内需有着重要作用。一是增强信息消费有效供给。无线通信技术的应用将促进信息产品和服务的创新，让智能家居、可穿戴设备等新型信息产品，8K 视频、VR 教育系统等数字内容服务真正走进千家万户，增加信息消费的有效供给，推动信息消费的扩大和升级，释放内需潜力，带动经济增长。二是带动“互联网 +”相关消费。无线通信技术将在人们居住、工作、休闲和交通等各个方面提供身临其境的交互体验，有效促进 VR 购物、车联网等垂直行业应用的发展，使用户的消费行为突破时空限制，真正实现“消费随心”。因此，无线通信技术的应用将有效带动其他领域的消费。

(3) 拓展信息通信产品国际市场空间，提升我国综合优势

在开放经济条件下，国际贸易和国际投资对一国经济增长的作用日益显著。无线通信产品的国际化拓展对经济的拉动作用主要体现在两个方面。一是对外商品贸易路径。预期标准更加统一的各种无线通信技术将极大地便利相关产品及服务的出口，扩大对外贸易规模，优化贸易结构，刺激优质产品服务的供给，进而对经济的快速增长、经济结构的优化升级起到重要推动作用。二是对外直接投资路径。在国外建立分销渠道或部署无线网络等将直接带动无线通信相关产品出口，充分挖掘、利用国外资源和国外市场，扩大出口份额，间接促进国内需求扩大，进而带动国内经济增长。

综上，无线通信技术的应用对经济社会发展有积极的促进作用，我们应继续重视无线通信产业布局，塑造竞争新优势，通过无线通信技术的深度应用驱动传统领域的数字化、网络化和智能化升级。这是我们拓展经济发展新空间，打造未来国际竞争新优势的关键举措和战略选择。

三、信息网络技术

随着移动宽带、视频、云业务的迅猛发展，全球带宽需求爆炸式增长，给基础网络带来巨大压力。为满足业务发展需要，推动经济社会转型，高速化、智能化、泛在化将成为未来信息网络技术的演进方向。

1 对经济社会发展的影响

（1）高速率、大容量网络技术持续演进升级

业务流量的迅猛增长推动传输网向更高速率演进。2013 年全球开始建设 100G 网络，以提高骨干网和本地网络带宽及业务接入能力。当前，主流光网络设备商的 100G 光传输设备已经成熟，用于超级干线、骨干网、城域网等各层级网络，可为运营商构建大管道、灵活、弹性、智能光传送解决方案。运营商方面，100G 系统已广泛商用，国内三大运营商持续规模化建设 100G 光传输网；设备商方面，华为已经在全球建设了多个 100G 商用网络。

骨干网流量激增推进高速网络技术创新。互联网流量爆炸式增长，联网场景日益丰富。为了应对激增的流量，运营商在短时间内将核心节点路由器升级到多框集群形态，在传统集群架构触及极限的背景下，提升路由器单端口和单槽位容量，建设扩展能力强、运维成本低、大容量路由平台的需求日益迫切。2012 年，华为已经推出基于 400G 业务板卡，单框端口容量可达到 6.4 太比特每秒，支持背靠背集群、2+4 集群、2+8 集群模式，2+8 集群端口容量可达到 51.2 太比特每秒，400G 平台可平滑升级至 1T 平台。2016 年华为推出基于 1T 平台的单机、背靠背和多框集群，1T

单机端口容量可达 16 太比特每秒，最大可商用的集群规模为 2+8，集群端口容量可达到 128 太比特每秒，并且平滑兼容现网 400G 和 100G 单板。

（2）SDN/NFV 步入实质性推进阶段

随着全球信息技术飞速发展，以移动互联网、云计算、大数据、物联网、工业互联网等为代表的新兴业态不断繁荣。在技术应用创新的驱动下，社会各行业都纷纷在网络之上进行业务架构，互联网网络已成为各行各业都深度依赖的信息基础设施。然而，现有网络架构存在网络刚性、网元封闭、业务"烟囱"、运营复杂等问题，不能满足未来业务的高带宽、低延迟、灵活调度等要求。因此，构建新型的泛在、敏捷、按需的智能型网络是互联网网络重构的重要内容。

在此背景下，SDN/NFV 成为推动网络重构的关键技术。其中，SDN 通过控制平面和转发平面的解耦，重新定义网络架构，实现网络可编程及重构，并提供更强的网络掌控能力；而 NFV 通过改变传统网元结构与状态，采用符合工业标准的 x86 架构构建云资源池，以虚拟机的方式承载网元的功能，使运营商的网络与业务管理更加灵活和高效。SDN/NFV 本质上具有控制和转发分离、设备资源虚拟化和通用硬件及软件可编程三大特性，因此具有一些好处：网络的智能性全部由软件实现，网络设备的种类及功能由软件配置，对网络的操作控制和运行由服务器完成；对业务响应更快，可以定制各种网络参数，如路由、安全、策略、服务质量、流量工程等，并实时配置到网络中，从而缩短具体业务的开通时间。通过软件化更容易实现网络智能化，软件化是智能化的重要内涵。近年来，以 SDN/NFV 为核心的网络重构已进入实质性推进阶段。此外，相关行业已经开始尝试把大数据分析引入网络运行管理中，提高网络运行维护的智能程度。现在华为可以对高达 50% 的网络故障进行预测，从而将客户网络故障率降低 20%。

在电信运营商方面，国内外电信运营商纷纷提出基于 SDN/NFV 的网络重构计划与现网试验。继 2013 年 AT&T 发布的 Domain 2.0 计划提出实现按需服务的网络转型之后，威瑞森电信、德国电信、沃达丰、日本电报电话公司、中国电信、中国联通、中国移动等国内外主流电信运营商相继提出了网络重构计划。作为电信运营商先行者，AT&T率先提出了边缘网络重构的基本模型，意在实现网络设备在数据中心的虚拟化、硬件标准化及软件平台层开源。AT&T已完成验证性测试，并于2016年8月开始现场测试。同时，AT&T、威瑞森电信及国内运营商也开展了虚拟客户端设备（vCPE）现网试验，推出了基于软件定义广域网（SD-WAN）的“随选网络”方案。我国运营商率先开启城域网虚拟宽带远程接入服务器（vBRAS）现网试验及移动核心网虚拟化建设。其中，中国电信以网络功能虚拟化基础设施（NFVI）接入点为基础，提出了融合虚拟宽带远程接入服入器（vBRAS）架构与整机柜的解决方案，并于2016年率先在广东省、浙江省、江苏省等地城域网开展相应的测试验证工作；中国移动以边缘电信云基本组件（TIC）为基础，提出转控分离架构的云化宽带远程接入服务器（BRAS）解决方案；中国联通提出了基于转控分离的虚拟化宽带网络网关（vBNG）新型城域网架构，并在山东省、天津市及江苏省开展了试点工作。此外，国内正逢VoLTE与NB-IoT建设时期，我国电信运营商也开展了移动核心网的虚拟化探索和先行部署。

在互联网企业方面，随着云计算与SDN技术的日益成熟，国际互联网巨头纷纷以数据中心为基础，打造适应云化、能够灵活调度的应用基础设施。互

联网企业作为网络技术创新的重要力量，引领了虚拟化、SDN技术的发展。目前，在数据中心内部链路使用SDN技术提升链路利用率已较为普遍。为了适应自身业务发展，谷歌、亚马逊公司（简称“亚马逊”）、阿里巴巴等国内外主流互联网企业均采用了“软件定义网+虚拟扩展局域网”（SDN+VXLAN）方式实现了云数据中心的内部组网。同时，作为SDN技术的最早实践者，谷歌率先利用基于SDN理念的开放流（openflow）技术实现了数据中心的互联和流量调度，并应用于其B4全球骨干网络。

在网络设备制造商方面，思科、华为、中兴通讯等推出了基于SDN/NFV技术的网络重构解决方案与初步产品。其中，思科推动了基于SDN的分段路由（segment routing）的发展；华为提出了控制面和用户面转控分离的网络重构模型；烽火通信推出了光与IP协同的SDN解决方案。同时，华为、中兴通讯、华三通信、瞻博网络等企业还深入参与了国内外电信运营的网络重构试验，并推出了SD-WAN及NFV各应用场景的初步产品。

（3）IPv6加速部署，空天互联网开启商用

长期以来，全球IPv6部署面临投资大、收益慢的难题，形成网络、应用和用户三角困局。近年来，以4G网络建设为契机，各国政府与移动运营商纷纷发力IPv6，有力带动了IPv6网络发展。从移动运营商来看，美国跨国移动电话运营商T-mobile、威瑞森电信等对IPv6的支持率均超过80%。全球互联网内容对IPv6的支持与网络发展保持同步，以谷歌、脸书为典型代表的国际大型互联网企业由于业务发展迅速、IPv4地址储备相对较少等原因，网站内容加速转向通过IPv6访问。目前全球TOP50网站中，超过50%域名支持对IPv6解析。

我国IPv6发展起步较早，但近几年逐渐落后。我国早在1998年就开始建设IPv6网络试验床，2003年工业和信息化、科学技术部、国家发展和改革委员会等八部委联合发起中国下一代互联网示范工程（CNGI）项目，并于2011年建成了当时全球规模最大的IPv6网络。但在IPv6商用进程上，我国网络及互联网应用对IPv6的支持进展缓慢，中国电信对 IPv6 的支持率仅 0.11%，远远落后其他国家。我国 IPv6 用户占比仅 0.3%，全球排名 67 名，距离国际 IPv6 发达国家还有明显差距。根据中国联通的消息，截至 2018 年 7 月，中国联通骨干互联网设备 IPv6 支持率为 100%，IP 城域网设备 IPv6 支持率达 97%，LTE 全网已完成 IPv6 版本升级。同时，国际方面，目前已建成 20 吉比特每秒的互联互通出口。国内方面与中国电信、中国移动和中国广播电视网络有限公司（简称“中国广电”）开通了共计 3050 吉比特每秒的 IPv6 互联带宽。截至 2019 年 6 月，我国 IPv6 活跃用户数已达 1.30 亿。我国基础电信企业已分配 IPv6 地址的用户数达 12.07 亿。

虽然世界已经进入互联网时代，但并不是每个人都可以享受到互联网带来的便利。全球仍有超半数人口无法连接互联网，他们主要分布在极度贫穷地区及一些传统网络无法覆盖的地区，其中 16 亿人口生活在移动网络无法覆盖的偏远地区，从而失去了互联网带来的经济和社会发展的巨大机会。为这些偏远地区提供互联网覆盖存在诸多技术挑战且造价不菲。随着高通量卫星及浮空通信平台的不断成熟，利用空天网络实现互联网的普及将具有明显的成本与实际部署优势，也将为台风、地震及公共安全事件下的应急通信提供高效的解决方案。

——以谷歌和脸书为代表的互联网巨头正致力于通过创新方案解决互联网覆盖问题。谷歌气球（Project Loon）项目使用高空太阳能气球取代陆地基站来为手机提供无线上网信号。该项目启动之初曾被认为是不可能完成的任务，而现在距离实际应用已越来越近，谷歌气球已经与 AT&T、西班牙电信等世界顶级运营商合作，连通运营商网络，规模投入应用，成功在全球多个地区提供应急通信保障。以 2017 年 3 月秘鲁洪灾为例，当时秘鲁山洪暴发、河水泛滥，多地发生泥石流，数十万人流离失所，地面通信设施遭到严重破坏，导致许多区域通信服务瘫痪。为了快速打通通信网络，西班牙电信与谷歌气球合作，在多地上空部署谷歌气球服务，并与西班牙电信网络连接，以“空对地”的方式向受灾区域提供网络服务，72 小时内为 4 万平方千米区域数万手机提供了基础互联网连接，提供超过 160 吉字节的数据流量。脸书“天鹰座”为高空飞行的巨型太阳能无人机，面向地面人口提供上网服务，目前已经成功完成起飞和着陆。

——国际上，部分运营商投入部署的空中基站已实现应急保障。以地震频发的日本为例，运营商软银（Softbank）就把一个巨大的气球形控制基站升上天空，解决了方圆 10 千米范围内受灾民众手机通信问题。

——高通量通信卫星在更高空间层面助力网络泛在接入。目前，我国高通量通信卫星可以支持 30 万个终端同时上网，每个终端可以对应一架飞机或一辆高铁，为飞机和高铁上的乘客提供百兆级高速的宽带接入体验。我国正在研制下一代容量为 500 吉比特每秒以上的高通量卫星。

空间互联网技术是将地面互联网技术与空间信息资源进行有效融合，融合原则是“高效利用，综合集成”。近几年，随着社会经济的迅猛发展及科学技术的不断进步，空间互联网技术正逐步深入人们的生活与生产，并广泛运用于各行各业，在政治、经济、文化等各领域都可以看到空间互联网技术的应用。

2 技术发展趋势

(1) 高速化：网络技术向超高速、超大容量演进

传输网进入超100G时代。宽带、数据中心及云计算飞速增长，传输网面临着业务流量爆炸式增长带来的巨大压力，超高速、超大容量和动态灵活成为光传输技术未来的发展趋势。根据全球IP流量增长趋势预测，未来5～10年高速光传输网络已经无法满足社会发展的需求。为适应万物互联时代的流量增长，全球运营商及设备商都在加紧部署100G网络，同时也在积极研发超100G网络技术。400G网络有望采用更高的波特率以减少调制阶数，并采用多载波技术来提高频谱效率，未来可能会根据应用场景的不同，分别采用单载波、双载波或四载波等实现方案。电信运营商和设备厂商在内的业界各方正在积极推动400G技术的试验和部署，未来10～20年，400G波分传输技术势必成为下一代高速光传输网络的发展方向，相关标准化工作将分阶段推进，电信运营商也会结合自身网络特点，根据不同的应用场景选择面向未来业务发展需要的400G技术方案。

400G平台将满足未来相当长一段时期的网络发展需求。端口能力从10G到40G再到100G经历了10余年时间。随着100G端口及400G路由平台的成熟，“单端口400G”标准制定正在进行中，然而单端口400G的标准化和产业化进程将比上一个以太网标准更加艰难，因此400G平台将拥有很长的生命周期。未来单槽位400G路由平台将在大容量的基础上进一步考虑小型化、多业务和易部署等需求，充分适应网络解决方案的部署要求。大容量设备的演进将主要提升可用性，增强融合业务承载能力，以及应对业务快速变化、系统资源虚拟化和与光传输更佳的要求等。长期来看，400G平台设备将在网络中将发挥更大的作用，支持网络长期演进发展。

(2) 智能化：南北向接口实现标准化，人工智能与网络结合创造大量机遇

构建适应万物互联、智能化的新一代的互联网基础设施，对发展“互联网+”产业新形态、支持创新性业务发展具有重要意义。随着产业互联网时代来临，经济社

会各行各业又对网络基础设施提出了新需求。能够实现资源动态部署、集约化高效运维、业务快速上线的智能化网络是运营商提升网络价值、降低运营成本的必然选择。近年来，国内外运营商以实现业务精细化运营为目标，开展智能管道建设，在网络智能化方面进行了初步探索。运营商提出网络重构计划，利用虚拟化、软件化技术重塑互联网基础设施形态，未来将实现“资源可全网调度、能力可全面开放、容量可弹性收缩、架构可灵活调整”的智能化转变。

云网融合也将成为智能网络的演进目标。随着国内外网络重构步伐的不断加快，我国互联网网络正在基于 SDN/NFV 技术进行智能化改造。结合我国主要电信运营商的网络重构规划，在数据中心方面，传统数据中心（端局）将实现云化重构，构建全网统一的电信云资源池，实现资源的统一管理和调度；在基础网络方面，将在光网络、移动回传网络、数字中心互联（DCI）网络等引入 SDN 控制器，并在骨干网和城域网部署基于 SDN 的解决方案，实现网络可编程和按需调度；在运营支撑与协同系统方面，将遵循“纵向分割，横向协同”的原则，部署顶层网络协同与业务编排层，统一控制 SDN 控制器、网络协同与业务编排器（NFVO），实现物理网元和虚拟网元的统一管理。

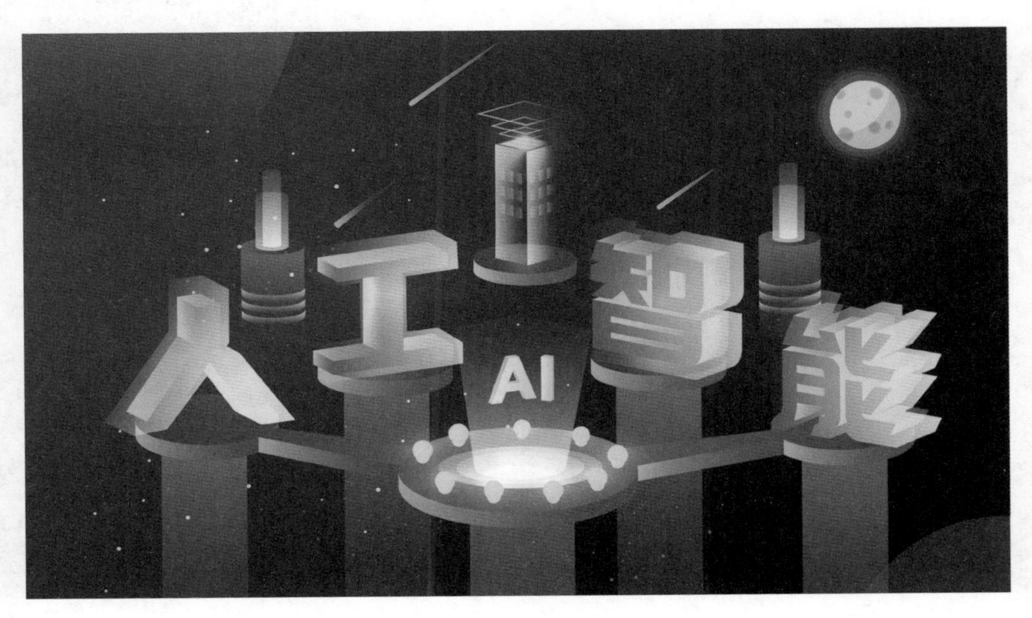

推动网络智能化，人工智能大有作为。通信行业蕴藏海量的有价值的数据，而机器学习提供了数据挖掘的新手段。把人工智能的技术运用于网络数据分析，进而优化网络运行，提高网络运行的质量和效率，是一个必然的趋势。目前标准组织和产业组织都积极投入相关领域，2017 年年初 ETSI 宣布成立新的行业规范工作组——“经验式网络智能”工作组，ITU-T 也在筹备电信人工智能相关组织，国内人工智能产业发展联盟和 SDN/NFV 产业联盟成立均建立相关的工作组研究推动“人工智能 +”网络相关技术。人工智能超级网络不能一蹴而就，必将经历灵活网络、自动网络、智能网络三个发展阶段。第一阶段，网络会将硬件能力与软件控制分离，对外更快地提供标准化服务，实现“灵活网络”。第二阶段，随着能力的提升，网络将具备一定智能，能够完成大部分工作，人只需要定义一些规则和标准。这时通过人机协同，网络就能实现个性化的应用，成为一个“自动网络”。第三阶段，网络能够智能决策，连接泛在的智能设备，提供人性化的服务。这时网络与人或应用将融为一个紧密的整体，成为智能网络。

（3）泛在化：IPv6为万物互联提供资源保障，迁移进入常态化；空天网络助推互联网全球无死角覆盖

1）IPv6

随着未来物联网终端、智能手机等移动设备数量的增加，IPv6将在互联网，尤其是移动互联网中得到广泛应用。未来IPv6将全面部署于网络架构各个层面，用户端设备、接入网、城域网、骨干网、网间通道及国际出入口等全面支持IPv6。在较长一段时期内，IPv6和IPv4双栈配置并存。此外，以移动App应用带动网站改造，NB-IoT、车联网和工业互联网等新型网络应用全面支持IPv6。到2049年，云网端实现向IPv6的平稳过渡，以充足的地址资源保障业务创新发展。

2）空天网络

随着各航天大国对空天网络研究越发重视，空天网络的技术也不断完善。到2049年，卫星、气球、无人机、超高性能基站等将助推全球空天网络无死角覆盖。

高轨卫星发展较为平稳，仍然是传统龙头企业在不断制造和发射卫星。预计2020年以后，地球静止轨道（GEO）卫星的订单约为每年10~15颗。目前，代表性主要有美国卫讯（Viasat）公司的Viasat-2和休斯（Hughes）公司的Jupiter-2，它们的容量分别达到300吉比特每秒和220吉比特每秒。在建的Viasat-3和Jupiter-3的容量将分别达到1太比特每秒和500吉比特每秒，它们将分别于2021年和2022年发射。

通过网络气球解决特殊地区的网络需求。网络气球在空中飘浮过程中，最不可控因素就是空气的流动。通过与人工智能技术结合，网络气球可以针对风的走向和力度进行分析和学习，从而实现自主控制，避免被风吹到很远的位置，从而适应复杂的天气、气流条件，延长在高空滞留的时间。

无人机将成为飞在天上的移动热点。与各国政府、运营商、设备商广泛合作，在网络覆盖差甚至没有网络的国家和地区，通过无人机实现网络覆盖。数千架无人机组成编队，其中一架与地面信号站保持连接，其他飞机组成网状网络，向地面广播移动网络，从而实现互联网覆盖。

3 对经济社会发展的影响

(1) 网络高速化推动业务繁荣，助力经济社会深入转型

目前，互联网已成为国家经济发展的重要驱动力。构建先进、安全、强大的网络是落实“网络强国”战略的基石，网络高速化则是我国“互联网 +”产业繁荣和国家网络信息安全的重要支撑。一方面，网络高速化技术推动应用日新月异。根据思科公司的测算，未来几年全球 IP 流量将保持 21% 左右的增长率，IP 流量为目前传输网的主要承载业务。2013 年是 100G 技术规模部署的起点。随着网络高速化发展，未来超 100G 业务需求将日趋增多，400 吉比特每秒、1 太比特每秒乃至更高传输速率网络将支持移动互联网、大数据、4K 视频乃至 VR 等业务应用繁荣，为社会经济转型奠定坚实的基础，保障信息高效流动。同时，应用需求也在促进技术创新和网络持续演进升级，两个方面相互促进、相辅相成。另一方面，高端路由器是互联网最核心的节点设备，不但关系到网络的性能，更与国家网络信息安全密切相关。国内厂商的持续创新，保证了面向互联网骨干节点、城域网核心节点、数据中心互联节点和国际网关的超级核心路由器产品自主化，也保证了运营商网络的健壮性、平滑演进。

(2) 网络泛在化为任何时间、任何地点、任何人、任何物顺畅通信提供基础，带动信息产业的整体发展

1) IPv6

IPv6 有助于解决 IPv4 地址空间不足的问题，是下一代互联网最基础的支撑资源，对物联网、移动互联网、云计算等新兴产业乃至信息通信业整体的发展都有巨大影响。在产业发展方面，随着物联网系统的普及，IPv6 的导入及信息安全将成为重要的议题。而随着物联网系统的发展，相对应的云端应用也将成长。物联网应用使可以获得的数据大大增加，而大量的数据如果需要利用大数据技术进行分析，则有赖于云端计算分布式技术的支持。因此未来物联网应用、云端分析平台、大数据分析技术及安全技术将成为热门的议题，而这些热门议题的背后是 IPv6 这项重要的

网络基础建设。在国家战略层面，发展 IPv6 具有战略意义。发展 IPv6 要在我国政府的政策统筹和战略规划下，以国际先进技术和经营模式为参照，选择合适时机，以互联网企业为主体，利用专利等战略工具，扬长避短，逐步攻占世界产业高地。

2）空天网络

天地一体化网络具有战略性、基础性、带动性及不可替代性的重要意义。一方面，空天网络是发达国家国民经济和国家安全的重要基础设施，它所具有的独特位置与地域优势及特有的信息服务能力，可形成具有巨大潜力的核心竞争力。另一方面，从提前布局竞争空天资源和缩小城乡数字鸿沟角度看，传统网络向空天一体化发展是未来互联网发展的重要趋势。

根据 2015 年发布的《国家民用空间基础设施中长期规划》，在空天网络领域，我国将分阶段逐步建成技术先进、自主可控、布局合理、全球覆盖的包括卫星通信、定位导航在内的多个空天系统。同时，我国也相继开展了用于互联网接入及通信的浮空气球和无人机研究与试验。未来天地一体化的网络架构将满足行业和区域重大应用需求，支撑我国现代化建设、国家安全和民生改善的发展要求。

网络气球的成本效益突出。以谷歌气球为例，飘浮气球最高保持了 190 天的停留记录，平均也可不低于 100 天。相较于建设基站、布线等高昂的建设成本，通过网络气球解决特殊地区的网络需求确实是高效、低成本的方案。

卫星通信应用领域广阔。地面无线网络信号覆盖不到或光缆宽带达不到的地方都可以通过卫星方便地接入网络。通过卫星资源、地面网络系统与业务运营系统一体化设计，以及卫星网络与地面网络的互联互通，用户仅需要购买终端站就可以使用宽带卫星服务，终端站通过卫星的用户波束接入所属信关站，为用户节省了网络建设投资。卫星通信可支持宽带接入、基站回传、视频内容分发、视频新闻采集、机载 / 船载 / 车载通信、企业联网、应急通信等应用，如助力运营商实现无缝“动中通”，即移动中的卫星地面站通信系统。

（3）网络智能化推动网络优化和产业链变革，同时也为社会发展进步创造许多机遇

网络自出现以来一直在演变提升。在向智能化演进的第一阶段，软硬件解耦是核心。SDN、NFV 等技术将屏蔽网络底层硬件的差异，实现网络的扁平化和集中配置，提供标准化的应答服务，对通信网络产生新的影响。例如，SDN 打破了网络设备产品的垂直整合，实现软硬件分离；控制面的集中化、虚拟化简化了运行维护，降低了运行维护成本，方便代维代管，也便于应用协同；控制层软件的开放 / 开源可以支持客户定制软件，快速实现业务创新，缩短新业务的部署周期，提升市场竞争力。

从产业链角度来看，网络开放可以吸引更多开发团体参与，降低总体设备成本和网络建设成本。同时，SDN 的应用使运营商被管道化的趋势更为明显。谷歌等应用提供商部署 SDN 用于数据中心互联的案例，证明了 SDN 可以方便上层应用提供商进行网络组织和调度，降低对运营商网络的依赖度。同时，SDN 使控制层面更加重要，网络操作系统将会成为网络链条中的核心，集中式的控制核心对运营商网络的安全可靠性要求更高，且网络操作系统厂商的控制能力会更强。这促使网络操作系统厂商和运营商对控制层面的争夺更为激烈，需要运营商在智能管道的实施中增加 SDN 的功能。

人工智能与网络将深度结合，使网络向更高级别的人性化服务发展。网络将不再是一个冷冰冰的机器，更像是并肩作战的朋友。人工智能时代的网络将颠覆现有的竞争环境和商业模式。通过演进为连接、感知和计算三位一体的新型网络，网络将以不同的方式处理各种情况，包括提升运营商的网络技术，提高网络突发事件的预测精准度，快速解决各种复杂问题，提供全新的产品和更好的服务，最终提高网络本身的生产力。对运营商而言，连接将成为低廉的普适服务，而数据服务将成为它的核心。

四、卫星通信及浮空平台技术

1 技术发展现状与趋势

（1）技术进步推动了高通量宽带卫星系统的发展

技术创新驱动。各卫星公司积极发展新兴技术，各大传统卫星通信服务商密集部署新的大容量通信卫星发射计划，抢占市场。高轨宽带通信卫星单星容量大幅提高，美国卫讯公司的 Viasat-3 的容量将高达 1 太比特每秒。

宽带卫星通信系统所提供的业务由低速业务及话音业务向高速的互联网接入和多媒体业务发展。目前，Ka 波段卫星通信系统已经在美国、加拿大及欧洲等国家和地区的高速网络接入、高清晰度电视（HDTV）、卫星新闻采集（SNG）、直接到户（DTH）业务及个人卫星通信等业务领域得到广泛应用。

中国卫星通信集团股份有限公司 2017 年发射的“中星 16”为我国首颗 Ka 波

段大容量多媒体通信。根据卫星载荷设计和实际应用场景，宽带卫星通信网络采用星状网络架构。在这种网络架构下，系统按照新一代数字卫星广播标准（DVB-S2），依靠卫星返回信道的数字视频广播标准（DVB-RCS）所定义的卫星网络体系架构进行设计，采用多频时分多址（MF-TDMA）作为系统的多址接入方式。前向链路采用 TDM 方式进行系统消息广播和业务分发，充分发挥 Ka 波段卫星下行大容量广播的优势，实现用户业务的高速下载。反向链路采用 MF-TDMA 方式，能够灵活、充分地利用卫星频率资源。卫星地面系统用于支撑该卫星所承载业务的全面落地和系统运营验证工作，促进该卫星快速投入运营。

（2）全球卫星互联网系统方兴未艾

中低轨卫星的轨道高度低，传输延时短，路径损耗小，多个卫星组成的通信系统可以实现真正的全球覆盖，频率复用更有效。另外，蜂窝通信、多址、点波束、频率复用等技术也为中低轨道卫星移动通信提供了技术保障。

近年来，一网公司（OneWeb）、太空探索技术公司（SpaceX）等商业航天公司正在积极发展中低轨宽带卫星星座系统。其中，OneWeb 已经完成频率轨位的申请与协调，拟发射 720 颗低轨卫星实现全球主要区域个人用户 50 兆比特每秒速率的互联网覆盖。该公司 2017 年发射首星。2019 年 2 月 28 日，OneWeb 首批 6 颗卫星搭载俄罗斯联盟号火箭在法属圭亚那鲁航天发射场成功发射升空。SpaceX 准备打造由 4000 多颗低轨卫星组成的卫星互联网系统。

为抓住卫星互联网的发展机遇，适应宽带卫星通信市场的发展要求，我国有关部门也在积极开展相关关键技术的攻关和系统论证。当前，主要包括中国航天科工集团有限公司正在规划建设的虹云工程，清华大学联合北京信威通信技术股份有限公司自筹自研的灵巧通信试验卫星，中国东方红卫星股份有限公司、上海微小卫星工程中心、中国航天科技集团有限公司第八研究院等国内卫星制造企业也提出了多个低轨宽带卫星星座方案。

（3）积极探索浮空平台新技术

近年来，以光纤宽带和 4G 为代表的地面通信蓬勃发展，但是还存在通信盲点，地面通信网无法实现“无处不在”的愿景，全球约 60% 的人口尚无法通过现有地面通信设施接入互联网。互联网巨头脸书、谷歌积极探索利用高空平台通信提供普遍的网络接入服务，其中谷歌通过热气球项目实验提供廉价的互联网接入服务，脸书借助高空飞行器提供普遍的网络接入服务。同时，欧美国家及日本等国也在研究和测试低空平台通信系统利用无人机、热气球等载体的“空中基站”解决救灾、营救等特殊应急场景下的通信需求。在美国，联邦通信委员会（FCC）2011 年发布《部署空中应急通信架构和下一步工作建议》白皮书，国家电信和信息管理局（NTIA）的第一响应者网络（FirstNet）积极推动“部署空中应急通信架构”，全国公共安全宽带网络考虑利用无人机基站填补 FirstNet 网络尚未部署的地区或地面基础设施可能受到威胁的地区。2017 年 9 月飓风“玛利亚”登陆波多黎各，在飓风过去两个多星期后，波多黎各约 82%的岛屿还没有恢复移动服务。FCC 向谷歌发布了“实验许可证”，允许谷歌气球提供互联网和蜂窝服务，以帮助波多黎各恢复基础设施的通信功能。

我国在低空平台通信系统领域开展了大量的理论研究、测试、试验工作。通信设备制造商积极研发空中基站相关设备，但尚存在未解决的问题；基础电信运营企业积极开展“高空基站”试验，但暂未大规模地装备应用。

卫星通信及浮空平台技术呈现以下发展趋势。

1）加速蓬勃发展

2015—2020年，包括高轨宽带通信卫星和中低轨宽带卫星星座互联网系统的容量将实现翻两番，各大传统卫星通信服务商密集部署新的大容量通信卫星发射计划，抢占市场。多家商业航天公司提出了中低轨宽带卫星星座系统的建设计划，利用商业资本高速推进，如OneWeb，已经获得频率和轨道资源，并构建了完整的产业合作体系，积极推进系统的商用。未来卫星通信行业将借助互联网热潮的东风，实现加速蓬勃发展。

2）市场需求导向

从全球各大卫星通信公司发展计划来看，由于卫星系统建设成本高、周期长，其发展计划均遵循市场需求导向原则。通过对军民应用市场需求准确预测，实现卫星系统建设的高效性和经济性；通过与互联网服务商、内容提供商、军队保障部门开展广泛的商业合作，提高传统卫星制造企业活力，增强卫星通信行业的市场竞争力。

3）技术创新驱动

各卫星通信公司积极发展新兴技术。在高轨宽带通信卫星方面，单星容量大幅提高，Viasat-3的容量将高达1太比特每秒；在中低轨宽带卫星方面，结构化、模块化的设计理念，3D打印等快速制造技术的应用，激光通信等高速星间链路等新兴技术被广泛使用到小卫星的设计制造中，大大缩短了研制成本和周期，推动了系统建设速度。

4）频轨资源紧缺

从1957年苏联第一颗人造卫星“斯普特尼克1号”上天以来，截至2020年，全球发射的人造卫星总计有6600余颗，宇宙空间已经日渐拥挤，频率和轨道资源成为各卫星通信企业竞争的焦点。尤其是各商业航天公司提出的低轨宽带卫星星座动辄成百上千颗卫星，一旦系统建成，将对后建的其他星座带来极大的协调难度。

2 产品与服务创新

(1) 宽带应用是主要应用方向

未来宽带通信卫星系统主要有 7 个应用方向，包括宽带接入、政府和企业网络、基站中继、航空机载、海事通信、军事通信和视频服务。从全球来看，宽带接入是宽带通信卫星系统的主要应用方向。

(2) 应急是典型应用场景

虽然光纤具有带宽大、可靠性高、低延迟等优势，但因为经济原因，地面光纤网络还只能覆盖人口较为密集的地区，空天互联网将作为地面网络的有效补充得以发展，在某些领域更容易得到应用。应急通信、国防战备、机载通信等典型应用场景或将成为空天互联网领域的突破口。空天互联网将成为灾害情况下的一种重要通信设施和手段。

(3) 提供全球廉价互联网接入

以往网络不能覆盖到的广袤海洋、沙漠、南北两极等地方也能接入互联网，未来高空平台空天互联信息网络也将应用于普遍服务，为农村、偏远和不发达地区提供廉价的互联网接入服务，缩小数字鸿沟。

3 对经济社会发展的影响

(1) 缩小数字鸿沟，促进社会公共服务均等化

卫星互联网系统可满足国内日益增长的互联网接入需求，提升城乡信息化水平，促进农村加速发展，符合人民期待，增强全民的生活幸福感和对互联网成果的获得感。

各种全球卫星星座覆盖人口密度低的偏远地区，使以往互联网没有覆盖的人们能够享受到价格低廉的互联网接入服务，如谷歌气球等项目为全球各区域的用户提供光纤级的互联网接入速度，且价格低廉。卫星通信、高空平台作为天地一体化中的重要组成部分，补齐农村互联网基础设施的短板，促进社会公共服务均等化，缩小数字鸿沟差距，持续提升农村地区及偏远地区的信息化水平。

我国部分农村及偏远地区经济基础相对薄弱，地理环境复杂，人口居住分散，宽带建设和运行维护成本高、收益低，导致城乡数字鸿沟呈扩大趋势。这些地区医疗条件不足，危重疑难病症都要转到大城市的重点医院进行专家会诊和治疗。发展卫星远程医疗可以极大方便偏远地区居民就诊，提高当地医疗水平，实现资源高效复用。此外，这些地区教育基础设施建设落后，同时也存在师资力量弱、建设质量差的问题，故落后地区的中小学基础教育也需要远程教育的支持。

以互联网为基础的数字经济解决了信息不对称的问题，边远山区、贫困地区的居民可以通过互联网获取知识，借助电子商务平台实现农产品进城和工业品下乡，依靠众包、众筹、众创、众扶等分享经济模式实现创新创业，通过农村电商、“互联网＋旅游”、“互联网＋农业”等融合发展模式，有效地帮助贫困地区居民增加收入，增强

贫困地区持续发展的内生动力。

（2）助力“走出去”

未来卫星星座实现全球布局，除极少量区域外，全球陆地、海洋无缝覆盖，可加速推进“网络强国”“走出去”等国家重要战略的实施，有效提升我国海外军事行动保障能力和中华文化的国际影响力。卫星互联网系统作为可服务全球的信息高速公路，可为我国参与国际竞争与博弈提供重要筹码，体现大国影响力；为驻外机构和大量的海外经济实体和海外资产提供更为有效可靠的通信手段，保障大量海外人员与

经济团体能随时随地同国内保持安全可靠的联系。

(3) 安全灵活，保障性更高

未来全球卫星星座实现中低轨组合，固定点波束和可移动点波束结合，卫星、高空和地面联合部署网络，增强灵活应对能力，尤其对搜救、抢险等应急场景具有重要意义。主备用卫星结合使安全性更高，保障能力更强。可为应急响应提供有力支撑，提高抗灾救灾能力，保障人民生命财产安全。在各类自然或人为灾害发生时，尤其是在地面网络被破坏的情况下，卫星通信可以为灾害现场提供应急通信，保障现场指挥调度，最大限度地减小灾害的范围和损失，提高搜救效率，减少二次伤害。另外，在政府、企业的各类野外作业中，卫星宽带通信能力也有重要的作用。

(4) 人民生产生活更为安全便捷

我国有着丰富的自然旅游资源。从平原到山地，从森林到沙漠，从雪山到湖泊，不同地区的地理环境有非常大的差别：北方多山脉、大高原、平原，南方则多丘陵、盆地。广阔的地理区域和多彩的自然风光为户外运动提供了多样的活动空间。但是在船舶、飞机、铁路旅行中，人们通常无法接入地面移动互联网，或接入效果较差，难以满足人们对在途移动网络接入的需求。

人们出行带上卫星电话或终端可以实现无论何时、何地都能通话、视频并接入互联网，实时分享信息和见闻，遇险能够及时发出呼叫并得到应急响应，人民生产生活更为安全和便捷。

第二节 信息化应用关键技术

一、云计算与大数据

从技术视角来看，云计算和大数据代表了新一代计算、存储、数据管理与分析技术。随着分布式文件系统、分布式存储、大规模并行计算、弹性计算、深度学习、人工智能、混合现实等技术的不断发展和完善，云计算和大数据将日趋成熟，未来会更加智能化、先进化和泛在化。从产业视角来看，云计算和大数据应用正在从互联网行业向政府、制造、金融、交通、健康医疗等传统行业延伸。

1 技术发展现状与趋势

（1）云计算、大数据引领全球产业革命

全球经济发展正处于新旧增长动能转换的关键时期，正加速向以网络信息技术产业为重要内容的经济活动转变。以信息化培育新动能，用新动能推动新发展，数字经济成为各国创新增长方式、注入经济新动力的重要抓手。

云计算、大数据和移动互联网、物联网、人工智能等新一代信息技术交融渗透，推动新产业、新业态、新模式的兴起，加速了信息技术向传统产业的渗透，成为数字经济的重要引擎。目前全球云计算、大数据市场规模已超过 3000 亿美元，而未来潜在市场价值将达到万亿美元。

美国政府将云计算、大数据视为强化国家竞争力的关键因素之一，把云计算、大数据研究和应用计划提升到国家战略层面。2009 年，美国率先布局云计算、大数据国家战略，同时推出官方云计算、大数据网站（apps.gov 和 data.gov）。2012 年与 2016 年，美国两度发布大数据研究与发展计划，不断加强在云计算、大数据研发和应用方面的布局。目前，苹果公司、谷歌公司、亚马逊公司等美国云计算、大数据企业市值已排在全球前 10 名。继美国率先开启云计算、大数据国家战略先河之后，日韩、欧盟等经济体也快速跟进。2010 年，日本提出了“智能云战略”，目标是借助云平台建立一个高度智能化的社会。2013 年，日本发布“创建最尖端 IT 国家宣言”，全面阐述了 2013—2020 年以发展大数据为核心的国家战略，强调“提升日本竞争力，大数据应用不可或缺”。欧盟制定了《释放欧洲云计算服务潜力》（2012 年）、《云计算发展战略及三大关键行动》（2012 年）、《数据驱动经济战略》（2014 年）等重要战略，计划在 2014—2020 年实现欧盟“云起飞”，让大数据技术革命渗透到经济社会的各个领域，推动云计算、大数据为欧盟恢复经济增长和扩大就业做出巨大贡献。据 2019 年 11 月 5 日国外媒体报道，德国和法国正在推出一个由政府支持的项目 Gaia-X，来发展欧洲的云基础设施。

（2）我国云计算、大数据将迎来大规模发展

技术方面，国内云计算、大数据企业经过“十二五”的起步和蓄势，阿里巴巴、腾讯、百度、华为等企业目前已具备了基于自主研发的核心技术，向整个社会提供通用云计算、大数据产品和服务的能力。阿里巴巴 2015 年“双 11”活动创造了单日 143 亿美元的消费额，是当年美国两大购物节的网购销售额总和的 3 倍多，海量交易数据完全依赖自主研发的云计算、大数据平台处理。

产业方面，我国云计算、大数据市场总体保持快速发展态势。2015 年我国云计算整体市场规模达 378 亿元，整体增速 31.7%；我国大数据核心产业的市场规模达到 115.9 亿元，增速达 38%。根据中国信息通信研究院统计，2019 年我国云计算整体市场规模达 1334 亿元，增速 38.6%。其中，公有云市场规模达到 689 亿元，首次超过私有云市场。云计算在政务、金融、工业、能源、农业等领域的普及程度逐步提高，应用程度不断深化。

政策方面，2015 年是国内云计算、大数据政策集中出台的一年。中共十八届五中全会明确提出“十三五”期间实施国家大数据战略，《国务院关于促进云计算创新发展培育信息产业新业态的意见》《国务院关于印发促进大数据发展行动纲要的通知》等国家政策文件出台，各行业大数据指导政策也相继制定。

各地政府高度重视大数据发展，地方政策规划密集出台。截至 2016 年年底，已有 21 个省、市明确出台大数据规划，8 个省成立大数据管理局，14 个省、市搭建政府数据开放平台，14 个省、市建设了大数据交易平台。总体上看，我国已经形成了京津冀、长三角、珠三角、中西部、东北地区五大各具特色的大数据发展板块，其中北京市、上海市、广东省、贵州省、浙江省、江苏省、四川省、重庆市、山东省等是我国大数据发展热度较高的省市。

(3) 大数据采集能力更加完备

随着信息化建设向传统行业渗透，医疗、交通、教育、金融、工业等将实现高度信息化发展，积累庞大的数据资源。届时，互联网、移动互联网发展趋于饱和，而物联网的发展将大大丰富大数据的采集渠道，更多来自社交网络、可穿戴设备、车联网、物联网及政府平台的数据将成为大数据资源的主体。

快速发展的物联网将成为越来越重要的大数据资源提供者。如通过可穿戴设备、车联网等多种数据采集终端，采集具有利用价值的数据。根据 IDC 公司的数据，2016 年全球可穿戴设备（不含蓝牙耳机）出货量 10240 万台，而 2021 年将达到 2.523 亿台。车联网迎来发展黄金期，全球和中国车联网市场渗透率不断提高，预计到 2049 年车联网渗透率会接近 100%。万物互联，一切皆可感知的时代即将到来。另外，随着数据量的不断激增，跨行业、跨区域数据资源融合的问题将得到妥善解决，数据“孤岛”现象将不复存在。世界经济官网论坛显示，预计到 2025 年全球每天会有 463 艾字节的数据产生。我国也是一个数据大国。数据质量的提高、数据的跨界融合流通，将使数据获取变得越来越容易，数据总量将发生爆发式增长，为推动大数据应用进一步发展奠定了坚实的基础。

（4）大数据分析处理更加高效和智能

分布于全球的持续增长的、无所不在的互相联系的设备、机器和系统产生的非结构化数据的数量呈现巨大的增长。为了应对这样的数据增长，大数据分析处理技术也发生了变革。一方面是在太字节级数据处理效率上，移动手机、物联网、低耗能数据存储的成熟和数据处理技术（通常在云端）的成长，将进一步促进对体量庞大的结构化和半结构化数据的高效率的深度分析。另一方面是在非结构化数据的处理手段上，目前以深度神经网络等新兴技术为代表的大数据分析技术已取得一定进展，这些技术将开辟大数据分析技术的新时代。大数据分析应用了深度学习、神经网络等先进的人工智能技术，可以实现快速分析处理非结构化数据，将海量复杂的多源语音、图像和视频数据转化为机器可识别的、具有明确语义的信息，进而提取其中有价值的内容。

2 产品与服务创新

（1）云数据中心更加绿色智能

随着云计算、大数据等相关业务需求的持续增加，作为信息社会重要基础设施的数据中心发展迅速。2013—2015 年，全国规划在建数据中心 250 个左右，其中超大型、大型数据中心 100 个左右。2019 年，中国大约有 7.4 万个数据中心，约占全球数据中心总量的23%。云计算相关业务的快速发展也对数据中心和设备提出了新的要求，带来了新的挑战。

云计算数据中心逐步向规模化、高密度、节能和智能运行维护方向发展。云计算数据中心拥有较大的服务器规模，将数个甚至数十个传统规模数据中心集中整合，进行集中化数据备份、计算和管理，才能实现云业务所需的计算能力。云计算数据中心将实现大规模资源管理与调度、虚拟化、海量数据存储与处理、运行监控与安全保障，支撑密集数据计算、高性能计算和数据存储、容灾备份等应用需求。特别是高等级的云计算数据中心大量应用整机柜、模块等先进技术，可提高单位面积功率密度，减少硬件设备占用的物理空间。绿色智能服务器、能源管理信息化系统、热场管理、自然冷源、分布式供能、直流供电等机房管理技术会不断普及和应用。通过设计绿色节能和自动化部署数据中心，实现高能效、高可靠性的自动化监控和管理。

(2) 云计算、大数据新兴业态不断涌现

云计算、大数据平台在各行各业垂直渗透，新兴业态不断涌现，政府治理、公共服务的智能化水平持续提升，传统产业彻底实现智能化升级。随着云计算、边缘计算、大数据和人工智能技术的融合发展，云计算平台将具备深度学习等能力，如智能分析处理服务平台、算法与技术平台、智能系统安全服务平台、多种生物特征识别的基础身份认证平台等都具备类脑服务，能模拟真实脑神经系统的认知和信息处理过程等。数据分析已经成为核心业务系统的有机组成部分，生产、科研、行政等各类社会活动最终将普遍基于数据进行决策，组织将转型为真正的数据驱动型组织。

(3) 云计算与边缘计算产品融合发展

随着大数据和物联网的快速发展，我们已经进入了万物互联的时代。网络边缘设备的数量迅速增加，传统云计算模式已不能高效支持基于物联网的应用，而边缘计算能够很好地解决这个问题。边缘计算是将计算任务迁移到产生源数据的边缘设备上，使网络边缘设备具备实时处理原始数据的能力，并且能将处理的结果发送给云计算中心。边缘计算不仅可以降低数据传输过程中的带宽资源需求，而且能够保护隐私，减少终端敏感数据从边缘端到云计算中心传输过程中的泄露。

边缘计算和云计算中心协同工作是未来主要的计算处理模式。波音 787 飞机每秒产生的数据量超过 5 吉字节，但是飞机与卫星之间的数据带宽不足以支持实时的数据传输。无人驾驶汽车上的传感器和摄像头将会持续捕捉实时路况信息，每秒产生的数据量高达 1 吉字节。未来无人驾驶汽车产生的数据量也非常大，如果所有的数据直接发送至云计算中心处理，响应时间将会延长，无法满足无人驾驶汽车对实时处理数据的需求。因此，需要将基于云中心的计算任务部分迁移至边缘设备，以提高网络传输性能，保证数据处理的实时性，同时降低云计算中心的计算负载。

3 对经济社会发展的影响

（1）云计算、大数据推动社会治理精准服务

政府决策大数据服务。通过大数据决策支撑体系，加强城市运行管理、市场经济行为等各类信息的融合利用，提高决策科学化水平。提升政府提供公共产品和服务的能力，大大简化办事手续、提升办事效率。依托大数据推动权力管控精准化，实现政府负面清单、权力清单和责任清单的透明化管理，推动政府改进治理方式，促进政府简政放权、依法行政，建成一套大数据反腐体系，让权力运作处处留痕，实现“人在干、云在算”。

生态环境大数据服务。利用物联网自动监测、综合观测得到的数据，实现区域空气质量预测、预报、预警及决策会商，提高联防联控和应急保障能力，有效支撑大气污染防治工作。

公共安全大数据服务。通过公共安全大数据服务平台，在决策指挥、执法办案、治安防控等领域形成公共安全大数据服务体系，增强应对重大突发公共事件的能力。

（2）云计算、大数据促进产业转型升级

工业大数据。通过工业智能制造云服务平台，实现研发设计、生产、经营等全流程云服务，大数据在新能源智能汽车、集成电路、智能制造、通用航空与卫星等领域展开突破性应用。另外，工业互联网深度普及，将智能化生产、个性化定制、网络化协调、服务化制造等进行深入整合，将彻底改变现有的工业生产模式。

农业大数据。使农业大数据与农业生产经营各环节全面深度融合，成为农业生产的“定位仪”、农业市场的“导航灯”和农业管理的“指挥棒”，成为智慧农业的“神经系统”和推进农业现代化的核心要素。通过农业大数据平台，实现农业领域的创新应用，为农业生产智能化、农业资源环境监测、农业自然灾害预测预报、动物疫病和植物病虫害监测预警、农产品质量安全追溯、农产品产销信息监测预警等提供可靠的数据服务。

服务业大数据。大数据、云计算、人工智能等的深入普及将促使从事数据掌控、数据清洗、数据交换、数据分析等的大数据服务行业得到长足发展，并催生更多服务业态和服务场景的出现，利用大数据支持品牌建立、产品定位、精准营销、定制服务，以及推进大数据在健康诊疗、金融、电子商务等行业的应用等。

（3）云计算、大数据推动民生服务创新

交通物流大数据服务。通过大数据平台，推进交通、规划、公安、气象等跨部门数据融合。交通方面，通过设计交通仿真模型、模拟真实路况，为制定缓解交通拥堵的措施提供科学依据。物流方面，通过物流大数据实现物流市场预测、物流中心最优选址、配送路线优化、仓库储位优化等，切实提升物流效率。

医疗健康大数据服务。通过建立电子健康档案、电子病历数据库，实现覆盖公共卫生、医疗服务、医疗保障领域的医疗健康管理和服务大数据应用体系，有效辅助临床医疗决策，同时通过疾病的流行病学分析，对疾病风险进行分析和预警。对医疗文献、专家库、医疗影像等非结构化数据的分析能力的加强，有助于提升实施规范化临床路径的效率和质量。另外，得益于基因测序能力提升及可穿戴设备的普及化，精准医疗、远程医疗、慢性病管理等都将大力普及。

教育大数据服务。通过教育资源公共服务平台，加强基础教育数据的采集共享，创新教育大数据服务产品，提供教学信息化领域的学习分析、行为档案、能力评估，教育管理信息化领域的个性化服务、教学科研支撑、决策支持等，实现教育教学个性化服务，创新学生引导培养模式，提升优质教育资源利用效率。未来，大数据将为我们构建一个全新的学校教育组织方式。

旅游文化大数据服务。建立旅游投诉及评价全媒体交互中心，规范旅游市场秩序，提升服务质量。开展游客、旅游资源智能统计分析，实现重点景区人流、车流的监控、预警和分流疏导；同时基于网络文本数据的挖掘，实现对旅游目的地舆情监测及预警。综合利用定位、VR、AR 等热门技术，与景点资源实现联动，打造更直观的旅游文化传播途径和更理想的文化旅游体验。通过旅游文化传播大数据综合服务平台，开辟全域旅游、特色小镇、乡村旅游等个性化旅游服务。

二、区块链

区块链是一种分布式数据库技术，数据以区块为单位产生和存储，并按照时间顺序连成链式数据结构。本质上，区块链提供了一种在不可信互联网上进行数据存储与交换的可信机制。在典型的区块链系统中，所有节点共同参与区块链系统的数据验证、存储和维护。

区块链结合了对等网络、密码学及共识算法等技术，与传统数据库相比，具有以下几个突出特点。

一是数据不可篡改。与传统数据库不同，区块链系统不允许进行数据删除和更改操作。数据的写入经共识算法裁决和密码学确认后不可更改和删除，所有节点都能获取系统数据的完整备份，篡改难度极大。

二是系统集体维护。与传统数据库由单一机构维护不同，区块链系统由参与其中的各个节点共同进行数据校验、传输和存储，而不是由中心机构担任记录和管理的角色。系统中任何一个节点失效都不会影响系统整体运转，少数节点恶意造假也不会对数据正确性造成影响。

三是信息公开透明。传统数据库由单一机构掌控，运行状况不公开；而区块链系统中除私有信息（如身份信息）被加密外，其他数据对参与区块链的所有节点公开，任何节点都可以查询区块链中记录的信息。

为了实现上述三个特性，区块链采用分布式架构、复杂的共识机制和密码学算法。与传统数据库相比，当前区块链技术吞吐量更小、读写时延更长，更适用于低频率、小数据的可靠存储。

1 对于区块链概念的理解

在现实生活中，为了解决个体之间的信任问题，人们设立了很多的中心机构来为信用背书。例如：只有在银行数据库中有记录，个人花钱、转账、存款才合法（图 4-4）；只有在公安数据库中有户籍记录，才能证明个人身份的合法性；个人的房子和车子在房管局、交管所的数据库中有记录，才能证明房子、车子合法的归属。总结来说，就是数据存在可信的机构中，才可信；存在其他别处，就不可信。

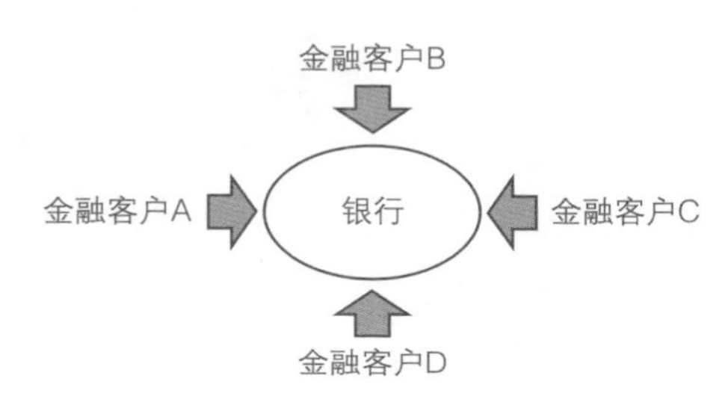

图4-4　银行是一种围绕信用存在的金融中心机构

随着经济社会的不断发展，需要信用构建的场景越来越多，而针对每一场景去新建一个第三方机构进行信用背书，从经济角度和可行性角度看都是不现实的。例如，银行间相互借钱，至今仍未有一个中心交易场所为借贷双方信用背书，全部依靠银行间互相信任促成交易。大银行之间体量对等，因此信用对等。而出现某地方农村信用社向大银行借钱时，由于双方体量及信用均不对等，这种银行间拆解行为很难成功。因此，就产生了这样一个问题：如果不依靠第三方中心机构进行信用背书，仅靠这些相关参与者自身，有没有可能形成一套机制来保证每个人的数据都是可信的呢？

区块链实际上就解决了这样一个问题。它通过制定一套人人都遵守的规则，以保证每个人产生的数据可信。我们可以和传统的中心化模型进行对标理解。

第一，区块链是没有中心机构的。区块链规则给出的解决方案很直观，既然中心机构没有了，那本应该存在中心机构的数据就每人都存一份。但需要注意的是，与分布式存储系统把信息分散存储在各个节点不同，区块链中每份数据都是完整的，都是原来中心机构完整数据库的一个备份（图 4-5）。

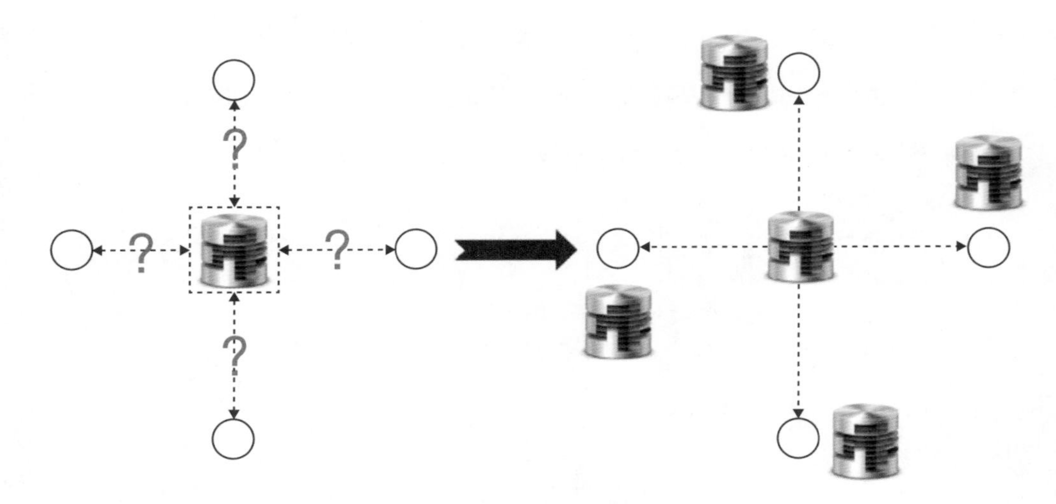

图4-5　区块链全部数据完整存储在各个节点

第二，区块链通过时间戳和哈希加密实现记录信息的不可篡改。区块链主要使用了时间戳和哈希加密两个已经非常成熟的密码学技术。其中，哈希加密是一个不可逆的加密过程，信息被抽象成为一段独一无二的编码，不可还原。每一块数据在存储时，都需要引用上一块数据的哈希值，并盖上当前存储时间的时间戳，这 3 个数据一并存储起来，按时间串成链状。因此，区块链是不可以逆向修改的。如果逆向修改，就需要从第一笔数据开始一直到最后一笔数据全部修改，这基本是不可能的（图 4-6）。

第三，借助点对点（P2P）技术，区块链实现所有人的数据库中数据的一致性。传统方式是所有用户将产生的数据，包括转账信息、产权信息等一起递交给中心机构，由中心机构把数据理顺并且记录在案。由于去中心化，区块链中需要每个个体都去记录数据，完成本来属于中心机构的工作。在区块链中，大家都是分散的节点，当新信息产生并需要全网传播的时候，成熟的 P2P 技术就派上了用场。全网所有节点在产生新的信息后，在第一时间用 P2P 方式将新消息分发至其他各个节点，其他节点在收到有关信息后会第一时间进行缓存，缓存一定数量的信息后，各个节点会把这些信息打包成块，这个信息块就叫作区块。把各个区块打上时间戳，通过后块引用前块哈希值的方式串在一起，就形成了区块链。

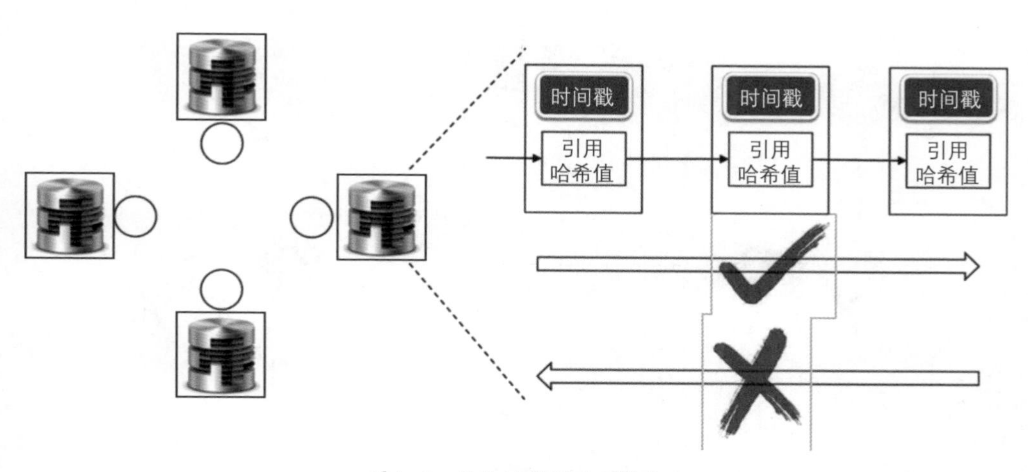

图4-6 区块链数据不可篡改

第四，区块链中数据真实性校验也是交给所有参与者完成。在传统中心机构模型中，中心机构会根据自己的数据库来校验新信息是否合规可信。以转账为例，A要给B转20元钱，中心机构银行通过核对自己的数据库，发现A账户中确实有20元钱以后，就会将这笔钱从A账户中扣除，并加到B的账户中，从而完成这笔交易。在区块链系统中，虽然中心机构缺失，但每个人都有一份完整的、等同于中心机构数据库的数据库备份，因此大家都具备根据历史数据验证新信息是否合规可信的能力。实际上，每个节点在收集信息的同时，也在同步进行校验工作，当一个信息区块生成的时候，每个节点实际上也对这个信息区块是否合规可信有了自己的答案（图4-7）。

第五，对于数据校验的话语权问题，区块链通过设定具体的拜占庭容错协议，有效避免节点失效或节点欺诈带来的数据造假失信问题（图4-8）。现实中，有中心机构存在的地方，中心机构就是永远的权威。而区块链是通过选举权威过程，防止参与者中有心怀不轨的欺诈者，故意反馈错误信息。这个选举的过程，其实就是全网通过拜占庭容错协议实现共识的过程。在总统选举、人大代表选举等选举制度中，获得多数选票者，即可当选。在区块链系统中，也有类似的选举制度。以比特币为例，它采用的选举制度是工作量证明机制，即谁记账记得快、记得好，就选谁作为这一区

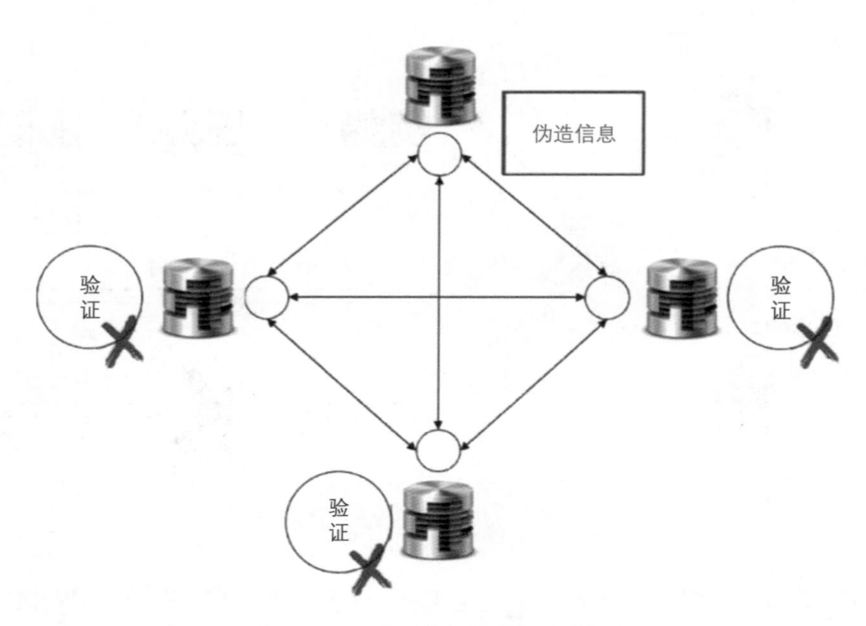

图4-7　由区块链各节点对数据进行验证

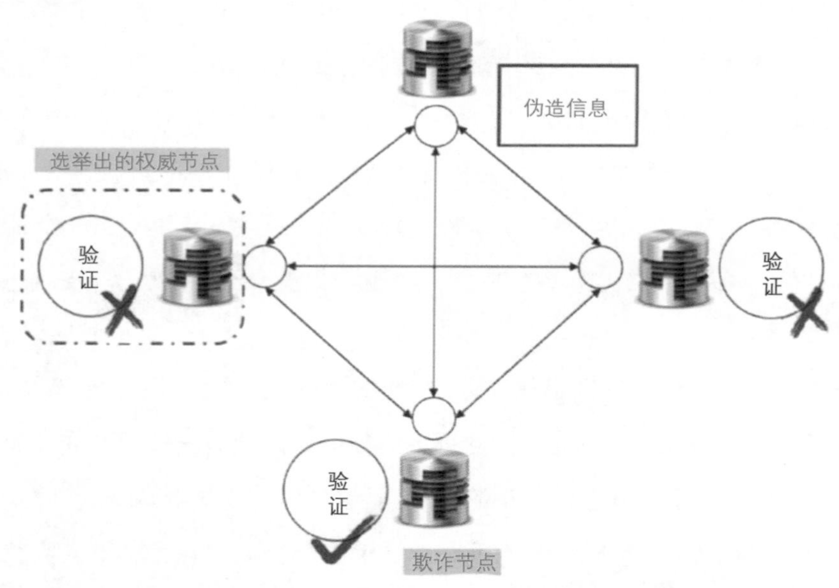

图4-8　区块链系统通过共识机制避免伪造信息

块的权威记账人。实际上，具体应用场景很多，还有多种复杂的共识机制。此外，即使有人从头到尾将其本地数据库全部数据进行重构或修改，或者在新产生的消息中造假，因所修改数据与全网其他节点的信息产生严重冲突，他的修改是不被接受的而且是毫无用处的。

第六，区块链不但可以存储静态数据信息，还可以存储程序脚本。在传统中心机构模型中，AB 双方签署一份合约，需要第三方中心机构存储相关数据，需要相关法律部门监督以保证合约的顺利实施。而在区块链模型中，双方的数据库相同、完整、可信，且完全基于数据库由预定程序操作，履行合约，因此极大地提升了合约执行效率和成本。这个预定的程序，也叫作智能合约（图 4-9）。

因此，区块链系统可以理解为各节点通过一系列规定好的协作，共同维护一个分布式的可信数据库。每个节点都是中心，每个节点都要完成中心机构所要完成的工作，创新点在于“在信息不对称、不确定的环境下，建立经济活动赖以发生、发展的可‘信任’的生态体系”。实际上，区块链是把全网节点的共识作为信用背书，从而取代了传统的第三方中心机构。

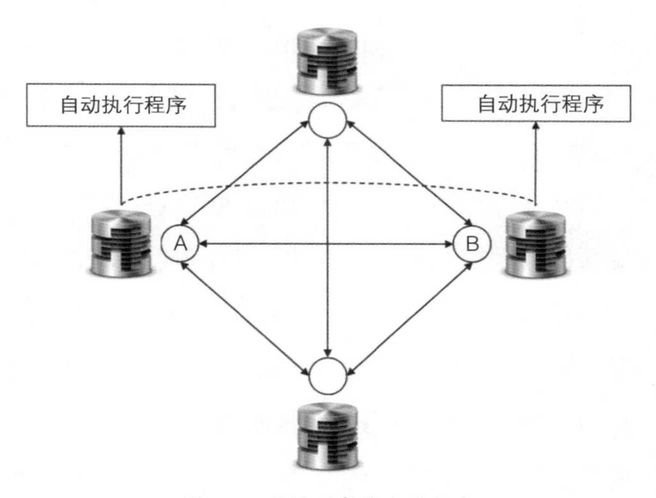

图4-9　区块链智能合约示意

2 区块链技术的体系架构

从前面的描述可以看出，区块链实际上是一系列成熟技术的集合，按照各技术集合解决不同的问题。按照功能可以将区块链基础架构分为六层，分别为数据层、网络层、共识层、激励层、合约层和应用层。其中，应用层封装了区块链的各种应用场景和案例，即实现可编程货币、可编程金融等。

数据层实际上主要负责数据的加密及不可篡改的功能，涉及的主要技术包括时间戳、哈希及非对称加密等。区块头封装了当前版本号、前一区块地址、当前区块的目标哈希值、当前区块共识过程的解随机数等信息。区块体则包括当前区块的交易数量，以及经过验证的、区块创建过程中生成的所有交易记录。区块链技术要求获得记账权的节点必须在当前数据区块头中加盖时间戳，表明区块数据的写入时间。时间戳可以作为区块数据的存在性证明，有助于形成不可篡改和不可伪造的区块链数据库，从而为区块链应用于公证、知识产权注册等对时间敏感的领域奠定了基础。此外，区块链通常并不直接保存原始数据或交易记录，而是保存其哈希函数值，即将原始数据编码为特定长度的由数字和字母组成的字符串后记入区块链。哈希函数（也称为散列函数）具有诸多优点，因而特别适合用于存储区块链数据。

网络层主要定义了区块链中各参与节点应做的工作，解决了各节点间数据高效传播、数据校验及保证各节点数据一致的问题。区块链系统中的节点一般具有分布式、自治性、开放可自由进出等特性，因而一般采用对等式网络来组织全球参与数据验证和记账的节点。对等网络中的每个节点的地位对等且以扁平式拓扑结构相互连通和交互，不存在任何中心化的特殊节点和层级结构，每个节点均具有网络路由、验证区块数据、传播区块数据、发现新节点等功能。全节点的优势在于不依赖任何其他节点而能够独立地实现任意区块数据的校验、查询和更新，缺点则是维护全节点的空间成本较高。对等网络中的每个节点都时刻监听网络中广播的数据与新区块。节点接收到邻近节点发来的数据后，将首先验证该数据的有效性。如果数据有效，则按照接收顺序为新数据建立存储池以暂存尚未记入区块的有效数据，同时继续向邻近节点转发；如果数据无效，则立即废弃该数据，从而保证无效数据不会在区块链网络中继续传播。

共识层的核心在于解决节点出错导致系统出错的问题。传统的容错系统一般只考虑节点宕机的情况，而区块链中的共识机制则额外考虑了节点欺诈的问题。从理论上来讲，只要节点总数比问题节点总数的 3 倍还多 1 个，就能保证数据不出错。其中，共识机制（即拜占庭容错协议）有非常完备的数学论证基础。除了比特币的工作量证明机制，实际在用的还有多种复杂的共识机制，如权益证明、股份授权证明、验证池、消逝时间量证明等机制。

激励层主要定义了对各节点完成工作的奖励，从经济层面保证参与网络的各个节点去完成应该完成的工作。例如，比特币网络通过给每个“矿工”发比特币，鼓励大家竞争记账。以比特币为例，比特币共识中的经济激励由新发行比特币奖励和交易流通过程中的手续费两部分组成，奖励给共识过程中成功搜索到该区块的随机数并记录该区块的节点。因此，只有当各节点通过合作共同构建共享和可信的区块链历史记录，并维护比特币系统的有效性，其获得的比特币奖励和交易手续费才会有价值。目前，比特币网络已经形成成熟的“挖矿”生态圈，大量配备“专业矿机设备”的“矿工”积极参与基于“挖矿”的共识过程，其根本目的就是通过获取比特币奖励并转换为相应的法定货币来实现盈利。

合约层是之前提到的存储在区块链中的程序脚本。如果说数据层、网络层和共识层作为区块链底层虚拟机分别承担数据表示、数据传播和数据验证功能的话，那么合约层是建立在区块链虚拟机之上的商业逻辑和算法，是实现区块链系统灵活编程和操作数据的基础。它能够基于区块链数据的值和状态，预设触发条件和响应规则，一旦区块链数据达到某一状态，则立刻执行响应规则。

3 应用现状与对未来影响

目前，对全球区块链技术应用的探索非常活跃，主要集中在以下两个方面。

一是在不同机构或个人之间缺乏互信并缺少中介的情况下，实现数据的直接交换。区块链技术是比特币的底层数据存储技术，因此金融是区块链技术应用最多的领域。美国瑞波（Ripple）公司早在 2012 年就已经引入区块链技术为多家银行提供跨境转账、清算和支付服务，与环球同业银行金融电讯协会（SWIFT）等传统渠道相比，能够节省 1/3 的手续费，把跨行对账等操作时间从数天压缩到几秒。区块链技术在数字货币、支付结算、证券交易、互助保险等金融场景中的应用也受到高度重视。此外，在能源领域，美国布鲁克林微电网（MicroGrid）等使用了区块链技术，智能电网上的用户无须通过电力公司就能进行电力资源的灵活交易。在医疗领域，瑞士保多康公司（HealthBank）采用区块链技术存储医疗数据，帮助多家医院和医疗机构直接交换电子病历。

二是用于重要数据的保全与可靠存储。利用区块链不可篡改的特点，重要数据如权属、协议、票据等法律文书的保全成为应用探索热点。目前，爱沙尼亚、格鲁吉亚、洪都拉斯等国家政府正在尝试采用区块链技术对重要资产进行登记，开展了土地注册、商业登记、电子征税等重要信息的登记工作。美国普凯律师事务所（Pryor Cashman）推出了数字艺术品（如音乐、摄影作品等）的交易平台，采用区块链技术解决数字艺术品的权属和认证问题。艺术家可在平台上对艺术品进行授权和转售，买家可以不通过专业机构或经纪人直接确认艺术品版权。国内网站“保全网”通过

区块链技术对互联网金融平台的身份信息、操作记录及保险业务中的保险凭证等电子数据的真实性进行认证，并与公证处和司法鉴定中心对接，可以提供公证书、司法鉴定报告等服务。

总的来看，区块链技术受到了各界的关注，但应用仍处于小规模概念验证阶段。下面从互联网网络和应用两个维度，简单阐述区块链技术对传统的网络技术、数据存储、基础设施、共享经济平台、物联网及人工智能应用的影响。

在域名解析业务方面，传统的域名解析系统有严格的分层制度，互联网名称与数字地址分配机构（ICANN）把控着根域名解析资源，域名解析资源一家独大，由此带来了域名解析系统治理问题。区块链系统能够保证全网所有节点的域名数据库一致且可信，从而实现域名解析资源下沉至多方共享，有效打破一家独大的局面。目前，美国的域名币（namecoin）公司和俄罗斯的崛起币（emercoin）公司在进行这方面的尝试，比特币及崛起币域名现在均由区块链域名解析系统解析。

在现行路由系统方面，企业是能够通过网间边界网关协议（BGP）路由参数控制入网流量走向的，企业间相互不信任直接带来了参数的协同和修改问题，而这一问题一直是企业间争论的焦点。例如，运营商能够剥离入网企业的路由参数，导致企业无法有效控制其网络，而这就为企业的基础设施规划带来极大不便。同时，由于企业不掌握外部流量，难以分流分布式拒绝服务攻击（DDoS）对本网的攻击，导致业务中断。而区块链技术能够有效解决这个问题。通过将不同网络间的路由策略引入区块链网络中，网络各方不可单方面剥离、篡改路由参数，必须共同协商确定规则，这实际上极大提升了不同网络间的管控力度，网络调度更加智能化。

在数据库方面，区块链技术是一个维护不断增长的数据记录的分布式数据库技术，数据除了交易数据还可以有其他表现形式。区块链集体维护数据库的技术特点，不同于以往任何一种数据库形式。它是一种分布式的、集体维护的、按照时间顺序将事件数据排列的“时间轴数据库”，能够更为廉价地完成关键数据的存储、确权及追溯。

在数据挖掘方面，区块链技术主要能提供数据挖掘需要的并行计算能力，并在数据清洗方面发挥作用。首先，区块链共识机制及集体审核的特点保证了数据的真实性及规范性，能够节省约80%的用于收集有效数据和清洗数据的时间成本。再次，数据挖掘过程实际上需要大量的并行计算能力，通过对区块链算力芯片内置算法进行重新的设计、定制，能够实现高效快速的大数据挖掘和分析。

在基础设施方面，实际上区块链系统共识机制在很多场景是依托专门定制的芯片来实现的。这类芯片能够完全适配区块链系统的高效搭建及运行，相比使用传统的中央处理器（CPU）甚至图形处理器（GPU）资源，其成本更低。随着区块链应用规模的不断扩大，对定制芯片的需求将不断扩张，区块链算力芯片也许会演变成为支撑起互联网新业务发展的数据中心资源。再进一步，区块链基础设施和边缘计算结合也是一种创新，具有很大的想象空间。

在应用程序架构方面，目前几乎全部的互联网应用都是基于传统的客户端/服务器（C/S）模式搭建的，即都是采用用户/服务器的模式来实现“服务器服务人人”。而区块链技术提出了一种新型的服务模型，即不需要中心服务器，体现了“人人相互服务”的理念。这类似于传统的比特流（BT）下载软件，但功能更为强大，数据更为可信。区块链应用基于底层所有节点的共享数据，通过覆盖网络将节点有机组合在一起，通过构建一系列的去中心化协议，实现分散节点间的协同工作，并在此基础上开发API接口，为顶层应用开发提供便利。本节第三部分提到的以太坊，就是专注于开发协议共享层并提供开源API的公司。

在共享经济平台方面，网络共享经济正处浪潮之巅，围绕租车、卖东西、租房等业务整合资源、实现共享的平台越来越多。但现在共享经济的方式，其实都是通过搭建第三方平台、整合资源并进行信用背书来实现的。而区块链技术不需要第三方机构就能实现买卖双方互信的特点，越来越多地得到了传统共享经济平台的关注和认可，越来越多的共享经济平台拥抱区块链技术以改进和完善其业务。如爱彼迎（Airbnb）就准备采用区块链技术构建租户及房东的信用数据库。关于区块链应用于共享经济，有两个典型的例子。第一个是租房和租车。传统方式下，租房、租车公司需要统一建设、维护信息资源数据库，并考核出租人和承租人的信用信息，为交易担保，这需要投入很大的成本。但是采用区块链技术，租房、租车公司就不需要第三方机构的信用背书，出租人、承租人点对点直接联系就能实现信息共享、交易互信，大大节约了平台建设成本。第二个是基于路况的导航。传统方式下，路况信息由各个车辆统一上传至第三方平台，平台将信息汇总后统一进行导航规划，实时性差。但是采用区块链技术后，各个节点可以实时更新和掌握路况信息，并由基于路况数据库的智能合约自动进行线路规划，实时性好。

在物联网及人工智能方面，当前物联网行业有两大痛点：一是单位面积内物理设备过多，中心化组网将带来极高的中心设施投入；二就是设备间通信存在安全问题，容易被黑客控制。实际上，区块链通过共识机制和智能合约，能够去中心化地实现物联网商业逻辑和算法；同时由于其数据加密存储及传播特性，能够有效解决设备间通信的安全问题。区块链还能够在实现设备自我管理的基础上，实现物联网设备的大规模协同工作。目前已经有企业开展了这方面的研究，其中以 IBM 和三星合

作研发的物联网去中心化的P2P自动遥感系统（ADEPT）最为著名，ADEPT基于以太坊打造，能够实现物联网的一些基本功能。前面说到的物联网是物与物之间的大规模协同，而如果增加人机交互，把人作为一个节点放到区块链网络中来，使人和机器间以前所未有的互信展开大规模协作，也是一个充满期待的场景。

三、物联网

物联网（IoT）概念最早于1999年由美国麻省理工学院提出，最初是指依托RFID技术和设备，按约定的通信协议与互联网相结合，使物品信息实现智能化识别和管理，实现物品信息互联而形成的网络。随着技术和应用的发展，物联网的内涵不断扩展，各界普遍认为物联网是通信网和互联网的拓展应用和延伸，它利用感知技术与智能装置对物理世界进行感知识别，通过网络传输互联，进行计算、处理和知识挖掘，实现人与物、物与物信息交互和无缝链接，达到对物理世界实时控制、精确管理和科学决策目的。

近年来，新一轮科技革命和产业变革正在全球兴起，网络信息技术以前所未有的速度转化为现实生产力，并从浅层次的工具和产品深化为重塑生产组织方式的基础设施和关键要素，深刻改变着全球经济格局、利益格局、安全格局。物联网作为网络信息技术的典型代表，正在向生产、消费和社会管理等领域全面渗透，将带动新产品、新应用不断涌现，开辟规模巨大的信息消费新市场，为经济增长提供新动能，为创新社会管理和公共服务提供新手段。

1 技术发展现状与趋势

从总体架构来看，物联网由感知层、网络层和应用层组成。感知层实现对物理世界的智能感知识别、信息采集处理和自动控制。网络层实现信息传递、路由和控制。应用层包括各类应用和支撑应用的平台和中间件等。围绕物联网各层的核心技术体系已经形成，各类关键技术快速发展并呈现以下发展趋势，为产业和应用提供技术基础和能力保障。

传感器技术和产业加速变革，为物联网提供规模化和智能化的感知能力。传感器是感知物质世界信息的核心，品种门类繁多，按照制造工艺可划分为微机电系统（MEMS）传感器、集成传感器、薄膜传感器等。随着物联网在各领域的应用逐渐深化，微型化、批量生产化、集成化、智能化成为传感器发展的主流方向。MEMS 传感器具有体积小、质量轻、低功耗、高精度、设计制造灵活、集成度高、能够批量生产等优势，与传感器发展方向高度契合，驱动传感器技术产业变革。MEMS 技术在消费电子设备、通信设备等信息通信领域传感器制造中应用已较为广泛，并向工业电子设备、医疗电子设备等领域不断渗透。在此基础上，MEMS 向纳机电系统（NEMS）方向演进，将进一步提升传感器精度和微型化程度。

物联网操作系统的伸缩性、互通性和可靠性不断提升，满足未来物联网应用差

异化发展的需求。物联网操作系统的计算处理、用户交互、网络连接协议支持等能力等介于个人计算机、手机等复杂操作系统与传统简单嵌入式操作系统之间，呈现两种技术路径。一类是通过对智能手机操作系统进行裁剪而来。例如，苹果公司的 Watch OS 和基于安卓的 Android Wear 等，具备较强的数据处理和人机交互能力，并获得智能手机产业生态的支持，但功耗较大等缺点使其难以覆盖多种应用场景。另一类是针对传统嵌入式操作系统进行功能优化。例如，华为的轻量级物联网操作系统 LiteOS 等，针对底层硬件平台开发，具备较高可靠性、较低功耗等优势，但在一定程度上弱化了交互能力。总体来看，物联网操作系统正在向伸缩性、互通性和可靠性等方向发展，形成趋于一致的技术架构，包括弹性的系统内核、可伸缩的外围模块、支持设备互联的协同框架、面向人工智能的公共引擎及集成开发环境等，以满合物联网各类应用差异化发展的需求。

网络通信技术不断成熟，显著提升物联网泛在连接能力。物联网网络通信技术主要包括短距离无线通信技术和低功耗广域网技术等。短距离无线通信技术方面，丰富的应用场景催生了多种不同的技术类型，包括 ZigBee、蓝牙、NFC、无线高速寻址变送器协议（Wireless HART）等，近年来已较为成熟。为解决不同协议之间的兼容性和互联互通问题，各大短距离无线通信技术应用框架正在走向融合，两大应用框架推动组织——开放连接基金会（OCF）和物联网行业标准组织技术联盟已于 2016 年 10 月提出合并，未来将形成广泛互通的短距离连接能力。低功耗广域网方面，多种代表技术和标准不断成熟，其具有的广覆盖、支持海量连接、低功耗、低成本等优点受到广泛关注。低功耗广域网技术包括以 NB-IoT 和 eMTC 等为代表的授权频段技术，和以 LoRa、分组预约多址协议（PRMA）、SigFox 等为代表的非授权频段技术。在 2016 年 6 月 NB-IoT 标准制定基本完成后，中国、韩国、欧洲、中东、北美的多家运营商加速部署 NB-IoT，相关应用试点也在多个领域展开。LoRa 和 SigFox 等非授权频段技术目前已基本成熟，在全球范围进入商用阶段，一批电力、燃气、水务等行业企业和电信企业加快技术部署。此外，eMTC 技术凭借支持中等速率、移动性、支持定位和语音等优势，也被大批运营商纳入部署计划，与 NB-

IoT、LoRa等低速率技术形成互补。2020年5月7日，中国工业和信息化部发布《关于深入推进移动物联网全面发展的通知》，提出推动2G/3G物联网业务迁移转网，建立NB-IoT、4G（含LTE-Cat1，即速率类别为1的4G网络）和5G协同发展的移动物联网综合生态体系，在深化4G网络覆盖、加快5G网络建设的基础上，以NB-IoT满足大部分低速率场景需求，以LTE-Cat1满足中等速率物联需求和话音需求，以5G技术满足更高速率、低时延联网需求。根据工业和信息化部《关于深入推进移动物联网全面发展的通知》，到2020年年底，NB-IoT网络实现县级以上城市主城区普遍覆盖，重点区域深度覆盖；移动物联网连接数达到12亿个；推动NB-IoT模组价格与2G模组趋同，引导新增物联网终端向NB-IoT和LTE-Cat1迁移；打造一批NB-IoT应用标杆工程和NB-IoT百万级连接规模应用场景。此前，国际电信联盟（ITU）已经宣布3GPP 5G技术（含NB-IoT）正式被接受为ITU IMT-2020 5G技术标准。同时，在刚刚冻结的R16版本中，3GPP已将NB-IoT作为5G技术融入标准的整体演进，如NB-IoT可以与新无线电（NR）频谱共存部署、NB-IoT R16终端可以接入5G核心网等。

各大企业积极布局物联网平台，驱动物联网应用部署由封闭向开放模式转变。物联网平台作为承上启下的中枢环节，为应用开发和部署提供通用功能和接口，向下接入感知设备并汇集数据，向上促进应用开发和数据分析。近年来，物联网大规模应用需要面对连接设备数量巨大、环境复杂和用户多元等问题，全球物联网领军企业不断加大对平台的布局和投入。物联网平台在设备管理、连接管理、应用使能和业务分析等方面的功能不断丰富，对连接灵活管理、规模扩展、数据安全保障、应用快速开发等的支持能力持续提升。高德纳咨询公司发布的《2017年新兴技术成熟度曲线》报告认为，物联网平台正处于期望膨胀期，预计5年内将达到生产成熟阶段。未来物联网平台将推动各垂直行业信息、用户资源和外部开发资源的整合，打破当前各行业应用“孤岛”，促进大规模开环应用的发展，并通过对数据的汇聚和挖掘，发展新的应用类型和应用模式，释放物联网巨大的潜在价值。在高德纳咨询公司2020年发布的《竞争格局：物联网平台供应商》年度调研报告中，该公司从产品格局、技术优势、生态布局等视角和维度对上百家科技公司进行对比分析，最终筛选出阿里云、亚马逊WEB服务（AWS）、微软Azure等10家企业。其中，亚马逊AWS侧重在工业IoT领域，微软Azure重点投入制造业、能源、建筑等，而阿里云则聚焦在解决城市、交通、工业、医疗等复杂跨域的应用。上述3家企业正将云计算的布局和技术优势转移到物联网领域。如果把云计算比喻成人的心脏，物联网就是神经网络，人工智能就是大脑，数据就是流动的血液，这样整个机体才能高效运转起来。这也是云计算巨头纷纷布局物联网的原因所在。同时，高德纳咨询公司在报告中指出，"物联网的未来是由垂直市场细分驱动的，需要关注到细分领域的应用……但大多数供应商还停留在粗糙的技术阶段，因此科技公司需要优先实施物联网纵深战略，才能在未来市场掌握先机。"

物联网信息安全防护技术研究加快推进。物联网节点分布广，数量多，应用环境复杂，计算和存储能力有限，无法应用常规的安全防护手段，使物联网的安全性比较脆弱。由于物联网应用于工业、能源、电力、交通等国家战略性基础行业，一旦发生安全问题，将造成难以估量的损失。因此，各行业越发重视物联网信息安全，加快推进相关防护技术研究。物联网信息安全防护需要考虑物联网各层潜在的安全问题，感知层涉及节点非法窃听和接入、敌手控制、安全路由等问题，网络层涉及物联网本身的架构、接入方式和各种设备带来的安全问题及数据传输网络相关安全问题，应用层涉及业务控制和管理、中间件、隐私保护等相关安全问题。当前，物联网信息安全防护技术研究聚焦在信任模型、终端安全、感知网络安全、应用安全、机器对机器（M2M）通信安全、等级保护、安全监控、隐私保护和评估机制及方法等方面。

我国持续推进各关键环节技术研发，创新能力逐步提升。在传感器方面，产业链趋于完备，产品基本覆盖物联网应用的各个类别，但高端传感器的研发生产技术仍有待提升；在芯片方面，我国芯片企业在可穿戴设备、智能家居、工业控制等细分领域已具备一定技术基础；在操作系统方面，华为、阿里巴巴等领军企业积极布局新型操作系统，在智能家居和机器人等领域取得较好成果；在网络通信方面，我国成为引领 NB-IoT 标准的主要力量，从标准制定、网络部署到应用试点等方面在全球处于领先地位；在物联网平台方面，我国电信运营商、行业领军企业和互联网企业也相继启动并加快建设；在物联网安全方面，我国对身份认证与鉴别、加密技术、用户管理等都进行了深入的研究。

在信息通信技术整体发展带动下，物联网传感器、芯片和操作系统等技术向高度智能化、集成化、低功耗和低成本等方向不断演进。到 2049 年，网络连接技术全面达到低时延、灵活性、高可靠、低功耗、海量连接、高移动性等要求，物联网平台与云计算、边缘计算、大数据、人工智能等技术充分结合，将形成一个万物互联、物联网应用无处不在的新世界。在创新驱动等发展战略下，我国将逐渐补齐关键环节技术短板，大幅提升创新水平，使物联网产业和应用发展步入全球领先行列。

2 物联网应用发展愿景

近年来，物联网应用在不同行业和领域逐渐普及，增长态势明显。各行业普遍看好物联网发展，认为将形成巨大的应用和产业规模。市场研究机构 Machina Research 预测，到 2025 年全球物联网连接数量将达到 270 亿个，物联网市场规模将达到 3 万亿美元。我国各行业的物联网连接应用也不断深化。2015 年公众网络 M2M 连接数突破 1 亿个，占全球总量 31%，成为全球最大市场；预计 2020 年公众网络 M2M 连接数突破 17 亿个。随着物联网技术不断成熟和市场需求全面升级，未来物联网应用将继续保持高速增长。到 2049 年，物联网应用将全面、深度渗透到生产、生活和城市管理各领域，衍生出一批规模巨大的创新产品和服务，成为支撑经济和社会发展的重要基础设施。

在家居领域，智能家居将全面普及，营造极致生活体验。智能家居是家居生活相关设施与物联网等信息技术的高度集成，通过构建高效的家居管理和服务系统，为大众提供更加舒适的居住环境。随着人们对生活品质追求的不断提升，智能家居正在普及并展现出巨大的市场空间。据统计公司“统计员”（Statista）分析，2016 年美国智能家居市场容量达到 97 亿美元，美国、日本、德国等发达国家智能家居普及率全球领先。2018 年 5 月，市场调研机构“策略分析”（Strategy Analytics）发布了《2018 年全球智能家居市场预测》报告。报告显示，2018 年全球智能家居包括设备、系统和服务消费支出总额将接近 960 亿美元，且未来 5 年（2018—2023 年）的年复合增长率为 10%，到 2023 年将增至 1550 亿美元。据估计，2018 年全美有 4000 万智能家庭，这一数字比 2017 年增长了 20.4%。2018 年美国智能家庭普及率为 32%，到 2022 年有望达到 53.1%。预计 2018—2022 年，美国智能家居市场收入每年增长 14.9%。典型的美国智能家居爱好者每年花费 146.54 美元在智能家居设备上。德国的智能家居市场发展较好，约有 610 万智能家庭，占比 15.7%。据预测，到 2022 年，德国智能家居产业估值将达到 60 亿美元。我国经济加速发展，智能家居产业不断成熟，到 2049 年，智能家居将在我国大规模普及。智能家居将不再局限于电视、空调、热水器等大型家电，而是全面覆盖家居相关的各类设施，包括面向安全监测的智能门锁、摄像头、火灾报警器等，面向节能的智能抄表、能耗监测和控制系统，面向家居环境调节的智能照明、加湿器等，面向家庭自动化的智能家居机器人等。在此基础上，各类智能家居产品将基于物联网整体联动，融合大数据和人工智能等新技术，不断学习用户行为，构建一体化的智能家居系统和丰富的智能服务体系。

在健康养老领域，可穿戴设备广泛应用，驱动服务模式革新。在人口老龄化成为全球性问题的大背景下，物联网在健康养老领域的应用初见成效，未来发展备受关注。相关医疗设备厂商和信息技术企业携手，积极推出面向健康养老的可穿戴设备，支持对血压、血糖、血氧、心电等生理参数和健康状态信息进行实时、连续监测，实现在线即时管理和预警。健康养老领域的广阔需求驱动可穿戴设备在全球快速普及，产品类型从智能手环、手表向智能眼镜、智能服饰和其他监护设备等发展。2019 年第四季度全球可穿戴设备出货量增长 82.3%，达到 1.189 亿台，2019 年全年可穿戴设备出货量达到 3.365 亿台。据 IDC 公司预测分析，2020 年全球可穿戴设备的出货量将突破 2 亿台，2024 年的出货量将达到 5.268 亿台。到 2049 年，个人健康问题更受关注，人口老龄化问题更加突出，可穿戴设备等物联网应用将发挥更大作用。随着物联网技术的整体提升，可穿戴设备将实现健康管理、健康监测、养老监护和社交娱乐等各类功能的高度集成，设备体积和功耗大幅下降，与养老服务机构和医疗机构实现信息互联互通，从而有效开展智能化的慢性病管理、个性化健康管理、健康咨询等服务，革新居家养老、社区养老和机构养老服务模式。

在农业领域，物联网在各方面、各环节实现规模应用。一方面，在物联网等信息技术带动下，农业正在向精准化、智能化方向快速发展。全球多个国家积极发展农业物联网应用，物联网将全面覆盖农业各领域和各环节。面向种植业，全面监测光照、温度、土壤含水量、酸碱度等环境指标；面向畜牧业，全面监测养殖环境和动物行为特征、健康状况等指标；面向水产业，全面监测水体温度、溶解氧、浊度等指标。通过对农业信息的融合、处理和分析，利用智能化操作终端实现农业产前、产中、产后的过程监控、科学管理和即时服务。另一方面，物联网应用于农产品安全溯源体系，实现对生产、加工、流通、销售和消费环节的全流程数据记录，提升农产品管理水平。随着我国传感器技术提升，相关应用方案不断成熟而成本不断下降，到 2049 年，将实现农业物联网的大规模应用，有效实现农业生产的节本增效和管理水平的显著提升。

在工业领域，工业物联网全面提升工业生产智能化水平。当前，工业等战略性基础产业的智能化升级成为驱动物联网发展的动力引擎。发达国家纷纷制定相关战略，如德国工业 4.0、美国先进制造等，对工业物联网应用进行重点部署。工业领域也是物联网应用最热的领域，市场研究机构“物联网分析”（IoT Analytics）2017 年的调研报告显示，工业物联网应用在各类应用中占比最高，约为 22%。从应用层次来看，物联网正渗透到工业生产各环节。在工厂内部，物联网规模应用将驱动制造单元、生产线、车间、工厂等环节的数字化、网络化和智能化改造，实现生产制造全过程的深度感知、动态监控和智能决策；在工厂外部，全面监测如飞机发动机、工程机械等产品的全生命周期运行情况，实现智能化的远程运行维护和管理。从应用成效来看，英国沃达丰公司的研究报告表明，应用物联网技术的企业比率正在快速增长，拥有5万台以上联网设备企业中有67%认为获得了显著收益。到2049年，“中国制造2025”战略实施成效将显现，物联网在工业领域的应用更加成熟，推动生产效率大幅提高，促进创新产品和服务不断涌现，实现工业的转型升级。

在城市管理领域，物联网集成应用支撑城市精细管理。近年来，全球掀起了智慧城市建设热潮。物联网作为智慧城市建设的核心基础技术，通过全面、实时感知城市运行状态信息，显著提升城市管理和服务的智能化、精细化水平。随着智慧城市建设推进，物联网应用规模不断提升，据高德纳咨询公司预计，2020年全球物联网终端设备在智慧城市中的应用规模将达到97亿台。物联网在城市管理工作中的应用也在不断深化，视频监控网络、消防物联网、电梯物联网等应用提升城市安全保障能力，面向大气、水域、城市噪声的各类监测设备规模部署有力支撑环境保护工作，各类智能感知设备应用实现地下管网、井盖、垃圾桶等市政基础设施的智能管理和维护，能耗监测设备应用显著提升水、电、气、热等资源的监测和控制水平。到2049年，在我国各级政府的大力推进下，各地智慧城市实现物联网的大规模综合、集成应用，支撑城市治理现代化发展。

3 对经济社会发展的驱动

随着万物互联时代开启，物联网应用规模呈爆发式增长，带动信息技术应用从消费领域向产业领域不断延伸，成为经济增长的重要动力引擎。物联网具有广阔发展前景已是共识，相关投入不断加大。IDC公司的《全球半年度物联网支出指南》预测，2017—2021年全球物联网支出的复合年增长率为14.4%，2021年将超过1.1万亿美元。2016年，美国和西欧的物联网投入资金分别为2320亿美元和1450亿美元，预期至2020年物联网营收规模增速分别达到16.1%和18.9%。据麦肯锡咨询公司预测，2025年物联网对全球经济贡献将达到11.1万亿美元，占全球GDP总量的 11%。到 2049 年，在我国政府、产业和学术界的共同努力下，物联网将保持高速发展，有力驱动我国经济增长。

物联网产业规模将不断扩大，将引领信息产业加速发展。物联网产业链长，包括芯片提供商、传感器供应商、无线模组（含天线）厂商、网络运营商、平台服务商、系统及软件开发商、智能硬件厂商、系统集成及应用服务提供商等，涉及制造业和服务业，是信息产业的重要组成。全球物联网产业已经发展形成较大规模，并保持加速增长趋势。据贝恩咨询公司预计，2021 年全球物联网综合市场规模（包括硬件、软件系统集成及数据和电信服务）将达到 5200 亿美元。我国物联网产业体系已经初步形成，2017 年产业规模已突破 9000 亿元人民币。在我国“双创”战略的推进下，物联网凭借产业链长、应用范围广等适于创新者切入的优势，激发相关领域创新创业活力，物联网创新产品和服务领域的初创企业不断涌现并快速成长。到 2049 年，我国物联网领军企业和创新企业的国际竞争力将显著提升，形成繁荣的产业生态，推动我国信息产业发展达到新高度。

物联网应用规模化发展，驱动传统产业转型升级。物联网不仅自身具有巨大的产业规模，还能全面辐射三次产业发展，对经济增长的间接拉动作用更加突出。在农业领域，物联网应用将推动农业节本增效，解放劳动力，发展高价值、全流程数据记

录的绿色农产品，推动我国农业向科学规划、精细管理、规模生产的现代化方向发展。在工业领域，物联网将支撑我国制造强国战略的实施，主要领域形成创新引领能力和明显竞争优势，建成全球领先的技术体系和产业体系，智能制造、大规模个性化定制、网络化协同制造和服务型制造等新模式全面普及，制造业大国地位更加巩固，进入世界制造强国前列。在第三产业领域，物联网将促进全国旅游业智慧管理、服务和营销建设，支撑零售业向“新零售”方向转型发展，推动基于信息技术的健康养老、环保节能、交通出行等新业态规模发展，引领服务业全面升级。

物联网推动各类新经济模式落地。当前，物联网与共享经济等新经济模式全面融合。物联网通过将各类硬件设备资源联网，支撑线上撮合—线下使用—线上付费—过程记录的闭环，成为共享经济新模式的重要技术，也依托共享经济实现了价值变现。以共享单车为例，各大共享单车企业利用 NB-IoT、NFC 等物联网技术实时采集单车状态信息，通过数据挖掘分析不断优化单车管理、服务和资源调度。随着共享单车企业进一步向海外市场推广，受益将不断增长。此外，一批物联网与共享经济融合的新应用、新企业不断涌现，包括共享叉车、共享洗衣机等，均呈现爆发增长态势。到2049年，物联网与共享经济融合的应用规模化发展，物联网海量数据的价值不断被激活，促进更多新经济模式出现并落地，从而形成更多的经济增长新动能。

物联网有力驱动我国经济增长的同时，还将产生巨大社会效益。当前，我国中型以上的城市有500多个，新型城镇化和智慧城市建设正在向深层次推进。物联网在支撑智慧城市建设与管理方面已经发挥了重要作用，但当前应用规模和层次还处在初级阶段。随着相关技术、产业和应用的发展，物联网对社会进步的支撑作用将进一步显现。在城市治理方面，城市管理者依托物联网构建“空、天、地、水”全面覆盖的监控体系，深度渗透到城市治安、基础设施管理、防洪排涝、交通管理、行政执法等领域，实现自动感知、快速反应和科学决策，满足城市精准化治理需求；在惠民服务方面，物联网规模应用将推动健康养老、卫生医疗等公共服务突破时间和空间限制，有效缓解公共需求快速增长与服务供应相对不足的矛盾，支撑全面覆盖城乡居民的高效、普惠公共服务体系的发展；在生态宜居方面，物联网应用将全面提升生态环境、能源消耗的监测能力，实现对综合环境质量和重点污染源的全天候、多层次智能监测和分析预警，促进建筑能耗、工业能耗和交通能耗等全面下降，支撑生态文明建设。到2049年，物联网在社会发展各领域的应用潜力将充分释放，支撑我国建设一批全球领先的智慧城市，驱动社会向智慧化方向加快发展。

第三节 四大重点技术

一、人工智能

近几年来，人工智能的研究和应用掀起了新高潮，成为未来科学技术革命的重要推动力。人工智能是一门综合了计算机科学、生理学、哲学的交叉学科，是研究、开发用于模拟、延伸和扩展人类智能的理论、方法、技术及应用系统的一门新的技术科学。人工智能研究的一个主要目标是用机器去完成目前必须借助人类智慧才能完成的工作。研究内容包括机器人、语言识别、图像识别、自然语言处理和专家系统等多个方面。

1956 年夏季，以麦卡赛、明斯基、罗切斯特和香农等为首的一批有远见卓识的年轻科学家聚在一起，共同研究和探讨机器模拟人类智能有关的一系列问题，并首次提出了“人工智能”这一术语，它标志着“人工智能”这门新兴学科的正式诞生。60 余年来，人工智能一直是计算机领域的前沿学科，被称为世界三大尖端技术（空间技术、能源技术、人工智能）之一，也被认为是 21 世纪三大尖端技术（基因工程、纳米科学、人工智能）之一。1997 年，IBM 公司的深蓝计算机战胜了国际象棋大师卡斯帕罗夫，震惊了世界。2016 年以来，以阿尔法狗连连战胜世界围棋高手为代表性的人工智能大事件进入大众视野，使人们真正意识到人工智能正逐步走进人们的日常生活。

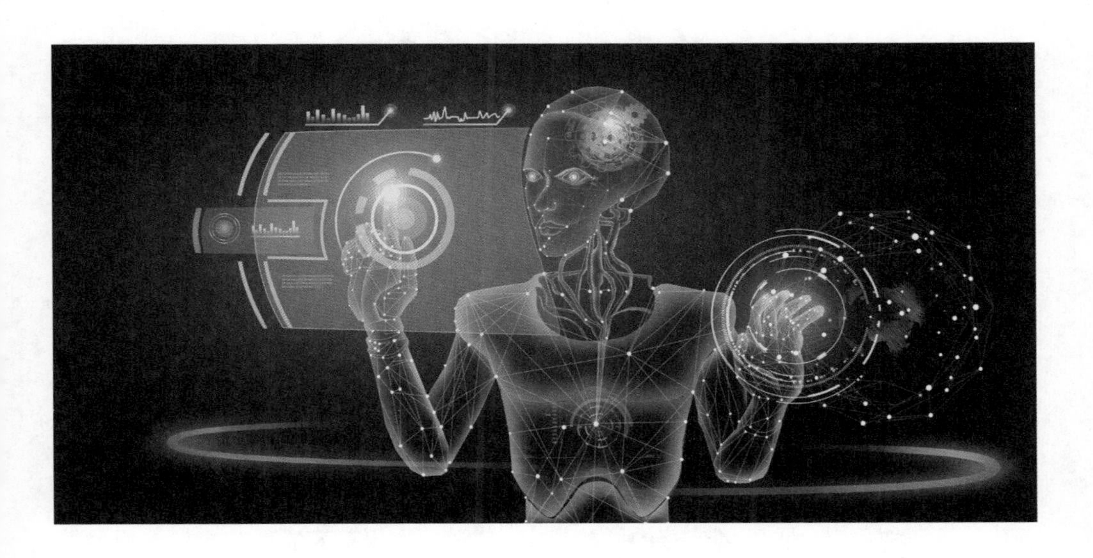

2016 年人工智能大事记

2016 年 1 月，全球首款智能驾驶公交车在荷兰投入运营。

2016 年 3 月，谷歌阿尔法狗人工智能程序以 4:1 战胜韩国围棋棋手李世石。

2016 年 4 月，微软和荷兰国际集团合作的机器学习系统成功复制伦勃朗画作。

2016 年 8 月，IBM 基于深度学习的医疗机器人沃森（Watson）诊断罕见白血病。

2016 年 9 月，美国谷歌、微软、脸书、亚马逊、IBM 组成人工智能联盟。斯坦福大学发布人工智能百年研究计划。

2016 年 10 月，美国白宫发布人工智能报告；微软宣布人工智能语音识别能力超过人类。

2016 年 12 月，亚马逊开放无人零售便利店（AmazonGo）；脸书首席执行官（CEO）扎克伯格开发人工智能助手贾维斯。

2017 年 5 月，阿尔法狗在中国乌镇围棋峰会挑战排名世界第一的世界围棋冠军柯洁，并以 3:0 获胜。

2018 年 10 月，联合国开发计划署与经济学人智库 (EIU) 合作，联合发布了《发展 4.0：自动化和人工智能为亚洲可持续发展带来的基于与挑战》。

2018 年 11 月，美国华盛顿大学和卡耐基梅隆大学的研究团队，首次成功建立了多人脑对脑接口合作系统 BrainNet，3 个人只靠脑电波，通过分享意念，成功合作完成俄罗斯方块游戏，平均准确率高达 81.25%。

2018 年 10 月，谷歌公司的人工智能团队发布了来自变换器的双向编码器表征量（BERT）模型。该模型在机器阅读理解领域的顶级水平测试 SQuAD 1.1 中表现出惊人的成绩：在全部两个衡量指标中全面超越人类，并且还在 11 种不同自然语言处理测试中创造出最佳成绩，包括将通用语言理解评估（GLUE）基准推至 80.4%（绝对改进 7.6%），多体裁自然语言推理（MultiNLI）准确度达到 86.7%（绝对改进率 5.6%）等。

2019 年 7 月，顶尖学术刊物《科学》公布，美国卡内基梅隆大学教授贺斌团队开发出了一种可与大脑无创连接的脑机接口，通过这个接口人能用意念控制机器臂连续、快速运动。

2019 年 8 月 27 日，俄罗斯的"联盟 MS-14"飞船与国际空间站进行了二次对接，获得成功。在这艘飞船中，有一个特殊的乘客，即俄罗斯首个仿真宇航员机器人 Skybot F-850。这说明仿真机器人在航天领域的实际应用又近了一步。

1 技术发展现状与趋势

当前人工智能产业具有明显的技术驱动型创新特征，技术发展成为人工智能行业的首要因素。人工智能产业链根据技术层级从上到下，分为基础层、技术层和应用层（图 4-10）。

（1）基础层

数据层：包括身份信息及医疗、购物、交通出行等各行业、各场景的海量数据。海量数据由巨型数据集组成，这些数据体量巨大，如百度导航每天需要提供的数据超过 1.5 拍字节（1 拍字节 =1024 太字节），这些数据如果打印出来将用掉超过 5000 亿张 A4 纸；数据类型多样化，不仅包含文本形式的数据，还包含图片、视频、音频、地理位置信息等多类型的数据，个性化数据占绝对多数；海量数据还具

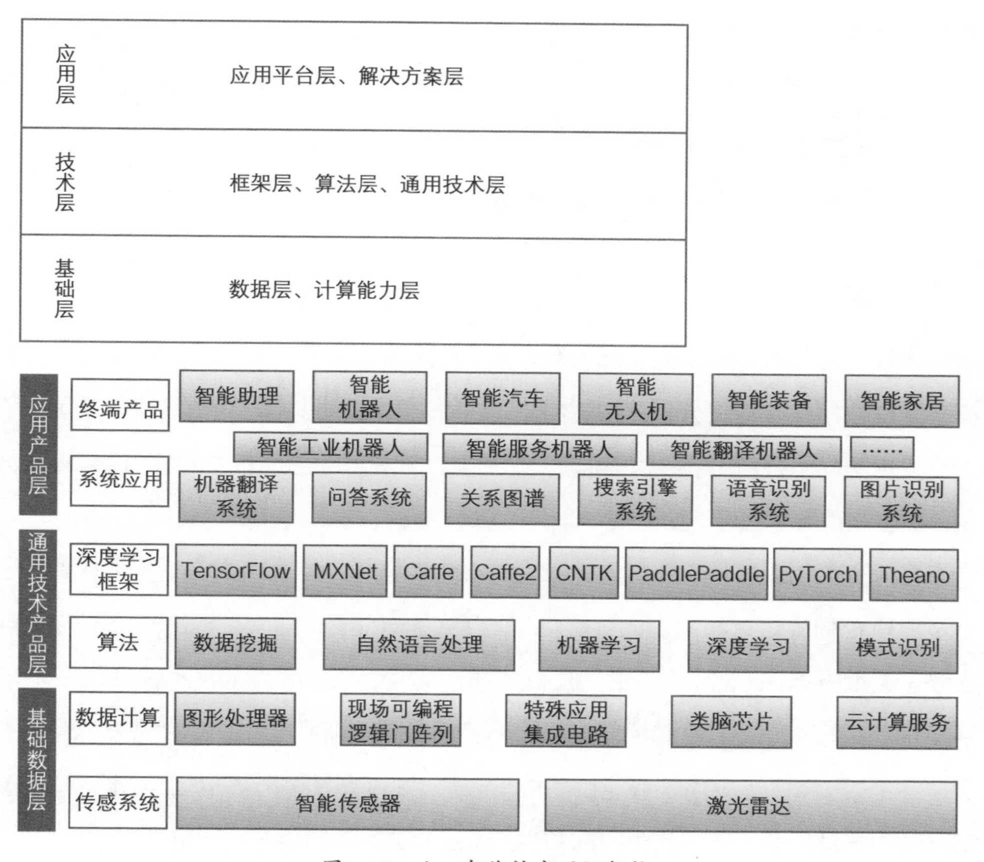

图4-10 人工智能技术层级架构

有产生速度快及价值密度低等特点。人工智能正是以海量数据为基础，通过对大数据高效快速的处理完成特征信息的提取和自我学习，从而达到甚至超过人脑的思维水平。

计算能力层：包括云计算、图形处理器 / 现场可编程逻辑门阵列（GPU/FPGA）等硬件加速、神经网络芯片等计算能力提供商。由于 CPU 内控制器和寄存器占据了结构中的大部分，而 GPU 内主要为逻辑单元，这使 GPU 具有更大的数据吞吐量。目前部分云计算平台支持云端 GPU 加速功能，数据处理能力大幅提高。GPU 可以加速多种类型的计算和分析，包括视频和图像转码、地震分析、分子建模、基因组学、计算金融、仿真、高性能数据分析、计算化学、金融、流体动力学和可视化，在大规模深度神经网络的训练中具有更大的优势。目前越来越多的深度学习标准库支持基于 GPU 的深度学习加速，根据 GPU 所具有的线程 / 核心数自动分配数据的处理策略，优化深度学习的时间。同时以 IBM 公司的 SyNAPSE 为代表的神经网络芯片技术也在快速发展，共同为深度学习提供高性能计算能力。

（2）技术层

通用技术层：目前语音识别、图像识别、人脸识别、自然语言处理、即时定位与地图构建（SLAM）、传感器融合、路径规划等技术或中间件等应用较为广泛。自然语言处理包括句法语义分析、信息抽取、文本挖掘、机器翻译、信息检索等功能，可以对给定的句子进行分词、词性标记、命名实体识别和链接、句法分析、语义角色识别，并抽取重要的信息，如时间、地点、人物、事件、原因、结果、数字、日期、货币、专有名词，对关键词进行聚类分析，包括文本聚类、分类、信息抽取、摘要、情感分析及对所挖掘的信息和知识的可视化、交互式的表达。目前人工智能已经不再局限在语义图像方面，在机器人方面的发展也极为迅速，SLAM 依靠自身传感器在未知环境中获得感知信息，递增地创建周围环境的地图，同时利用创建的地图实现自主定位，目前已经广泛应用于智能机器人、自动驾驶汽车及 AR/VR。SLAM 还将朝着对三维物体进行分类和识别的方向前进，从而实现对场景的深度理解。

算法层：人工智能的算法包含了机器学习、深度学习、增强学习等各种算法，如 K 均值聚类算法（K means 算法）、朴素贝叶斯算法、K 最近邻算法（KNN 算法）及支撑向量机算法（SVM 算法）等。朴素贝叶斯法是基于贝叶斯定理与特征条件独立假设的分类方法，算法的基础是概率问题，分类原理是通过某对象的先验概率，利用贝叶斯公式计算出其后验概率，即该对象属于某一类的概率，选择具有最大后验概率的类作为该对象所属的类。朴素贝叶斯假设是约束性很强的假设，假设特征条件独立。朴素贝叶斯算法简单、快速，具有较小的出错率，主要应用于电子邮件过滤及文本分类研究。SVM 基本原理是（以二维数据为例）：如果训练数据是分布在二维平面上的点，它们按照其分类聚集在不同的区域。基于分类边界的分类算法的目标是通过训练找到这些分类之间的边界（直线的——称为线性划分，曲线的——称为非线性划分)。对于多维数据(如N维),可以将它们视为N维空间中的点,而分类边界就是N维空间中的面,称为超面(超面比N维空间少一维)。线性分类器使用超平面类型的边界,非线性分类器使用超曲面。SVM的原理是将低维空间的点映射到高维空间,使它们成为线性可分,再根据线性划分的原理来判断分类边界。在高维空间中,它是一种线性划分;而在原有的数据空间中,它是一种非线性划分。SVM在解决小样本、非线性及高维模式识别中表现出许多特有的优势,并能够推广应用到函数拟合等其他机器学习问题中。

框架层:目前应用较多的框架有TensorFlow,Caffe,Theano,Torch,DMTK,CNTK,DTPAR,ROS等框架或操作系统。TensorFlow是谷歌研发的第二代人工智能学习系统,其命名来源于自身的运行原理。TensorFlow为张量从流图的一端流动到另一端的计算过程,是将复杂的数据结构传输至人工智能神经网中进行分析和处理的系统,可被用于语音识别或图像识别等多个机器深度学习领域。CNTK目前已经发展成一个通用的、平台独立的深度学习系统,网络会被指定为向量运算的符号图,运算的组合会形成层。CNTK通过细粒度的构件块让用户不需要使用低层次的语言就能创建新的、复杂的层类型。Theano支持大部分先进的网络,现在的很多研究想法都来源于Theano,它引领了符号图应用于编程网络的趋势。Theano的符号API支持循环控制,让递归神经网络(RNN)的实现更加容易且高效。Caffe是一个清晰、高效的深度学习框架,开始于2013年年底,具有出色的卷积神经网络表现。在计算机视觉领域,Caffe依然是最流行的工具包,它有很多扩展,可广泛应用于视觉、语音识别、机器人、神经科学和天文学。

(3) 应用层

应用平台层:目前基于语义分析的智能化应用分发平台已被大力发展。这种平台根据用户搜索关键词进行语义分析及用户行为分析,进而进行个性化推荐,提供用户所关心的内容和服务。同时,机器人运营平台也逐渐开始代替人工客服运营平台。凭借深度学习和人工智能,机器人可以拥有人脑的思维,回答用户所提的问题。相比传统客服形式,机器人运营平台具有回答速度快、稳定及24小时在线等优点。

解决方案层：随着人工智能技术的不断发展，智能广告、智能诊断、自动写作、身份识别、智能投资顾问、智能助理、无人车、机器人等一系列解决方案呈现井喷之势。人工智能技术已被应用于越来越多的领域，解决了传统行业弊端的同时，也改变了人们的生活方式，提高了人们的生活质量与生活水平。

人工智能产业链中，基础层是构建产业生态的基础，价值最高，需要长期投入进行全面战略布局；技术层是构建技术“护城河”的基础，需要中长期进行布局；应用层变现能力最强，需要中短期、有重点的精准发力。

从应用的角度看，人工智能可以分为专有人工智能、通用人工智能、超级人工智能；从内涵的角度看，人工智能可以分为类人行为（模拟行为结果）、类人思维（模拟大脑运作）、泛智能（不再局限于模拟人）。

现阶段，人工智能正从专有人工智能向通用人工智能发展过渡，由互联网技术群（数据 / 算法 / 计算）和应用场景互为推动，协同发展，自我演进。人工智能已不再局限于模拟人的行为，而拓展到“泛智能”应用，即更好地解决问题、有创意地解决问题和解决更复杂的问题。这些问题既包括人在信息爆炸时代面临的信息接收和处理困难，也包括企业面临的运营成本逐步增加、消费者诉求和行为模式转变、商业模式被颠覆等问题，还包括亟须面对的自然 / 环境的治理、社会资源的优化和社会稳定

的维护等挑战。

在这个过程中，虽然模拟人不再是人工智能发展的唯一方向，但是人依然是人工智能实现不可缺少的关键因素。人是主导者（设计解决问题的方法）、参与者（数据的提供者和反馈数据的产生者，也是数据的使用者），同时也是受益者（智能服务的接受方）。

到目前为止，人工智能还停留在专有人工智能阶段，主要应用是完成具体任务，但也逐渐开始向通用人工智能过渡，完成复杂任务，判断并满足用户需求。

从人工智能的技术突破和应用价值两个维度分析，未来人工智能的发展将会出现以下三个阶段。

未来 3 ~ 5 年，人工智能的发展仍以服务智能为主。在服务智能水平，算法、图像识别、自然语言处理等技术取得边际突破，对数据结构化的要求降低，人工智能的应用将更加广阔、将更有深度，产生新的社会、商业和个人生活模式，创造巨大的商业价值。人工智能的发展也将更为融合：实现“感知 / 交互—正确理解—自主决策—自我学习”的实时循环。在基础设施层面，数据传输速度有望实现质的飞跃，介入式芯片等新的硬件形式将出现，甚至实现人机共融。

中长期，随着技术取得显著突破，人工智能将逐步发展为抽象人工智能。在基础科技取得重大突破后，人工智能可以理解用户情感，进而影响甚至改变用户行为。

在遥远的未来，人工智能可能演变为超级人工智能，全面超越人类，通过技术突破和广泛应用，预测并预先引导或改变人类的行为。

2 产品与服务创新发展

现阶段人工智能产品应用大致分成以下几类。

（1）人工智能硬件支持

以深度学习为代表的人工智能通常需要基于大数据进行海量运算。但现阶段相关硬件的发展落后于软件算法的进步，传统的计算机体系架构无法满足当前的计算需求。具有较高计算能力的 GPU、FPGA 芯片技术也有成本和功耗两大问题，因此人工智能专用芯片是未来重要的研究发展方向。传统的半导体硬件厂商，如英特尔公司、高通公司、IBM、英伟达公司等，在智能芯片研发方面的投入不断加大；大型互联网企业，如谷歌、脸书等也开始硬件研发工作。谷歌针对其深度学习算法引擎 TensorFlow，量身打造专用的张量处理器（TPU）芯片以强化硬件计算能力。我国也有一批创业型公司（如地平线、深鉴科技等）积极参与研发。

（2）人工智能技术平台

现阶段缺乏高质量的数据集是制约人工智能发展的主要因素，制造业、金融业等传统行业在坐拥行业内大数据的同时缺乏合适的技术平台实现人工智能深度分析。以互联网公司为代表的各大技术公司陆续开放了自己的深度学习框架，比较常用的有谷歌的 TensorFlow、百度的飞桨（PaddlePaddle）等。此举极大降低了人工智能技术的开发门槛，加速了人工智能的发展。

（3）自然语言处理

自然语言处理的主要目标是使机器能够处理输入的自然语言，并将其转化为可理解的表达，主要涉及语音识别、语义分析和语音交互技术。自然语言处理主要应用于个人私人助理、聊天机器人、机器翻译等产品服务中，如苹果公司的语音助手（Siri）、亚马逊的智能音箱（Echo）、阿里巴巴的人工智能客服等。

2016 年 10 月，微软宣布实现了语音识别的重大突破，即机器语音识别错误率（WER）降至 5.9%，可与职业转录员媲美。在实际测试中，微软雇用两名职业转录员，一人转录、一人核对，与语音识别系统进行比试。转录员组合在“交换机测试”部分和“家庭电话”部分分别有 5.9% 和 11.3% 的错误率；而微软语音识别系统在两部分的错误率分别为 5.9% 和 11.1%，以微弱优势战胜人类。在语音识别领域，人工智能首次超越人类。①

① 数据来源：XIONG W，DROPPO J，HUANG X，et al. Achieving Human Parity in Conversational Speech Recognition：MSR-TR-2016-71［R/OL］.（2016-02）［2020-07-28］. https://www.microsoft.com/en-us/research/wp-content/uploads/2016/11/ms_parity.pdf.

我国互联网企业阿里巴巴研发的人工智能客服——阿里小蜜，基于语音识别、语义理解等自然语言处理技术，在服务领域里对人机对话中语义意图的识别准确率达到了93%，使用户转电话及在线人工服务的求助率降低了70%。[①]

（4）计算机视觉

计算机视觉技术是人工智能领域的核心技术之一。作为计算机视觉技术中的关键基础，图像识别、图像处理和分析技术已经开始应用于生物识别等多个领域。将计算机与生物传感器等高科技手段结合，利用人体固有的生理特性（如指纹、人脸、虹膜等）和行为特征来进行个人身份鉴定等。

（5）智能驾驶

对智能驾驶汽车而言，人工智能能够提升机器视觉系统的识别精度，也将在控制传感器融合中发挥重要作用。据基恩资讯（HIS）公司预测，到2025年，车内人工智能系统的数量将从2015年的700万台增加至1.22亿台；同时配备基于人工智能技术打造的相关系统的新车配售率会从2015年的8%增加至2025年的109%。[②]未来很多汽车上都会安装具有不同功用的人工智能系统。2017年百度公布无人驾驶汽车的阿波罗计划，宣称开放自动驾驶平台，在此平台上制造商和应用服务商可快速搭建一套属于自己的完整的自动驾驶系统。理论上，百度公司只需要3天就可以改造一辆自动驾驶汽车。

（6）人工智能行业应用

人工智能已率先应用于数据电子化程度较高、数据较为集中的行业，并逐步向医疗、金融、交通、教育、公共安全、零售、商业服务等行业垂直渗透。以行业需求、解决实际问题为出发点将技术、内容和硬件相互结合，形成商业闭环的人工智能场景应用，推动行业发展，并提升技术发展内生动力。

① 数据来源：阿里研究院. 人工智能：未来制胜之道［J］. 杭州科技，2017（2）：16-22.
② 数据来源：米彦泽. 河北发展人工智能正当时［N/OL］. 河北日报，2019-06-14［2020-07-28］. http://hbrb.hebnews.cn/pc/paper/c/201906/14/c138049.html.

在医疗领域，人工智能在临床决策、健康管理、慢性病用药等方面有着广泛的应用场景。2017年8月腾讯公司正式发布的人工智能医学影像产品——腾讯觅影，对早期食管癌的筛查准确率高达90%。[①]预计在未来数年内基于人工智能的应用能够在监测健康状况和提高生活质量方面发挥作用。

在金融领域，智能身份识别将用于解决金融安全隐患，智能高频交易将用于提高金融决策效率，智能投顾将帮助金融机构开拓用户。

在教育领域，线上教育及教学配套设备等人工智能应用已经被学校和学生广泛使用。

在公共安全领域，人脸识别将广泛应用于安防监控、反恐、维护公共治安等场景，以解决公共安全隐患。

在零售服务领域，人工智能将提供精准搜索和推荐，智能导购将降低营销成本，提升用户体验，从而顺应消费升级和消费者日渐成熟的趋势。

在商业服务领域，人工智能已广泛应用于个人智能客服和企业智能助手。未来人工智能还将拓展到人力资源管理、法律等专业服务领域。

3 对经济社会发展的影响

人工智能技术的发展对经济社会发展具有积极的引导和示范作用。人工智能技术具有典型的技术驱动型创新的特征，人工智能技术的发展离不开大众创业、万众创新。目前，全球人工智能行业的企业整体保持了高速增长（图4-11）。

自2011年始，我国人工智能企业新增速度明显加快，其中2014年增幅最大，达57.3%。北京市、上海市、深圳市人工智能企业的数量占全国总数的63.9%，

① 数据来源：腾讯入局AI医学影像 发布“腾讯觅影”筛查早期食管癌［EB/OL］.（2017-08-03）［2020-07-28］. https://www.sohu.com/a/162014856_114877.

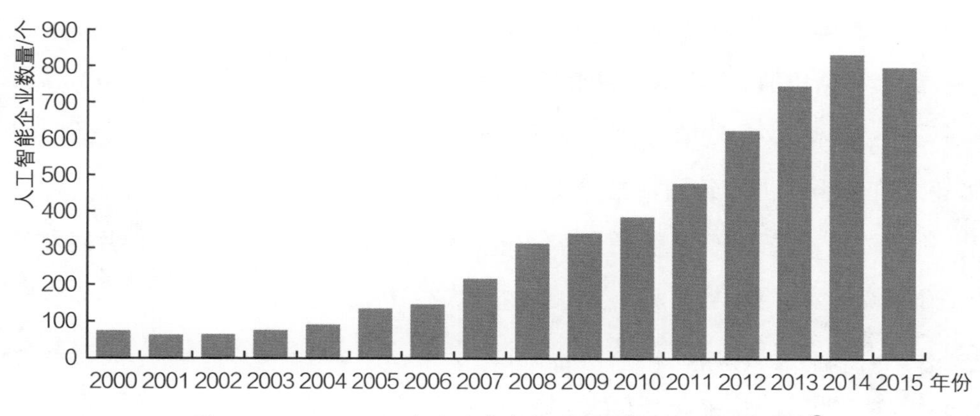

图4-11 2000—2015年全球每年新增人工智能企业发展趋势①

占全球总数的7.4%②，虽然我国人工智能企业在数量上还远不及美国，但在全球中的重要性将日益明显。据2019年发布的《中国新一代人工智能科技产业发展报告》统计，2019年我国人工智能企业占世界人工智能企业总数的21.67%，排名世界第二，其中应用层企业占比75.2%，人工智能正在成为我国经济发展的新引擎。截至2019年2月，中国共有745家人工智能企业，从地域分布看，京津冀、长三角、珠三角和川渝四大都市圈人工智能企业占比分别为44.8%、28.7%、16.9%、2.60%。

在计算机视觉领域方面，2000—2016年，全球新增计算机视觉企业数量累计达到802家，其中520家企业于2012—2016年成立。对比中美两国计算机视觉技术企业发展趋势，两国每年新增计算机视觉企业数量趋于相同；从专利申请上看，我国已经在专利申请数上超越美国，并不断扩大优势。

在智能驾驶领域方面，智能驾驶企业呈现快速增长的趋势，2009—2016年，全球新增智能驾驶企业数量累计达到223家，其中177家企业于2012—2016年

① 数据来源：乌镇智库．乌镇指数：全球人工智能发展报告2016（产业与应用篇）［R/OL］．［2020-07-28］．http://tech.163.com/special/aireport2016c/.

② 数据来源：乌镇智库．乌镇指数：全球人工智能发展报告2016（细分领域篇）［R/OL］．（2017-08-18）［2020-07-28］．http://dy.163.com/article/CS580GVC511B3FV.html.

成立。对比中美两国智能驾驶企业发展，我国与美国之间的差距较为明显。从发展趋势上看，我国新增的智能驾驶企业数量仅为美国的28.4%，产生的经济效益远落后于美国相关企业；从专利申请上看，两国的专利申请数大致相当。[①] 在未来一段时间内，我国在智能驾驶领域具有较大的发展潜力。

在具体技术层面，人工智能在应用化技术、应用数据完善、高性能芯片研发等方面还需要加快发展。据预测，感知智能技术应用普及还需要5～10年。技术突破和基础资源积累将是未来一段时间的重点。2017年7月20日国务院印发的《新一代人工智能发展规划》中提出了面向2030年我国新一代人工智能发展的指导思想、战略目标、重点任务和保障措施。规划明确了我国新一代人工智能发展的战略目标：到2020年，人工智能总体技术和应用与世界先进水平同步，人工智能产业成为新的重要经济增长点，人工智能技术应用成为改善民生的新途径；到2025年，人工智能基础理论实现重大突破，部分技术与应用达到世界领先水平，人工智能成为我国产业升级和经济转型的主要动力，智能社会建设取得积极进展；到2030年，人工智能理论、技术与应用总体达到世界领先水平，成为世界主要的人工智能创新中心。

在互联网、大数据等新理论、新技术及经济社会发展强烈需求的共同驱动下，人工智能技术呈现出多方向整体推进发展的态势，以点带面引发链式突破，推动经济社会各领域从数字化、网络化向智能化加速跃升。人工智能作为新一轮产业变革的核心驱动力，正在成为经济发展的新引擎。可以预见，人工智能催生的新技术、新产品、新产业、新业态、新模式将引发经济结构重大变革，深刻改变人类生产生活方式和思维模式，实现社会生产力的整体跃升。

习近平在中共十九大报告中指出，推动互联网、大数据、人工智能与实体经济深度融合是深化供给侧结构性改革新的着力点和动能增长点。未来人工智能将呈现出若干主导平台结合广泛场景应用的整体发展格局，以“全产业链生态＋场景应用”作

① 乌镇智库．乌镇指数：全球人工智能发展报告2017（细分领域篇）[R/OL]．（2017-08-18）．[2020-07-28]. https://dy.163.com/article/CS58OGVC0511B3FV.html.

为突破口构建人工智能产业生态体系。以互联网公司为主体的高新科技企业，通过长期投资基础设施和技术，深耕算法平台和通用技术平台，利用自身优势，以场景应用作为流量入口，逐渐建立应用平台。以创业公司和传统行业公司为主体的行业内企业，依托自身掌握的细分市场数据，根据场景构建人工智能应用，同时通过加强与互联网公司的合作，有效结合传统商业模式和人工智能。以芯片、硬件公司为主体的基础设施提供者，从基础设施切入，向产业链上下游拓展，通过研发新型智能芯片、智能传感器等设备设施，与移动智能设备、智能驾驶、智能制造等领域广泛集成，为产业提供更加高效、低成本的运算能力和服务，与相关行业进行深度整合。

人工智能有望引领一场新技术革命，对各行各业产生深远影响。人工智能对社会经济的影响将是一个长期的过程，不会在短期内就全部实现。技术进步将导致人们的工作方式、工作环境发生变化，一些职业可能会消失，一些职业会得到发展，也可能产生一些新的职业。这些长远的影响会伴随着短期的负面影响，如一部分人可能面临失业的压力。应对人工智能对劳动力市场的影响更加需要依赖国家的政策支持。

二、机器人技术

1 什么是机器人

“机器人”这一术语是 1921 年捷克剧作家卡雷尔·恰佩克首先提出的，之后很快就流行开来。1950 年美国作家 I. 阿西莫夫提出了“机器人学”这一概念，并提出了“机器人三原则”：第一条，机器人不可伤人；第二条，机器人必须服从人的命令，除非违背第一条原则；第三条，在不违背第一、第二条原则的前提下，机器人可维护自身不受伤害。此后，机器人产业蓬勃发展。

机器人是一种自主或半自主执行工作的机器，能够完成有益于人类的工作。机器人的任务是协助或取代人类工作的工作，如生产、建筑或危险的工作。它可以接受人类指挥，也可以根据预先编排的程序来执行任务，还可以根据通过人工智能技术制定的原则纲领自动行动。

机器人一般由5个部分组成。①机械本体。机器人的机械本体结构基本上分为两大类。一类是操作本体结构，类似人的手臂和手腕，配上各种手爪与末端操作器后可进行各种抓取动作和操作作业。工业机器人主要采用这种结构。另一类为移动型本体结构，主要目的是实现移动功能。②驱动伺服单元。机器人本体机械结构的动作是依靠关节机器人的关节驱动，而大多数机器人是基于闭环控制原理设计的。③计算机控制系统。各关节伺服驱动的指令值由主计算机计算后，在各采样周期给出。主计算机根据示教点参考坐标的空间位置、方位及速度，通过运动学逆运算把数据转变为关节的指令值。④传感系统。为了使机器人正常工作，必须与周围环境保持密切联系，除了关节伺服驱动系统的位置传感器（称为内部传感器），还要配备视觉、力觉、触觉、接近觉等多种类型的传感器（称为外部传感器）及传感信号的采集处理系统。⑤输入 / 输出系统接口。为了与周边系统及相应操作进行联系与应答，还应有各种通信接口和人机通信装置。工业机器人一般采用可编程逻辑控制器（PLC），它可以与外部设备相联，完成与外部设备间的逻辑与实时控制。工业机器人一般还有一个以上的串行通信接口，以完成磁盘数据存储、远程控制及离线编程、双机器人协调等工作。

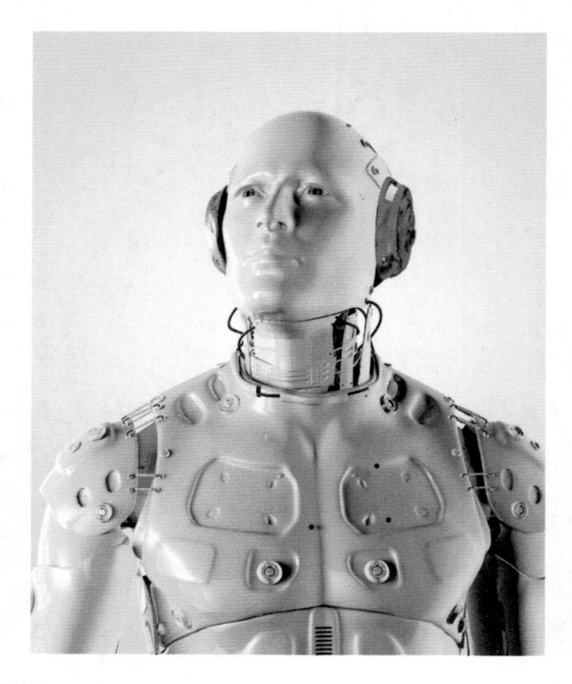

机器人可以分为工业机器人和服务机器人。工业机器人是在工厂负责执行各种操作指令的机器人，包括焊接机器人、搬运机器人、加工机器人、

装备机器人等。服务机器人是在人类的日常生活中为人类提供服务的机器人，包括家用服务机器人和专业服务机器人。家用服务的机器人主要包括扫地机器人、娱乐机器人、助老助残机器人等，专业服务机器人包括医疗机器人、物流机器人、军用机器人、水下机器人等。

2 全球机器人产业现状

从技术突破到应用探索，机器人产业正全面加速发展。在人口老龄化加速与劳动力成本提升背景下，机器人产业存在巨大市场潜力和发展空间。从国际上看，机器人与大数据、人工智能、5G 等新兴技术不断融合，推动产业步入快速道。从国内看，机器人应用领域和场景不断拓展，2018 年国产工业机器人应用领域已拓展到 47 个行业大类和 129 个行业中类，而且应用面还在不断扩大。

工业机器人在汽车、金属制品、电子、橡胶及塑料等行业已经得到了广泛的应用。随着机器人性能的不断提升，以及应用场景的不断增多，2012 年以来，工业机器人的市场正以年均 15.2% 的速度快速增长。国际机器人联合会（IFR）的统计显示，2016 年全球工业机器人销售额首次突破 132 亿美元，其中亚洲销售额 76 亿美元，欧洲销售额 26.4 亿美元，北美地区销售额达到 17.9 亿美元。中国、韩国、日本、美国和德国等主要国家销售额总计占到了全球销量的 3/4。这些国家对工业自动化改造的需求激活了工业机器人市场，也使全球工业机器人使用密度大幅提升。目前在全球制造业领域，工业机器人使用密度已经超过了 70 台 / 万人。2018 年全球工业机器人销售额达到 154.8 亿美元，其中亚洲销售额 104.8 亿美元，欧洲销售额 28.6 亿美元，北美地区销售额达到 19.8 亿美元。2019 年，全球工业机器人销售额 165 亿美元，创新高。

服务机器人在近几年取得了突破性的发展。随着信息技术的快速发展和互联网的快速普及，以 2006 年深度学习模型的提出为标志，人工智能迎来第三次高速发展。与此同时，依托人工智能技术，智能公共服务机器人应用场景和服务模式正不断拓展，带动服务机器人市场规模高速增长。2019年全球服务机器人市场规模达到94.6亿美元，家用服务机器人、医疗服务机器人和公共服务机器人市场规模分别为42亿美元、25.8亿美元和26.8亿美元。2021年预计全球市场规模将突破130亿美元。

特种机器人因整机性能持续提升而不断催生新兴市场，引起各国政府高度关注。2018年，全球特种机器人市场规模达36.6亿美元；至2021年，预计全球特种机器人市场规模将超过50亿美元。其中，美国、日本和欧盟国家在特种机器人创新和市场推广方面全球领先。美国提出“机器人发展路线图”，将特种机器人列为未来15年重点发展方向。日本提出“机器人革命”战略，涵盖特种机器人、新世纪工业机器人和服务机器人三个主要方向，其中特种机器人将是增速最快的领域。欧盟启动全球最大的民用机器人研发项目，开发包括特种机器人在内的机器人产品并迅速推向市场。

近年来，我国自主品牌机器人发展迅速，在技术攻关和设计水平上有了长足的进步，各类机器人自主研发产品也开始不断涌现。我国已经成功研制出6000米自治水下机器人、长航程水下机器人、下潜7000米的潜水器（蛟龙号）、系列化作业型水下机器人（ROV），其中“蛟龙号”在深潜方面处于国际领先地位，为谱系化水下机器人研究与规模化应用奠定了坚实的基础。我国长航程南极科考移动机器人已经初步完成样机研制，即将开始科考工程的实际应用，为我国不远的将来利用移动机器人进行南极大时空范围科考，乃至构建机器人南极科考站提供了技术保障。我国自主研发的多种型号核裂变堆运行维护机器人已经投入示范应用，为我国核能源安全利用提供了技术手段。我国研发的用于救灾救援、公共安全等多种场景的机器人已经进入示范应用阶段；部分型号军用机器人已经实现应用。我国研发的手术机器人、辅助治疗机器人等医疗机器人也实现了技术突破，开始进行试验应用。清洁机器人、两轮平衡车和消费类无人机等家用服务机器人领域也涌现出一些表现优异的企业。

2015年，我国政府宣布“中国智造2025”计划正式启动。与此同时，我国政府还发布了“机器人产业发展规划”，以迅速扩大国家工业机器人产业。在政府的大力推动下，中国将在许多高科技行业成为世界领先企业，如医疗器械、航空航天设备和机器人、汽车制造、食品生产、电子产品等。“中国制造2025”提出了“创新驱动、质量为先、绿色发展、结构优化、人才为本”的基本方针，“市场主导、政府引导，立足当前、着眼长远，整体推进、重点突破，自主发展、开放合作”的基本原则，以及通过“三步走”实现制造强国的战略目标：第一步，到2025年迈入制造强国行列；第二步，到2035年中国制造业整体达到世界制造强国阵营中等水平；第三步，到新中国成立100年时，综合实力进入世界制造强国前列。

3 机器人将经历“个人计算机式发展”之路

目前，机器人行业的发展与20世纪70年代的计算机行业极为相似。当时的大型计算机体形臃肿、造价高昂，通常是在大型公司、政府部门和其他各种机构中用于后台操作，支持日常运转。今天在汽车装配线上忙碌的一线机器人，正是当年大型计算机的翻版。机器人产品也同样种类繁多，如协助医生进行外科手术的机械臂、在战争中负责排除路边炸弹的侦察机器人、负责清扫地板的扫地机器人，还有参照人、狗、恐龙的样子制造的机器人玩具。

机器人行业如今面临的挑战，也和20世纪计算机行业遇到的问题类似：机器人制造公司没有统一的操作系统软件，流行的应用程序很难在五花八门的机器上运行。机器人硬件的标准化工作也未开始，在一台机器人上使用的编程代码，几乎不可能在另一台机器上发挥作用。

虽然困难重重，但全球的企业、高校、研究机构都在机器人的研究上投入了大量精力。近几年人工智能取得突破性发展，机器人的智能化程度也得到了大幅提升。传感器和芯片技术的发展让物联网离我们的生活越来越近，也让机器人能够感知更多的外界信息。多种技术发展的趋势开始汇为一股推动机器人技术前进的“洪流”，机器人将成为我们日常生活的一部分。

4 对经济社会发展的影响

（1）机器人能替代人类工作吗

纵观历史的发展，每一次技术革命均伴随着产业结构的重大调整，在生产力得到飞跃性提高的同时也深刻改变了人类社会的生产关系。从第一次工业革命的机械化，到第二次工业革命的电气化，再到第三次工业革命的信息化，每次产业革命都伴随着大量的失业人员，甚至是社会动荡。近年来，从德国兴起的“工业 4.0”热潮，为人工智能和机器人的快速发展起到了积极的作用，被认为是第四次工业革命，它所带来的不仅是生产效率的提高，也伴随着智能化生产的普及。因此，有专家表示，未来人类失业率将超过 50%。

然而，并不能认为这对人类来说是件坏事情。因为机器人能够替代的更多的是简单重复的劳动，而且在替代人类劳动的同时，也将创造新的就业岗位。

机器人将更多地从事简单重复的劳动。从目前的形势来看，世界各国都在积极推动制造业的发展。然而，人力成本越来越成为制约制造业发展的瓶颈，尤其是在生产环节中那些简单且需要重复操作的劳动，如在自动化屠宰场中对活鸡进行宰杀

的工作。另外，某些工作不仅需要重复操作，对工作的精细化要求也比较高，如电子行业中用显微镜检视小小芯片。这是机器擅长的工作，不应该用人工去完成。因此，这些工作自然而然地交给了机器，因为机器处理这些工作更加快速和准确，也更有效率。人类则负责创造价值、降低成本，承担需要认知技巧与创意、对产品创新与竞争价值有贡献的工作，这些工作让制造业与整个产业生态系统蓬勃发展，并有益于整体经济发展。

机器人会创造出新的就业岗位。机器人的普及会造成一部分产业工人的失业，这一点不容否认。但我们还应该看到，机器人的普及还会创造出新的产业和就业岗位。第一次工业革命后，出现了机械化工厂和产业工人；第二次工业革命后，电力得到广泛应用，出现了电力工业、化学工业、石油工业和汽车工业产业及相关的工作岗位；第三次工业革命使世界进入了信息化时代，出现了信息、新能源、新材料、生物、空间和海洋等高科技领域相关工作岗位。因此，我们可以断言，机器人的普及和广泛应用必将带来新的产业链条，围绕机器人而产生的大量企业也会带来新的就业机会。

随着社会的不断发展和进步，那些老旧而低技能的工作，会逐渐被淘汰，代之以新的、具有更高价值的工作，这是人类进步的方式。而且，人类追求欲望的脚步从来没有停歇，这也是人类经济社会发展的根本动力。机器人的出现，虽然会造成一部分人失业，但同时也会孕育新的机会和新的社会形态，人类的生活方式也会因此发生深刻的变化，这是人类社会进步的表现。如果因为“失业”而产生悲观情绪或产生恐惧，那就无法看清生活的真相，人类社会恐怕也不会如此五彩缤纷。

（2）机器人将让人们的生活更美好

未来的机器人能够自己纠正错误和感知。人工智能和传感器技术使机器人能够做出复杂判断，学会自己执行任务。未来这些机器人有可能将能够自动改正错误——这个是非常困难的，因为计算机科学有一个基本规则，就是程序不能自己修改自己的算法，而只能修改数据。但未来的机器人应该能够做到这一点，它可以感知到它是和其他机器人或人类一起工作的。只有具备这样的意识，人类跟它在一起工作才能感到安全，这是一个发展方向。

交互界面、传感器和执行器的发展，结合先进材料跟人体工学设计，使机器人外科手术的效果及人体修复设备的质量和功效都有极大发展。例如，老年人的医疗保健需要一种持久的、价格便宜的、有效的健康管理体系，而机器人在这方面能够代替有经验的医护人员。又如，春节期间，家政服务人员返乡，很多老人无人看护，但又没有办法进入托老所，这时智能机器人可发挥作用。未来机器人将会有更多的现在无法想象的新用途。很多机器人的形式与大家想象中的机器人是很不一样的，如汽车里配备的智能软件，它能自动导航，这也是机器人的功能之一。未来，机器人的价格会越来越便宜，机器人生产规模将得到很大的发展。

总之，将会有很多的机器人出现在人们的生活和工作中，它们会帮助人们完成一些简单的劳动，辅助人们管理自己的工作和生活，提升人们的生活品质，让人们的生活更美好。

三、AR/VR技术

虚拟现实（VR）技术是一种可以创建和体验虚拟世界的计算机仿真系统。进入21世纪，VR技术高速发展。VR技术利用计算机模拟一个逼真的三维环境，人们戴上VR眼镜就可置身于这一虚拟的环境中。在这个虚拟的环境中，计算机可以处理与用户动作相匹配的数据，并对用户的输入进行实时响应，并反馈到用户的五官。也就是说，VR 技术可以让用户在这个虚拟环境中有非常真实的感知，从而创造一个与真实环境相似的世界。随着技术和产业生态的持续发展，VR 的概念不断演进。业界对 VR 的研讨不再拘泥于特定终端形态与实现方式，而是聚焦于体验效果，强调关键技术、产业生态与应用领域的融合创新。

增强现实（AR）由 VR 技术发展而来，最早应用于军事。随着智能手机的普及、智能硬件的兴起及谷歌眼镜（Google Glass）的出现，AR 技术被广泛关注。AR 是一种实时地计算摄影机影像的位置及角度并加上相应图像、视频、3D 模型的技术。不同于 VR 技术，AR 技术把计算机创造的虚拟世界套入现实世界并进行互动的一种技术，使得真实的环境和虚拟的物体存在于同一个空间中。虚拟的东西不仅可以是视觉相关的，也可以是听觉、味觉、触觉相关的。

简单来说，VR 创造了一个虚拟世界，把你和现实世界隔离开，通过隔绝式的音视频内容带来沉浸式体验，对显示画质要高。AR 是把虚拟事物叠加到现实世界图像的最顶层，强调虚拟信息与现实环境的“无缝”融合，对感知交互要求较高。此外，VR 侧重于游戏、视频、直播与社交等大众市场，AR 侧重于工业、军事等垂直应用。

1 虚拟现实技术概述

VR 技术起源于美国，所以美国拥有主要的 VR 技术研究机构，其中美国航空航天局埃姆斯实验室是 VR 技术的出生地，它引领着 VR 技术的发展。美国实验室从 20 世纪 80 年代开始空间信息领域的基础研究，在 80 年代中期创建了虚拟视觉环境研究工程，随后又创建了虚拟界面环境工作机构。目前，虚拟行星探索是美国 VR 技术研究机构的重点研究目标，此项研究的重要内容就是利用虚拟技术开展对遥远行星的研究工作。例如，波音公司所生产的波音 777 运输机在设计中采用的就是全无纸化设计模式，设计人员以 VR 技术为设计基础，通过虚拟环境加工波音 777 运输机上的工件，使加工流程大大简化。

与世界发达国家相比，我国开展VR技术研究的时间较晚，成果有限。但是近些年我国各行业越来越关注VR技术，我国对VR技术的研究和应用也更加广泛和深刻。VR技术已经成为中国国家科研工程中的核心工程，VR技术研究工作也得到了各大科研机构及高校的认可和助力，取得了显著的研究成果。作为我国最早参与到VR技术的高校，北京航空航天大学对VR技术的研究也比较具有权威性和专业性，该校主要进行了VR技术中的三维动态数据库及分布式虚拟环境等方面的研究工作及对VR技术中物体特征处理模式的探索。

由于VR涉及多领域的交叉复合发展，多种技术交织混杂，且行业还处于发展初期，目前对关键技术的界定和技术体系划分尚不明确。在这一背景下，中国信息通信研究院于2017年9月发了《2017年虚拟增强现实白皮书》，首次提出了VR“五横两纵”技术体系及划分依据，据此可以进一步完善为“五横三纵”。“五横”是指近眼显示、感知交互、网络传输、渲染处理与内容制作的五大技术领域，“三纵”是指支撑VR发展的手机平台、个人计算机/主机平台及一体机平台。技术架构如图4-12所示。

VR/AR技术研发主要就是打造沉浸感，沉浸感是VR/AR带给用户的不同于手机的特殊体验。实现沉浸感需要有显示、交互和跟踪这三方面技术的支撑。在AR/VR领域中，交互不再用鼠标和键盘，大部分交互技术均采用手柄；位置跟踪技术会在一些高档的VR设备中提供，但成本较高，且需要连接计算机来实现。未来可能会采用用手直接抓取的方式，目前已有很多手势交互方案提供商。

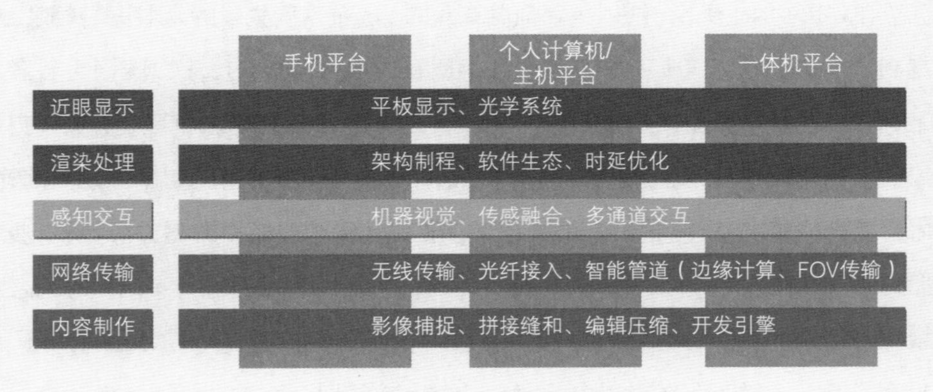

图4-12　虚拟现实技术架构

(1) 近眼显示技术

随着 VR 头戴式显示器在近眼显示上对清晰度提出了更高要求，为了降低“纱窗效应”，高角分辨率显示成为提升 VR 近眼显示沉浸感的核心技术。此外，由于 VR 具备 360 度全景显示特性，角分辨率（PPD）取代每英寸对角线上所拥有的像素数目（PPI）成为衡量 VR 近眼显示像素密度的核心技术指标。未来随着 4K 屏幕的日益普及、视场角 / 分辨率的权衡设计，预计单眼角分辨率将升至 30 以上水平。

现阶段，AR 显示技术以广视场角（FOV）等高交互性（而非高分辨率等画质提升）为首要发展方向。AR 强调与现实环境的人机交互，所以广视场角显示成为提升 AR 近眼显示沉浸感的核心技术。在初步解决硅基有机发光二极管（OLEDoS）屏幕或硅基液晶（LCOS）微投影技术后，提高 FOV 等 AR 视觉交互性能成为业界的努力方向。相比扩展光栅宽度的传统技术路线，波导与光场显示等新兴光学系统设计技术成为谷歌、微软等领军企业的核心技术突破方向。

(2) 手势交互技术

手势识别是让静态手型或动态手势与确定的控制指令进行映射，触发对应的控制指令。此类交互需要用户提前学习和适应手势，这为交互体验的提升带来较大挑战。目前，以微软全息眼镜为代表的 AR 头戴式显示器广泛采用手势识别，其优势是发展较为成熟，对硬件器件性能要求较低，普通单目 / 三原色（RGB）摄像头即可实

现手势识别；但缺点是用户学习成本较高，且仅能实现某些特定指令，交互效率较低，不够自然。手部姿态估计 / 跟踪并不判断手部形态的实际含义，而是通过还原手部关节点的姿态信息，进一步重建整个手部骨架和轮廓，使虚拟手与现实世界中双手的活动保持一致，用户可像用真实手操作现实物体一样对虚拟信息进行操作，学习成本较低，可实现更多、更复杂、更自然的交互动作。目前，遮挡等条件下的性能表现尚待提升，同时由于缺乏必要反馈，此类手部体感交互技术还需持续改进以提升用户体验。目前，许多初创公司提供基于双摄、结构光、飞行时间等定制化、模组化的解决方案，代表产品如厉动、英特尔实感、凌感、锋时互动等。

手势交互分为符号型、间接型和直接型三种（图 4-13）。

图 4-13　手势交互的分类

符号型交互。如图 4-13（左）显示，这位男士做了一个“OK”的手势，可通过图形或其他方式识别，进而实现交互。

手持工具间接交互。如图 4-13（中）所示，手持锤子砸钉子，这样的场景可以用手柄来模拟。

与物体直接交互。如图 4-13（右）所示，手直接和物体进行交互，这样的场景就需要对手的三维模型进行精确识别。

(3) 跟踪定位技术

众所周知，VR 眩晕是一个非常大的难题，这也意味着它对定位精度的要求非常高。在小范围内，光学定位是最佳的选择。而在室外大空间，“光学 + 无线”是非常好的方法，在遇到障碍物时，无线定位可以发挥作用，既保证了精度，也解决了光学定位容易被遮挡的难题。多通道交互的一致性主要表现为视觉、听觉、触觉等感官的一致，以及主动行为与动作反馈的一致。由于用户对眩晕控制与沉浸式体验方面的特别要求，浸入式声场、眼球追踪、触觉反馈、语音交互等交互技术成为 VR 刚性需求的趋势越发明显。“多焦显示 + 注视点渲染 + 眼球追踪”有望成为 VR 领域新兴的关键技术组合。

2 虚拟现实技术未来应用

VR 技术利用计算机创造一个虚拟空间，利用 VR 眼镜使用户完全沉浸在一个虚拟的合成环境中，无法看到真实环境。利用双目视觉原理，VR 打造的虚拟世界在眼镜中是 3D 立体的。

VR 头盔。目前比较有名的是被脸书收购的奥克卢斯（Oculus）公司的眼镜头盔，它可以展示如 Unity 这样的软件构建的虚拟场景，并且让用户沉浸在虚拟世界中坐过山车、玩游戏、看电影等。

VR 眼镜。目前解决方案是一种头戴式手机框，将智能手机放入并且分屏显示，就可以产生类似于 VR 头盔的效果，如三星的 VR 穿戴设备。在未来，VR 技术不仅会涉及视觉、听觉，还会涉及嗅觉、触觉、味觉，构造一个与真实环境相似的世界。

AR 技术能够把虚拟信息（物体、图片、视频、声音等）融合在现实环境中，使现实世界丰富起来，构建一个更加全面、更加美好的世界。从谷歌眼镜开始，AR 眼镜不断出现，但都属于初级产品。这些眼镜能够给用户呈现一些简单的辅助信息，但对复杂信息就无能为力了。

单目眼镜。如谷歌眼镜，单眼呈现信息，具有导航、短信、电话、录像、照相等功能；由于是单眼，无法呈现 3D 效果，且由于外观原因应用场景有限。

双目眼镜。如 Meta 眼镜，双眼呈现影像时，利用双目视差可以产生

3D 效果。通过对现实场景的探测并补充信息，佩戴者会得到现实世界无法快速得到的信息；而且由于交互方式更加自然，这些虚拟物品也更加真实。

在未来，我们佩戴的眼镜或隐形眼镜会再一次变革我们的通信设备、办公设备、娱乐设备等；在未来，我们不再需要计算机、手机等实体，只需在双眼中投射屏幕的影像，即可创造出悬空的屏幕及立体的操作界面；在未来，人眼的边界将被再一次打开，双手的界限将被再一次突破，几千千米外的朋友可以立即出现在面前与你面对面对话，你也会触摸到虚幻世界的任何物件；在未来，一挥手你就可以完全沉浸在另一个虚拟世界，一杯茶，一片海，甚至是另一个人生、现实世界中无法到达的千千万万种可能的人生。

未来，VR 的典型应用场景很多。

（1）约会

VR 眼镜将使在线交流进入实体世界。想象一下，进入一个俱乐部或听一场音乐会，只需对人群扫一眼，用户就能发现与自己兴趣相仿的人。想象一下，在海外旅游时与一名异性一见钟情，但存在语言障碍，佩戴一副 VR 眼镜，两个人即可享受实时翻译服务。想象一下，能与偶遇的任何人毫无障碍的沟通是一件多么幸福的事情。

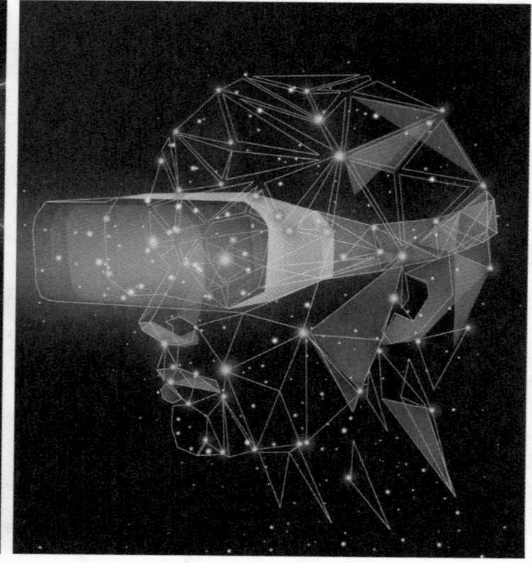

(2) 偶遇

除了约会，VR 眼镜还能增加用户与亲朋好友在体育场馆、大学校园，甚至是音乐会上相遇的机会。用户可以留下标有地理位置的指令，规定与进入特定区域的人相遇的时间和地点。用户甚至可以标出礼物送达的地理位置，如为自己不能参加的聚会送上一瓶酒。

(3) 新形式的社交网络

VR 可以产生新形式的用户生成内容，任何人都可以在社交网络上分享自己的所见所闻。

(4) 徒步旅游

VR/AR 技术将迅速改变人们在城市游玩、参观博物馆和探索大自然的方式。AR 眼镜能够帮助用户实现穿越，体验 1949 年 10 月 1 日中华人民共和国成立的辉煌时刻，体验发生于 1940 年 6 月的敦刻尔克大撤退。从观看摇滚乐队的演出，到在博物馆观看周口店人生活，增强文化体验的尝试永无止境。面向八达岭长城每年上千万人次的游客，可以以高亮方式显示出路径，或标识出植物种类。到偏僻地区徒步的用户再也无须担心走失，因为救援人员可以远程追踪他们的地理位置。

(5) 理财

无论是因公还是因私，记账都是一件很费力的事。VR 眼镜能看到用户的每一笔支出。从自动计算餐厅小费到输入自己的每笔收入，AR 理财应用能帮助用户更好地管理自己的钱财。

(6) 测量

日常生活中常有这样的尴尬场景，费尽力气帮助朋友把沙发抬到楼上，却发现沙发尺寸太大，空间不够；又或者用户想知道装修厨房需要多少平方米的地板砖，一款 VR 卷尺应用能帮助用户轻松搞定这一切。有了 VR 卷尺，把绘画挂在墙壁中间将成为一件非常容易的事。即使是计算容积，如新购买的花盆需要多少盆栽土，也不过是一眨眼的事儿。

（7）墙面油漆或墙绘

VR 眼镜将使自己动手油漆更加容易，油漆质量更高。AR 眼镜能快速给房间“刷上”用户自己选择的不同颜色的油漆，以便观察油漆后的效果。VR 油漆应用不仅能获得用户想要的颜色，还能计算需要的油漆量，并帮助用户直接下单购买。对喜欢墙绘的用户来说，VR 眼镜能帮助用户“看”自己画的草图，并作为数字化模具固定到墙上。VR 油漆应用能释放所有人的艺术潜力。

（8）手机游戏

VR 眼镜将引发全新大规模手机游戏革命。已有逾 7.5 亿用户下载了《精灵宝可梦 Go》，说明游戏玩家对真正具有沉浸感的混合现实游戏体验需求很大。预计到 2025 年 AR 眼镜销量将达到 5 亿副，手机游戏将使其他形式的 AR 应用相形见绌。

(9) 产品支持机器人

VR 技术与聊天机器人结合，将使苹果公司的语音助手（Siri）、亚马逊公司的亚历克莎（Alexa）及他们的人工智能朋友具有帮助用户安装、修理和管理家中多种设备的能力。从接入 Wi-Fi 网络到维修马桶进水口，虚拟现实眼镜不仅能识别用户看到的物体，也能无缝地整合平视显示器图形和视频与口头命令。被证明在军事和工业培训方面非常重要的平视显示器系统，有可能被用来减少退货、客户投诉电话，提高购物满意度。

(10) 人脸识别

用户可能会忘记一个人的名字或认不出某个人，或者忘记你们是在哪里相识的。有了人脸识别技术，你可以在会议或聚会上叫出所有人的名字，使他们的资料显示在平视显示器上。人脸识别还能帮助医生给患者诊断疾病，使走失的孩子与父母重逢。与所有新技术一样，在使用人脸识别技术的同时必须注意保护用户的隐私。

四、量子通信技术

1 量子通信技术简介

(1) 基本概念

量子通信是量子信息科学的重要分支，是利用量子态作为信息载体来进行信息交互的通信技术，可在确保信息安全等方面突破经典信息技术的极限。量子通信有两种最典型的应用形式，一种是量子密钥分发，另一种是量子隐形传态。其中，量子密钥分发是目前最具代表性和实用性的量子通信应用。

量子密钥分发利用了量子不可克隆的原理和量子不可分割的基本特性，利用单光子进行随机数的传递。按照BB84协议，每一个光子随机选择调制的基矢，接收端也采用随机的基矢进行监测。当发送端与接收端选择的基矢一致时，接收到的信号被认为是有效的而被记录；如果选择的基矢不一致，则数据被丢弃。这样就可以保证发送方与接收方获得了一致的随机数序列，从而实现“一次一密”的绝对安全通信，或者以此序列为密钥的对称加密，实现大规模的扩展应用。

量子保密通信是以量子密钥分发为核心，结合对称密码技术实现的保密通信应用。其原理是在经典通信架构的基础上增加一个量子密钥分发（QKD）层，QKD层通过在量子信道传输光量子实现安全密钥的分发，利用这些密钥并根据特定策略对用户数据进行加密，从而实现安全通信，解决了现代密码学中最为重要的密钥安全问题。

量子保密通信网络以实现量子密钥的广域分发为主要任务，通过量子密钥加密保护数据，利用现有通信网络实现信息的安全传输。在物理层上，量子保密通信网络可以充分复用现有通信网络的光纤线路和机房资源。

（2）量子保密通信网络工作原理

基于量子密钥分发的量子保密通信包括两个主要步骤。一是通信双方之间通过量子网络进行量子态调制、探测实现量子密钥的协商和分发。由于量子态的不可复制和不可分割，这一步能够保证密钥分发的无条件安全性。二是通信双方完成量子密钥的安全分发后，发送方使用共享密钥和安全的对称加密算法对需要传输的原始数据进行加密，并使用传统网络传输加密数据到接收方；接收方再使用相同的共享密钥和算法对接收到的加密数据进行解密，得到原始数据，从而实现通信双方的安全保密通信（图4–14）。

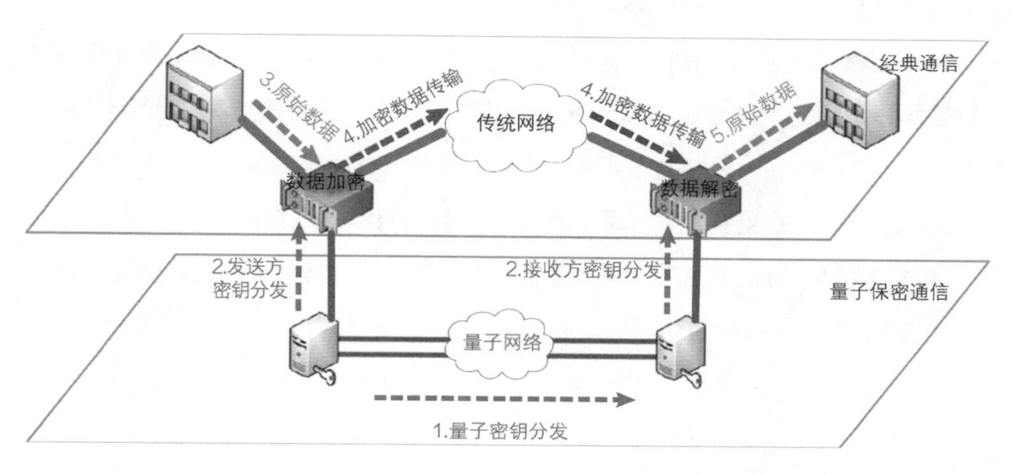

图4-14 基于量子密钥分发机制的量子保密通信工作原理示意

基于可信中继方案，可以进一步扩大量子保密通信覆盖的范围。基于量子密钥分发机制和可信中继方案的量子保密通信的主要原理是在量子网络进行量子密钥的协商和分发的过程中，引入可信中继节点，使用可信中继节点连接若干段量子网络，从而有效地延长网络传输距离（图 4-15）。在实践中，可信中继方案已演进出异或存储、多路由、密钥迭代等多种实用的增强型密钥中继方案，即使所有中继节点在任意长的有限时间内都被攻破，会话密钥也不会完全失密。

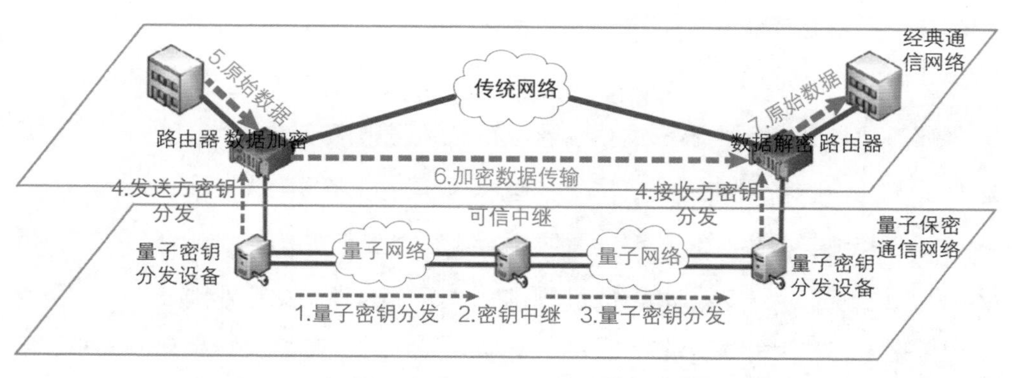

图4-15 基于可信中继的量子保密通信网络工作原理示意

(3) 量子保密通信网络拓扑结构

量子保密通信最终的目标是构建全球量子保密通信网络。未来全球量子保密通信网络由量子保密通信城域网、量子保密通信城际骨干网和洲际量子保密通信网络组成。城市范围内利用现有的光纤网络构建城域量子保密通信网络；相隔距离较远的城市间利用可信中继构建城际量子保密通信骨干网络进行连接；在更远的距离上（如相隔遥远的城市间、国家间，或洲与洲之间），则通过卫星中转实现星地量子密钥分发，形成洲际量子保密通信网络。

2 技术发展现状

(1) 欧美主要发达国家和地区的量子通信发展情况

为抢占量子信息技术产业发展领导权，欧美主要发达国家和地区都在进行战略部署，特别是在量子通信方面，加快了远距离量子保密通信网络的规划和建设，并开展星地量子通信技术验证和测试。

1）美国动态

2016 年 7 月，美国国家科学技术委员会发布《推进量子信息科学：国家的挑战与机遇》战略报告，透露美国国防部陆军研究实验室（ARL）启动了为期 5 年的多站点、多节点的量子网络建设工作，服务于国防部战略需求。2016 年 9 月，美国国家科学基金会（NSF）发布 2017 年研究与创新新兴前沿项目（EFRI）的招标文件，着重解决基础工程挑战，开发芯片级的设备和系统，为实用化的量子存储和中继器的研制做准备，目标是实现可扩展的量子通信和应用。美国还部署了俄亥俄州到华盛顿 650 千米的量子保密通信干线，并计划建设环美国的量子保密通信骨干网络。

2020 年，美国能源部下属的阿贡国家实验室与芝加哥大学宣布共同完成了“量子环”系统测试，为未来国家量子互联网建设奠定了基础。能源部科学副部长保罗·达巴尔表示，量子技术在美国有三种主要应用，即计算、通信、传感，所有这些应用对安全都有重要意义。在此次实验中，阿贡国家实验室和芝加哥大学制作了一个纠缠光子源，并将其接入芝加哥市郊区的一个 41.84 千米长的光纤网络中。研究人员根据在网络中行走一圈的返回光子，测量光源的纠缠程度，为进一步开展量子通信实验做准备。下一步，研究人员将创建双向量子网络，将阿贡国家实验室与费米国家加速器实验室连接，使量子网络长度增加到 131.97 千米。此外，研究人员还将尝试进行量子隐形传态实验。未来，美国能源部将在下属 17 个国家实验室间建立量子网络，并将之推广到全美。麻省理工学院、耶鲁大学、加州理工大学等机构已与能源部举行了量子互联网蓝图会议，就构建量子互联网进行了讨论。

2）欧盟动态

欧盟于 2016 年 5 月发布《量子宣言：技术新时代》，启动总额 10 亿欧元的量子技术旗舰项目，计划在 5 ~ 10 年内建成远距离城市间量子保密通信网络，2030 年研发出具有加密和监听检测功能的量子中继器，2035 年左右建成泛欧量子安全互联网。

2018 年 10 月，欧盟投资 10 亿欧元启动为期 10 年的量子技术旗舰计划，涵盖量子通信、量子计算、量子模拟、量子计量和传感及量子技术基础研究 5 个领域。量子技术旗舰计划旨在为量子通信基础设施（QCI）计划提供最先进的设备和系统。此外，开放欧盟量子通信基础设施也将进一步推动量子技术旗舰计划项目的协同创新。

2020 年 2 月 28 日，奥地利、保加利亚、丹麦和罗马尼亚加入欧盟 QCI 计划，将与其他欧盟成员国在未来 10 年共同研发和部署欧盟 QCI。

3）英国动态

2015 年以来，英国先后发布了《量子技术国家战略》《量子技术：时代机会》等量子技术简报，将量子技术发展提升至影响国家创新力和国际竞争力的重要战略地位，提出了开发和实现量子技术商业化的系列举措。英国计划 5 ~ 10 年建成实用的量子保密通信国家网络，10 ~ 20 年建成国际量子保密通信网络。目前，已建成连接布里斯托尔市、剑桥市的量子城域网，通过雷丁大学、伦敦大学学院等节点实现互联的量子保密通信测试网络，并计划扩大覆盖范围，接入南安普敦市、英国国家物理实验所等城市和单位。英国政府于2018年11月9日发表声明说，将拨款支持4个研发项目，以便基于最新的量子技术开发出适用于通信、测绘等领域的设备原型。这些项目包括用于探测地下物体的量子传感器、用于精确授时的微型原子钟原型、提供加密数据传输的低成本集成芯片、用于接收量子密钥信号的先进接收机。

4）韩国动态

2016年，韩国召开“以量子技术起飞的韩国”政策会议，推动政府网络在2020年前及所有的商业网络在2025年前采用量子保密通信服务，并计划分阶段在2020年前建成服务于金融、公共行政事务、警察、邮政、国防等领域的国家量子保密通信网络。2016年3月建成连接盆塘市、水原市和首尔市的第一阶段网络，总长约256千米。目前，正按照规划，建设总长约460千米的连接首尔市和釜山市的量子保密通信干线。

（2）我国量子通信发展情况

1）我国已具备量子组网能力并储备了下一代量子信息技术

在中国科学院、国家发展和改革委员会、科学技术部、国家自然科学基金委等部门的支持下，我国在量子通信领域已经形成了很强的理论和实验技术储备，具备了建设星地一体量子保密通信网络的技术和能力。

我国已掌握并验证了量子密钥安全中继技术。“京沪干线”在世界上首次实现了基于可信中继方案的远距离量子安全密钥分发，验证了基于异或中继方案的多节点量子密钥安全中继技术、远距离量子保密通信产品的可靠性及大规模量子保密通信网络的管理能力，检验并提升了量子保密通信设备的成熟度与稳定性，推动了量子密钥中继设备、光量子交换机、波分复用等各种信道产品的开发和制造。与国外其他厂商相比，产品更加丰富，在组建多节点的城域网和大型干线网络方面具有明显优势。

在下一代量子信息技术储备方面，潘建伟院士团队于2013年成功验证了测量器件无关的量子密钥分发协议的可行性，2014年和2016年分别将基于该协议的分发距离拓展至200千米和400千米。在星地量子密钥分发技术方面，潘建伟院士团队于2017年8月提前完成了“墨子号”量子科学实验卫星预先设定的三大科学目标，相关科研成果相继发表于国际学术期刊《科学》和《自然》上。特别是 2017 年 6 月 16 日,《科学》杂志以封面论文形式发表了量子科学实验卫星“墨子号”在国际上率先实现千千米级星地双向量子纠缠分发的相关工作成果，英国《新科学人》等杂志认为这标志量子互联网成功迈出第一步。2019 年 9 月，潘建伟院士团队与美国、澳大利亚科学家合作，利用“墨子号”量子科学实验卫星对一类预言引力场导致量子退相干的理论模型进行了实验检验。这是国际上首次利用量子卫星在地球引力场中对尝试结合量子力学与广义相对论的理论进行实验检验。

2)我国在量子通信技术的实用化方面走在世界前列

一是量子保密通信干线“京沪干线”立项。世界首条量子保密通信干线“京沪干线”项目于 2013 年 7 月由国家发展和改革委员会批复立项，由中国科学院统一领导，中国科学技术大学作为项目建设主体承担建设任务。整个项目建设周期 42 个月，2016 年年底完成了全线贯通和星地一体化对接，经过半年多的应用测试和长时间稳定性测试，于 2017 年 8 月底在合肥市完成了全网技术验收。2017 年 9 月 29 日,“京沪干线”正式开通。在“京沪干线”北京市管控中心现场，中国通过“墨子号”量子卫星与奥地利地面站进行了世界首次洲际量子保密通信视频通话。建成后的“京沪干线”通过 32 个中继节点实现了连接北京市、上海市，贯穿济南市和合肥市，全长 2000 余千米的量子通信骨干网络，通过“墨子号”量子卫星河北省兴隆县地面站与“京沪干线”北京市上地中继接入点的连接，打通了天地一体化广域量子通信的链路。依托量子保密通信“京沪干线”，目前金融、电力、广电、政务等各行业纷纷开展示范应用，为行业客户提供量子层面的安全服务，从而大力推动以量子创新技术驱动新兴产业和市场发展的发展战略。

二是“墨子号”量子科学实验卫星发射升空。“墨子号”于2016年8月16日在酒泉卫星发射中心发射升空，经过4个月的在轨测试，2017年1月18日正式交付开展科学实验，并提前一年完成了三大科学目标。“墨子号”在国际上首次成功实现了从卫星到地面的量子密钥分发和从地面到卫星的量子隐形传态。其中量子密钥分发实验采用卫星发射量子信号、地面接收的方式，当“墨子号”量子卫星过境时，与河北省兴隆县地面光学站建立光链路，通信距离为645～1200千米。卫星上诱骗态量子光源平均每秒发送4000万个信号光子，一次过轨对接实验可生成300千比特的安全密钥，平均成码率可达1.1千比特每秒。“墨子号”量子科学实验卫星的成功发射和在轨实验验证的成功，为随后的量子卫星的商用化部署提供了重要的验证准备。我国以“京沪干线”“墨子号”量子卫星为代表的实用化量子通信网络技术得到了国内外广泛关注和高度评价。早在2013年“京沪干线”启动建设时，英国《自然》杂志就认为这是“量子通信实现从实验室到应用的飞跃”；2016年11月，在第三届世界互联网大会上，系统性突破城域、城际、星地量子通信关键技术的成果“量子通信技术”入选“世界互联网领先科技成果”；在“京沪干线”全线贯通后，2017年3月，英国《经济学人》杂志在题为“量子飞跃”的封面文章中指出“没有一个量子

网络比中国建成的‘京沪干线’更具雄心。”

三是量子通信率先在多个领域成功开展示范应用。在我国，量子通信已经具备了为多行业、多领域提供量子保密应用服务的能力。依托于“京沪干线”及沿线城域网，在金融领域，工商银行、交通银行等10多家银行及证券、期货、基金等一批其他金融机构通过与中国人民银行和中国银监会合作，率先开展了数据中心异地灾备、企业网银实时转账等应用；在云服务领域，与阿里云合作，融合量子和云技术，在云上实现了网商银行商业数据的加密传输；在电力领域，通过与国家电网有限公司合作，实现了电力行业重要业务数据信息利用量子保密通信技术在京沪两地灾备中心之间的加密传输，并开展了基于量子保密通信技术的内部办公和对外业务的安全防护；在政法领域，济南市党政机关量子通信专网已经开始运营，服务于济南市的党、政、公安、司法机关，并将向山东全省推广。

3 技术发展趋势

量子通信在技术研究及产业化方面已取得了积极进展。但量子通信作为新一代量子革命的代表，在技术方面仍有很大发展空间，如量子中继、量子卫星、终端小型化等仍需大量科技攻关工作。

（1）量子中继

受到通信链路衰减和噪声等因素的影响，直接进行量子通信的节点距离存在极限，目前被限制在百千米的量级。而为了远距离规模化组网，量子信号的中继传输必不可少。经典通信网络中，一般采用放大器增强信号。但在量子网络中，由于量子不可克隆，放大器是无法使用的。目前，构建远距离量子密钥分发基础设施采用的过渡方案是可信中继器方案。可信中继方案原理如下：考虑两个端节点A和B，以及它们之间的可信中继器R，A和R通过量子密钥分发生成密钥KAR，R和B通过量子密钥分发生成密钥KRB，A将会话密钥KAB通过KAR以一次性密码本（OTP）加密后发送至R，R解密后再使用密钥KRB重新加密KAB，并将其发送给B，B解密后获得 KAB。量子密钥分发加上一次性密码本保证从 A 至 B 的每一次传递过程中会话密钥都是安全的。但是，如果中继节点的存储区存在安全问题，存储区被攻破会带来会话密钥失密的风险。

通过量子存储技术与量子纠缠交换和纯化技术的结合来实现量子中继器，可以完美解决可信中继的安全隐患。量子中继器的概念自 1998 年被提出后，科学家们一直在搭建实用化量子中继器的道路上努力着。目前科学家们已经取得了一些研究成果，相信在不久的将来，量子中继领域的技术突破将极大地拓展量子通信的组网能力。

（2）量子卫星

基于卫星平台的量子通信是构建洲际量子通信网络最为可行的手段，世界首颗量子科学实验卫星“墨子号”已经在国际上成功实现了首次星地量子通信，为未来开展大尺度量子网络和量子通信实验研究奠定了可靠的技术基础。然而受阳光噪声的影响，“墨子号”量子卫星只能在夜晚工作，单颗该类低轨道卫星至少需要 3 天才能完成全球范围内地面站点的覆盖。

为了提高通信覆盖率，提高卫星量子通信实用化水平，一种可行的解决方案是构建由多颗低轨道卫星或高轨道卫星组成的量子星座，建立覆盖全球的实时量子通信网络。为了构建量子星座，需要突破两个技术难题：一是通信距离较远导致的链路损耗较大；二是随着卫星轨道的升高，卫星被太阳光照射的概率增大，白天阳光背景噪声是夜晚的 5 个数量级以上。

为抑制白天阳光背景噪声，中国科学技术大学潘建伟院士团队从三个方面开展关键技术研究及攻关。一是利用光学特点降低阳光噪声。阳光噪声主要包括太阳光直射部分和经大气分子散射部分组成，太阳光谱中波长为 1550 纳米的光成分较少，大气对该波段光的散射也较小，因此采用 1550 纳米波段光子开展实验，优化光学系统，将噪声降低超过 1 个数量级。二是发展频率上转换的单光子探测技术，在保持单光子高效探测的同时，实现了光谱维度的窄带滤波，降低噪声约 2 个数量级。三是发展自由空间光束单模光纤耦合技术，实现了高效耦合和空间维度的窄视场滤波，降低噪声约 2 个数量级。相信在科学家们的不懈努力下，不受光照、大气影响的星地、星间量子密钥分发将成为现实。

（3）终端小型化

量子密钥分发技术将随机数用量子态表示，加载在量子信号上，收发双方通过量子态的加载发送和接收探测实现密钥的分发，分发的密钥称为量子密钥。量子密钥分发不能用广播的形式实现，要实现移动通信，必须借助高精度的跟踪瞄准技术和高效率的信号收集系统，才能使发射的量子信号不断地到达接收端，并被有效接收。目前“墨子号”量子卫星的密钥分发的地面接收，采用的是地面站的方式，但现阶段地面站的成本还比较高、体积也比较大。科学家们正在努力实现地面站小型化、低成本化，但如果想把发射和接收系统做得像目前的 3G/4G 移动通信终端那样小巧，还需要长时间的努力。

4 量子通信的产业发展机遇

（1）量子通信与物联网融合创新探索

2016 年年底，物联网终端设备数量已经超过了所有其他智能设备（智能手机、平板、个人计算机等）的数目之和。多家咨询机构预测，到 2020 年，物联网设备总和将超过 300 亿台，市场总量将超过 2 万亿美元。物联网的快速发展已经为产业投资和信息消费提供了新空间。物联网被视为继计算机、互联网之后信息技术产业发展的第三次革命，其泛在化的网络特性使得万物互联正在成为现实。但物联网基于云网端的体系架构正面临着各种安全威胁。

可探索将量子通信与物联网结合，实现物联网的端到云的安全。通过量子密钥，在终端身份认证、传输数据加密、终端设备管理、敏感数据加密存储等应用中保证物联网的接入安全、设备安全、数据安全及应用安全。

（2）量子通信与5G融合创新探索

ITU-T定义的5G用例广泛支持垂直行业（如交通、物流、自动驾驶、健康、制造、能源、媒体及娱乐）的数字化，以及公共事业（如智慧城市、公共安全和教育）的发展。高带宽、低时延、多连接的5G网络逐渐普及，将会形成一个普适性的网络平台，推动各行业的技术与服务的发展。移动网络业务范畴的扩展，丰富了网络的生态环境，也对移动网络的安全带来了新的要求和挑战。

5G网络大量采用集约化部署方式，将传统大量分散的无线接入网/核心网（RAN/CN）计算资源集中在少量的数据中心中以节省网络部署成本，数据中心之间需要高安全性的数据传输。网络边缘计算是5G的关键技术之一，在靠近移动用户的位置上提供信息技术服务环境和云计算能力，并将业务存储和存储分发能力推送到靠近用户侧（如基站），使应用、服务和内容部署在高度分布的环境中，从而可以更好地支持5G网络中业务的低时延和高带宽要求。基于量子密钥分发技术，可实现5G网络内部的边缘数据中心、汇聚数据中心、核心数据中心之间的高安全性数据传输。

用户身份识别（SIM）卡和归属位置寄存器/归属用户服务器（HLR/HSS）中的国际移动用户识别码（IMSI）、手机鉴权密钥（Ki）等关键保密信息，通常需要通过加密机及专网通道，向网络和SIM卡写入密钥信息。这要求在运营商的卡管理中心、各大制卡厂、营业厅、核心网数据库之间建立安全的通信专网。传统方法是通过加密机基于非对称加密技术实现数据安全传输。利用量子密钥分发技术，构建量子安全SIM卡远程写卡技术。在运营商的制卡中心、核心数据库等关键节点建立量子安全数据通道，用于用户敏感信息的传输、写入等操作。

（3）量子通信与区块链融合创新探索

区块链是一种分布式数据库技术，也称为分布式总账技术。在典型的区块链系统中，数据以区块为单位产生和存储，并按照时间顺序连成链式数据结构。所有节点共同参与区块链系统的数据验证、存储和维护。新区块的创建需得到全网超过半数节点的确认，并向各节点广播实现全网同步，之后就不能更改或删除。区块链技术广泛应用于数字货币、智能合约，以及为各种行业提供去中心化解决方案。

区块链技术基于非对称密钥实现交易的安全认证。区块链抗量子计算攻击是当前亟须解决的问题。利用量子安全签名、量子密钥分发技术，可实现量子安全区块链，从而补齐区块链的安全短板，使其真正满足未来各类智能应用场景的需求。

5 对经济社会发展的影响

目前，量子通信已是国家战略。国家"十三五"规划纲要明确要求在信息网络等领域加强前瞻布局，着力构建量子通信和泛在安全物联网，打造未来发展新优势。《"十三五"国家战略性新兴产业发展规划》明确提出"持续推动量子密钥技术应用"。《国家创新驱动发展战略纲要》《"十三五"国家科技创新规划》《"十三五"国家信息化规划》《关于组织实施 2018 年新一代信息基础设施建设工程的通知》《国务院关于全面加强基础科学研究的若干意见》《金融和重要领域密码应用于创新发展工作规划（2018—2022 年）》《产业结构调整指导目录（2019 年）》等政策文件均明确要求推进量子通信建设。量子通信的发展将为社会经济带来巨大的影响。

（1）量子通信为国家信息安全保驾护航

目前我国经济总量已经跃居世界第二，到 2049 年我国经济总量必将超越美国，成为世界第一。但没有真正的国家安全和经济安全，任何国家都不可能有长期持续的经济繁荣，更不可能有国际大国的地位。随着互联网成为事实上的人类生存第二空间，信息安全从某种意义上来说已经成为关乎国家安全的重要因素。"棱镜门"事件的曝光更是印证了全世界面临的安全问题有多么突出。可以说，没有信息安全就没有国家安全。

在网络安全问题日益严峻的今天和未来，量子通信具有广阔的无法估量的应用前景。量子通信具有重要的战略地位，不仅对未来中国经济发展具有强大的推动作用，而且还将对国家信息安全的构建发挥重要作用。世界主要发达国家都投入了巨大的人力物力对量子通信技术进行研发，以期抢占技术的制高点。可喜的是，我国在量子通信的研发方面处在世界前列并取得了丰硕的成果，部分领域处于世界领先。

（2）量子通信在国防军事、政务、金融、基础设施等领域具有广泛应用潜力，促进国民经济健康发展

随着量子保密通信技术实用化和大规模应用，量子保密通信网络可应用于军事安全通信、军事信息网络、信息对抗等领域，可以应用于国民经济各领域，如金融机构的通信、重要信息基础设施的保障等，为国防赢得先机，为金融守住底线，推动各行业信息安全建设。同时，量子保密通信网络的建设，也将带动元器件研制、设备制造、系统集成、应用服务等产业链上下游共同成长，形成围绕量子通信的产业集群。

第五章
实现信息社会美好愿景的策略

第一节 机遇与挑战

为实现上述发展愿景，我们应该采取更为积极的应对策略。本章从产业政策、科研管理、人才队伍建设等多个方面，梳理全社会对信息通信科技发展的共识，为决策者提供参考。

一、信息通信技术的极限和突破

信息通信技术经过 100 多年的发展，传统的理论和应用体系已濒临发展极限，无论是通信领域的香农定理还是计算机领域的摩尔定律，都存在难以逾越的“天花板”。

未来几十年，人工智能、自动驾驶、物联网等的普及应用将对无线传输速率、芯片计算能力提出更高的要求。在经济社会发展需求及相关科技研发进展的双重驱动下，量子通信、量子计算、神经形态计算等一批全新的范式将有望从实验室走向产业化应用，实现对既有理论方法的彻底突破和超越，对人类通信方式、信息处理方式乃至整个社会产生深远影响。

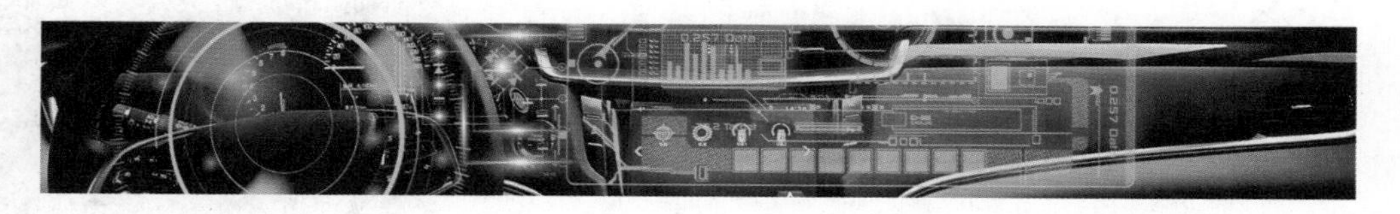

二、与实体经济的融合共生

未来信息通信技术与实体经济的深度融合、共生发展是信息社会的重要特征。

一方面，实体经济传统的组织、运作、服务和商业模式将被完全颠覆，平台化组织、网络化协作、众包众创等新型组织模式，多批次小批量的小众服务，个性化定制，线上到线下体验服务模式成为主流，束缚实体经济发展的信息壁垒、时空资源成本约束等被打破，企业管理、组织和资源整合能力将得到大大增强，生态圈竞争、全球合作运营趋于常态化，实体经济迎来极大的发展机遇。

另一方面，随着实体经济逐步实现数据化、在线化、移动化、远程化，更多消费者被卷入信息网络，带来的信息安全风险也呈指数级增长。在消费者层面，个人信息泄露和滥用风险增加，过多敏感信息的暴露将使网络攻击目标更显著，严重威胁公民的财产甚至人身安全。在行业层面，金融、教育、旅游、交通、房地产、农业、制造业等传统行业都有其自身的业务特征，在与信息通信技术结合的过程中，产生不同的新技术、新业态。不同行业技术标准、业务标准的多样化，将导致信息安全问题更趋复杂化。在管理层面，信息安全除了依靠技术手段和法律监管，很大程度上取决于企业本身的安全防范和管理水平。传统行业信息安全知识匮乏，信息安全意识薄弱，可能成为未来信息社会稳定运行的风险和隐患。

三、社会人文的重塑和挑战

进入 21 世纪之后，人类社会的文明演化呈现出加速发展的态势。在由“互联网 +”向“人工智能 +”演进的过程中，一方面人类迎来生产率大幅提升、社会活力显著增强、社会期望不断提高的“最好时代”，另一方面社会结构、社会组织形式、社会利益格局将发生深刻变化，因此人类社会又将面临一个价值观多元甚至混乱、社会问题丛生、安全隐患不断的“最坏时代”。

具体而言，智能革命带来的社会人文风险具有以下特征。

一是技术性风险和制度性风险共生。人工智能时代是一个高度技术化的社会，科学技术的高度发展既是社会的特征，也是风险的成因。人工智能在其发展过程中的不可预测性和潜在的不可逆性，本身就是一种风险。制度性风险则可能来自我们的产业制度、科技政策乃至法律规则，或表现为对新技术无措的制度缺失，或表现为对新技术错判的制度失败。人工智能领域的核心是深度学习，因为一切皆可被学习，所以认知始终处于不确定的调整状态，这对目前的伦理标准、法律规则、社会秩序及公共管理体制将带来前所未有的危机和挑战。

二是具有长期性和潜伏性。人工智能技术驱使智力物质化、社会智能化，最终出现智能社会。智能社会的形成将是一个长期的过程，或者说是一个时代变迁。以人类思维能力和意识的迁移为表征，以智能机器人的活动为中心，智能社会的发展将会递进呈现出不同阶段。其间，我们必须面对现实世界与理念世界的分离，病毒、黑客对网络应用和人工智能产品的侵扰。这种高科技引发的高风险会持续存在于整个社会发展演进过程中，这是现实的风险，也是未来潜在的风险，涉及生命与健康、尊严与隐私、安全与自由等人类基本权益，存在着威胁人类存续的可能性。

三是具有全球性特征。经济全球化、科技全球化、信息全球化乃至治理机制的全球化，不可避免地带来风险的全球化。可以认为，未来信息社会和智能社会是一个“全球风险社会”，风险的空间影响超越了地域和种族。

第二节 发展策略总结

面对未来30年信息社会、智能社会发展的机遇和挑战，我们需要高瞻远瞩，在制度建设、人才队伍建设、技术研发与创新、知识产权保护等各个方面锐意进取、大胆改革创新，突破技术瓶颈，防控社会风险，抓住发展机遇。

一、超前部署国家战略

从国际上看，进入21世纪之后，发达国家纷纷出台国家层面的数字经济战略，对未来信息通信技术和社会经济变革做出相应的整体性、全局性战略部署，以此作为产业政策体系的支撑。

美国、欧盟和日本是数字经济倡导者的代表。美国商务部2015年11月发布的数字经济议程，将发展重点放在促进全球自由、开放网络建设，推进网络诚信，确保公民、家庭和公司的宽带入网，通过灵活知识产权规则和新技术促进创新四个方面。以数字技术创新为推动力，以开放的知识为基础，将数字化从制造领域、管理领域、流通领域扩展到包括政府宏观调控的一切经济领域。2016年，美国更进一步将网络安全升级为国家战略，先后发布了《网络安全国家行动计划》和《加强国家网络安全——促进数字经济的安全与发展》等报告。前者从加强网络基础设施建设、加强专业人才队伍建设、加强与企业的合作、加强民众网络安全意识宣传及寻求长期解决方案五大方面入手，全面阐述了美国的数字空间安全策略。后者在对美国网络安全状况进行全面评估的基础上，提出了九大网络挑战，以及保护关键基础设施与数字网络、加大数字经济发展与安全的创新与投入等6项必要事项、16项具体建议及53项行动项目。2019年7月，美国为快速推动国防部数字环境的现代化，应对大国竞争，发布了《数字现代化战略》，把网络安全、人工智能、云及指挥、控制与通信作为四大优先事项。

欧盟早在2010年就发布了《欧洲数字议程》，并于2015年升级为欧洲数字化单一市场战略，宣布将通过出台政策改革、版权法、消费者保护、云服务等一系列措施，推动欧盟跨境贸易。作为单一数字市场战略的一部分，2016年欧盟委员会发布了产业数字化新规划，动员欧盟各成员国政府及私营机构投资500亿欧元。2020年，欧盟又公布了《塑造欧洲数字未来》的数字化战略，并同时发表了欧盟数据战略及人工智能白皮书，旨在通过加大数字化领域投资提升欧盟数字经济竞争力。

日本2016年发布的《第5期科学技术基本计划》中，提出了超智能社会5.0战略，将超智能社会定义为继狩猎社会、农耕社会、工业社会、信息社会之后又一新的社会形态，也是虚拟空间与现实空间高度融合的社会形态。同年日本还颁布《科学技术创新战略2016》，对支撑超智能社会建设的主要技术领域进行了详细描述，涵盖虚拟空间和现实空间技术领域10余项前沿技术。在《综合创新战略2019》中，进一步提出要构建面向超智能社会的数据基础，因为在以网络空间与物理空间融合为目标的超智能社会、自动驾驶、医疗等领域中，优质数据的重要性越来越突出了。

我国2016年印发了《国家创新驱动发展战略纲要》，提出到2050年建成世界科技创新强国，成为世界主要科学中心和创新高地，为我国建成富强、民主、文明、和谐的社会主义现代化国家，实现中华民族伟大复兴的中国梦提供强大支撑的总体目标。但在信息通信领域的具体发展战略上，战略目标和部署仍以2020、2025年时间节点为主，人工智能等前沿技术也还未上升到国家战略高度。

国家相关政府部门高度关注智能革命发展前景及其引发的社会变革，加强面向2049年的信息通信、人工智能领域的战略研究，坚持“以人为本”的科学发展观，深入贯彻五大发展理念的相关要求，针对《国家创新驱动发展战略纲要》提出 2030、2050 年信息通信领域的具体战略目标，如“智慧中国 2050”等，尽快做出国家层面的战略政策部署，引领未来社会经济发展及模式转变。

二、创新完善法律制度

面向未来的制度由法律、政策和伦理构成。

在立法层面，信息社会、智能社会的法律既具有一般法的构成要素，又有其自身特殊法的价值内容，主要体现为安全、创新与和谐。

安全是信息社会、智能社会的核心法价值。安全价值是对整个社会秩序稳定的维护。未来信息通信、人工智能技术将继续深入发展，但在当下已引发人们对其安全问题的普遍担忧，如信息社会的隐私保护、人工智能超越人类智能的可能性、人工智能产生危害后果的严重性等，这些问题足以说明通过法律及其他规范性文件防范风险的必要性。

创新是信息社会、智能社会的法律价值灵魂。在特定的时代背景下，特定的法律制度会包含若干不同的价值内容，价值侧重点也有所不同。数字经济的发展主要依靠知识和信息的生产、分配和利用，创新已成为数字经济的主要特征，法律制度相应的创新变革、对科技创新的激励和风险防控也自然成为未来时代法律的基本要义。

和谐是信息社会、智能社会的终极价值追求。和谐发展是指一种配合适当、协调有序的理想状态，包括人的和谐、社会的和谐、自然的和谐，以及人与社会、自然的和平共存与进步。在智能机器人的发展过程中，和谐价值具有引导性功能。为保证人类社会的和谐稳定，对人工智能产品进行伦理设计、限制人工智能技术应用范围、控制人工智能的自主程度和智能水平等，都应以和谐价值作为指引和评价准则。

填补人工智能领域的法律制度空白是未来信息社会的重要课题。人工智能技术给传统法律制度带来巨大挑战，以致现有的法律理念与规则在它面前几乎无所适从。在这种情况下，法律制度需要创新变革自不待言，寻求一个调整人类与智能机器相互关系的专门法将是一个最终的选择。

欧盟的立法行动最快。2017 年 1 月，欧洲议会正式向欧盟委员会提出议案，拟制定“人类与人工智能 / 机器人互动的全面规则”。2018 年 12 月，欧盟人工智能联盟提出了一份关于人工智能道德准则的草案并公开征求建议。2019 年，欧盟人工智能联盟发布了一份关于指导公司和政府部门应该如何研发人工智能技术的草案，试点范围广泛涵盖人工智能有关的利益相关方，包括国际组织和跨国公司。我国在人工智能领域的发展相对滞后，但相关立法活动应未雨绸缪，建议组建专家团队对人工智能专门法律开展研究，适时立法。人工智能相关法律规范应包括人工智能的法律地位、人工智能生成内容的权利归属、人工智能损害后果的责任分担、人工智能风险的法律控制等。

三、产业政策转型聚焦

在政策层面，面向未来社会信息通信技术密集创新、产业高度融合的发展需求，应在推动整体产业政策转型的同时，提高信息通信前沿技术领域选择性产业政策的聚焦度。

产业政策主要有两种类型：一种是选择性产业政策，主要是根据一定的标准识别选择主导产业或战略产业，采用市场准入、财税优惠、资金补贴等各项措施加以倾斜式扶持，以期在短期内促进被扶持产业快速发展；另一种是功能性产业政策，主要是通过加强各种“基础设施”建设（包括产业发展所需的软硬环境），促进技术创新和人力资本投资，维护公平竞争，降低社会交易成本，创造有效率的市场环境，使市场功能得到有效发挥。功能性产业政策也可以采取补贴、税收优惠等政策手段，但必须不妨碍市场公平竞争，主要用于基础性研究开发、信息服务、人力资本投资等。

目前，美国、德国、日本等国家主要采用功能性产业政策激励科技研发。这种“市场友好型”产业政策的重点是为产业发展营造良好的外部环境，通过放宽准入，让更多企业能公平进入市场，并在激烈的市场竞争中获取市场份额，从而为充分竞争和创新提供广阔的空间。众多市场主体在市场机制的作用下产生创新意愿和动力，谋求技术进步和产品升级，增强创新能力，获得竞争优势。同时，政府通过对企业提供科技投入、基础设施建设、人才培育等前期支持，为企业技术创新提供有利的物质、技术等条件，帮助企业克服各种不确定性因素的影响，激发企业进行高质量的实质性创新。而选择性产业政策具有鲜明的直接干预微观经济活动的特征，易导致企业追求简单创新或数量创新以获得政府补贴，往往体现的是一种策略性创新。

未来 30 年，我国经济产业发展将向形态更高级、分工更优化、结构更合理的阶段演化，产业政策也将由选择性为主向功能性为主转变。在一般竞争领域和大部分行业，应加快实施功能性产业政策，夯实产业升级发展所需的人力资本、技术、制度等基础，营造良好的产业发展环境，充分鼓励市场竞争，强化市场造血机制和竞争活力。而在涉及国家战略、维护经济安全和部分高端前沿技术领域，仍将采取选择性产业政策，充分发挥市场经济条件下集中力量办大事的新型举国体制优势，聚焦重点、集中力量。

信息通信业作为战略性、公共性和竞争性并存的技术密集型产业，一方面应使选择性产业政策进一步向中上游产业聚焦，在强化虚拟空间技术研发的同时，注重传感器技术、生物技术、人机交互技术等现实空间技术，纳米等原材料技术，光学和量子技术等综合技术的研发，推进智能驾驶系统、智能机器人、精准医疗、语音识别、人脑芯片等核心技术的研发和应用；另一方面应在已引入市场竞争的领域明确准入规范，制定安全标准，完善配套设施，营造健康、有序的监管环境。

四、加强伦理规范调控

在伦理层面，主要体现在人工智能领域，必须建立以伦理为先导的社会规范调控体系。

发达国家对人工智能的伦理研究早于立法研究。近年来，欧洲机器人研究网络（EURON）发布《机器人伦理学路线图》，韩国工商能源部颁布《机器人伦理宪章》，日本组织专家团队起草《下一代机器人安全问题指引方针》，美国国家科学基金会和美国航空航天局设立专项基金对“机器人伦理学”进行研究，都是将安全评估和风险防范作为人工智能伦理规范的重要内容。此外，一些行业组织、公司企业也在伦理规范方面强化人工智能专家的专业责任，如日本人工智能学会内部设置了伦理委员会，谷歌设立了人工智能研究伦理委员会，旨在强调科研人员的社会责任，并为合理研发人工智能提供指导。

总体来看，人工智能伦理规范对未来智能社会的发展基石。例如：对智能机器人预设道德准则，为人工智能产品本身进行伦理指引；规定人工智能技术研发及应用的道德标准，对科研人员进行伦理约束等。上述伦理规范也为后续法治建设提供了重要法源，即在一定时候，伦理规范也可转化为法律规范，实现道德的法律化。

建议我国及时制定人工智能伦理章程，以此作为人工智能研发、应用的道德基础。可组织政治家、科学家、企业家、法学家参加的专家小组，编写人工智能伦理章程，构建人工智能伦理规范，主要包括：设计伦理框架，为人工智能预设道德准则；强化科技专家的社会责任，为人工智能研发、应用提供道德指引；引导公众接纳人工智能，为调整人机关系规定道德模式等。

五、优化人才培养结构

信息社会正处于快速变化的时代浪潮之中，“互联网 +”时代的到来，人工智能技术的飞速发展，促使生产方式不断变革，而生产方式的变革在一定程度上影响了社会对人才的需求。伴随着智能革命，未来社会的人才需求结构将发生深刻和颠覆性的变化。一方面很多机械性的、可重复的体力 / 脑力劳动将被人工智能 / 机器人取代，另一方面会有更多新的人才需求出现，这些人才或需要具备深度的专业技能和创造力，或需要融合极强的多领域理解力和沟通合作能力，或需要极高的人文素养，才无法被人工智能替代。

中国目前劳动力数量居世界第一，但百万人口中研发人员的数量在 128 个国家中仅排名 46 位，并不是很高。中低端人才的“产能过剩”，专业技能人才、创新技术人才和中高端人才的“供给不足”，这种结构性的人才失衡已成为中国经济转型的瓶颈。在人工智能和大数据领域技术人才呈爆发式发展，但技术人才缺口同时存在。展望 2049 年，技术人才缺乏问题更加突出。首先，由于人口老龄化的趋势不可避免，整体来看，新科技人才将越来越难取得；其次，现有信息通信专业技术人才中，85%分布在产品研发类，而大数据分析、先进制造、数字营销等新兴技术领域、跨领域人才加起来不到 5%。如不加紧培养，未来中国又将面临新一轮更为严峻的结构性人才失衡。

习近平在中共十九大开幕式的报告中多次强调人才的重要性，特别提到“培养造就一大批具有国际水平的战略科技人才、科技领军人才、青年科技人才和高水平创新团队”，强调了科技人才对建设创新型国家的重要性。当前，国家和地方政府都在大力推行人才政策，通过“千人计划”等高层次人才引进政策吸引了大量海内外创新创业人才，同时出台了系列政策以完善科研管理，打造优良的创新环境，推动青年骨干人才的培养。这些政策措施构成了人才强国战略的核心框架。人才强国战略是数字经济战略的重要支撑，数字经济的发展依靠创新驱动，人才是创新的根本，打造一支高水平的数字人才队伍是两大战略在目标上的交汇点。

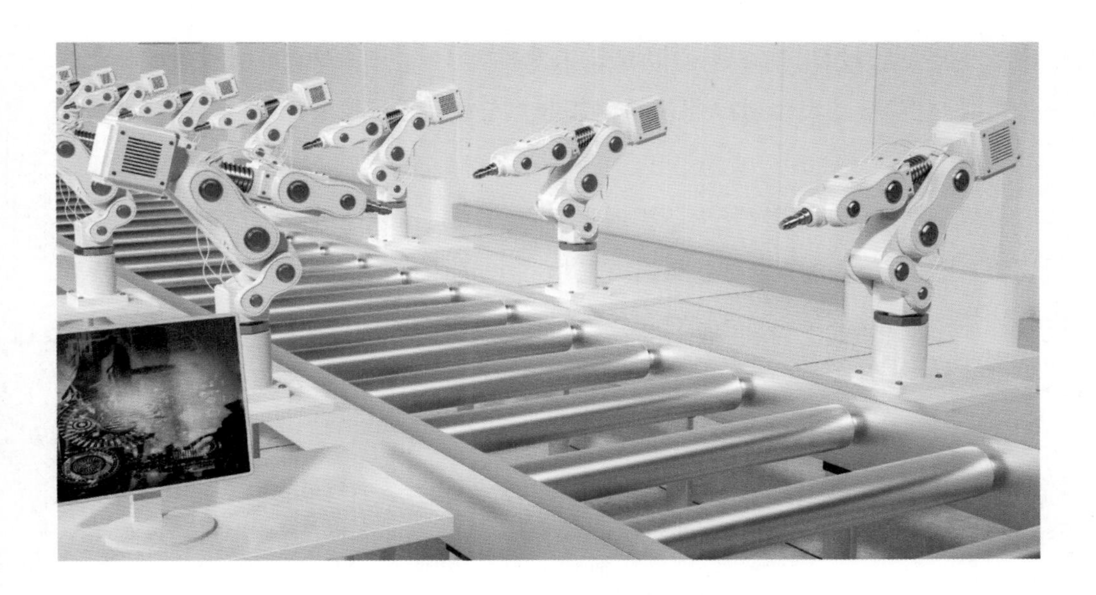

人才强国战略主要强调人才的引进和培养，而实施落地环节存在的一个突出问题是缺少以需求为导向的人才引进与培养机制。在人才强国战略实施的初期，尽可能多地吸引各领域人才是必要的，但是从长远发展来看，需要更加完善的机制去评估特定领域的人才就业情况和供需结构，以更加前瞻性的视角去识别未来新兴领域的人才知识结构需求，制订相应的教育、培训和人才储备计划，打造符合未来信息社会、智能社会需求的高水平数字人才队伍。

六、全面提升创新能力

面向未来信息社会的机遇和挑战，全面提升创新能力是核心。而全面提升创新能力，关键是要有效构建创新平台，培育创新载体，集聚创新要素，完善创新机制，形成以企业为主体的协同创新体系。

拓展大众创新、万众创业的内涵，构建产业发展的基础性创新平台。要将大众创新、万众创业的支持范围扩大至社会经济领域，强化大数据、云计算、“人工智能 +

物联网”等在经济与社会领域的应用，关注自动驾驶、共享经济等对经济形态变革的影响，切实推动大众创新、万众创业在技术与社会经济发展相结合的综合性领域的发展。

集聚高端创新要素，培育各类创新载体。首先是依托企业培育创新载体。通过强化激励机制，提高企业创新意识，促进企业与国内外高等院校、科研院所、企业间合作等多种方式，单向引进或双向共建独立或非独立的具有自主研究开发能力的技术创新组织。其次是依托高校和科研院所培育创新载体。充分发挥高校和科研院所在人才、科研项目、国内外学术交流渠道等方面的优势，通过搭建各种形式的信息交流平台，与企业合作建立创新载体。最后是依托各类园区培育创新载体。充分发挥高新开发区、经济开发区等各类园区具有的体制优势、企业优势、政策优势和技术优势等，提升对各类创新载体的吸引力。

形成协同创新的有利氛围。加强政策引导，以企业为主体，调动全社会力量推进信息通信基础设施建设，发展信息通信技术应用。在政策、标准制定和规划编制中广泛吸取各方意见，提高透明度和社会参与度。鼓励组建产学研用联盟，加强战略、技术、标准、市场等方面的沟通协作，协同创新攻关。

优化科技资源配置，完善创新体制机制。政府要加大科技投入，吸引科学、技术、工程人才和高素质劳动者专注创新创业。要调整完善成果评价机制，形成合理的科研导向，尤其需要对高风险、不确定、系统性的颠覆性创新给予机会，需要去“行政化”和“机关化”。要完善知识产权创新激励机制，通过权利保护、权利交易和权利限制等制度，促进技术创新和新兴产业发展。